U0191087

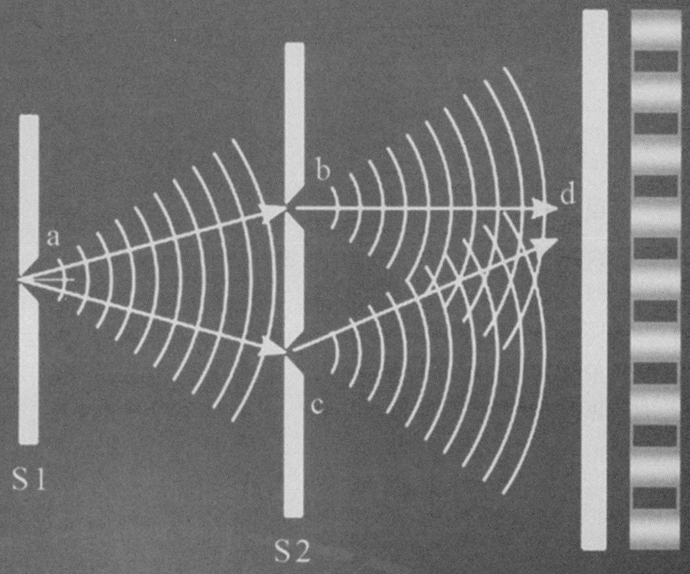

DAXUE WULIXUE

（下册）

大学物理学

主　编　张　鲁　廖振兴
副主编　严大为　程若峰

重庆大学出版社

内容提要

本书在满足教育部高等学校非物理类专业物理基础课程教学指导分委员会颁布的《理工科非物理类专业大学物理课程教学基本要求》的前提下，从现代科学技术的发展及工程技术人才培养的总体要求出发，精选了大学物理课程的教学内容。针对一般院校大学物理教学的要求和方便课堂教学，本书在课程内容现代化、突出工程意识、突出能力和素质的培养等方面作了较大幅度的改革。全书分为上、下册，下册主要内容包括静电场、稳恒磁场、电磁感应、光学、狭义相对论力学基础、量子论初步、量子力学初步等部分。

本书既可作为一般院校理工科非物理类专业大学物理课程的教学用书，又可作为工程技术人员的参考书。

图书在版编目(CIP)数据

大学物理学.下册/张鲁，廖振兴主编. -- 重庆 ：重庆大学出版社，2020.3(2025.1 重印)

ISBN 978-7-5689-1908-1

Ⅰ.①大… Ⅱ.①张…②廖… Ⅲ.①物理学—高等学校—教材 Ⅳ.①O4

中国版本图书馆 CIP 数据核字(2019)第 266527 号

大学物理学

(下册)

主编 张 鲁 廖振兴

副主编 严大为 程若峰

责任编辑：文 鹏 版式设计：文 鹏

责任校对：王 倩 责任印制：邱 瑶

*

重庆大学出版社出版发行

出版人：陈晓阳

社址：重庆市沙坪坝区大学城西路 21 号

邮编：401331

电话：(023) 88617190 88617185(中小学)

传真：(023) 88617186 88617166

网址：http://www.cqup.com.cn

邮箱：fxk@cqup.com.cn (营销中心)

全国新华书店经销

重庆市正前方彩色印刷有限公司印刷

*

开本：787mm×1092mm 1/16 印张：14.75 字数：352 千

2020 年 3 月第 1 版 2025 年 1 月第 9 次印刷

ISBN 978-7-5689-1908-1 定价：45.00 元

本书如有印刷、装订等质量问题，本社负责调换

版权所有，请勿擅自翻印和用本书

制作各类出版物及配套用书，违者必究

前 言

物理学是一门古老的基础性学科，是自然科学的基础。它是研究物质的基本结构、基本运动形式以及相互作用规律的学科，是在人类探索自然奥秘的过程中形成的学科。

大学物理是高等院校的一门重要基础课，在为国家培养高级人才的重任中，具有特殊的地位和作用。随着科学技术发展方向的日趋综合、相互渗透日益加强，综合倾向将成为新时期学科发展的趋势。加强基础无疑是与这一发展趋势相一致的，由此也对大学物理这门基础课的教学提出了更高的要求。

在大众化教育的背景下，适应新时期大学物理教学的需要是教材编写中应重点考虑的问题，这对于应用型本科院校尤其重要，因此我们在教材编写中力图解决课程内容和学时数之间的矛盾，既要确保必要的基本内容，又要突出对学生物理思维能力的培养。

本书是为了满足培养应用型人才的高等院校对大学物理课程改革发展和实际教学的要求而编写的，以“非物理类理工学科大学物理课程教学基本要求”中的核心内容构成本书的基本框架，同时选取少量的拓展内容作为知识的扩展与延伸。本书在注重物理概念准确性的基础上，以相对简约的方式陈述物理定律的含义，着重使读者明了物理内容和基本概念、基本思想、基本方法和思路，而不刻意追求整个推导过程的严密性。

全书分为上、下两册，总共十五章，上册由徐晋、廖振兴担任主编，陈莹莹、徐[illegible]严大为、程若峰担任副主编，在此[illegible]过程中，曾令一、钟光祖两位教授[illegible]示衷心的谢意。

[illegible]，难免有不足之处，殷切盼望广大读者和同行给我们提出宝贵的意见和建议，以便再版时有所提高。

编者

目　录

第 9 章　静电场

电荷周围都存在一种特殊的物质,科学家们把它称做电场,相对于观察者是静止的电荷在其周围所激发的电场称为静电场.本章主要介绍静电场的基本性质,我们将从静电场的基本实验定律——库仑定律出发,引入描述静电场的两个基本物理量:电场强度和电势,在此基础上介绍静电场所遵循的两条基本定理:静电场中的高斯定理和环路定理,最后介绍导体和电介质在静电场中的特性,以及静电场的能量.

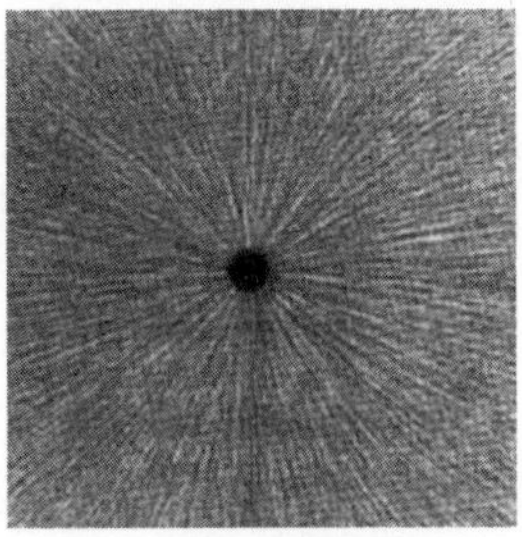

图 9.1　静电场效果图

9.1　电荷守恒定律　库仑定律

9.1.1　电荷　电荷的量子化

1)电荷

很早以前,人们就认识到两种不同质料的物体(如丝绸和玻璃,毛皮和橡胶棒等)经过互相摩擦后具有吸引轻小物体(如羽毛、纸片等)的能力.这时就说两个物体处于带电状态.处于带电状态的物体称为带电体.带电体所带的电称为电荷,物体所带电荷的多少称为电荷量或电量.电量的单位为库仑,符号为 C.电荷有两种且只有两种,分别称为正电荷(与丝绸摩擦过的玻璃棒所带电荷相同)和负电荷(与毛皮摩擦过的橡胶棒所带电荷相同).电荷之间有相互作用力,同种电荷相斥,异种电荷相吸.这种相互作用力称为电场力.根据带电体之间相互作用力的大小,能够确定物体所带电荷的多少.

2)电荷的量子化

在已知的自然界的粒子中,不仅电子和质子带有电荷,还有一些粒子也带有正电荷或负电荷,所有粒子所带电荷有个重要特点,就是它们总是以一个基本单元的整数倍出现.这个基本单元的量值是一个电子或一个质子所带电量的绝对值,称为元电荷,常以 e 表示.经测定,$e \approx 1.602\times10^{-19}$ C.这就是说,微观粒子所带的电荷数都只能是元电荷的整数倍.电荷的这种只能取离散的量值的特性称为**电荷的量子化**.

9.1.2 电荷守恒定律

任何带电过程,都是电荷从一个物体(或物体的一部分)转移到另一个物体(或同一物体的另一部分)的过程.无数事实证明:电荷既不能创造也不能被消灭,它们只能从一个物体转移到另一个物体或者从物体的这一部分转移到另一部分.亦即,在一个孤立系统内,无论进行怎样的物理过程,系统内电荷量的代数和总是保持不变,这个规律称为**电荷守恒定律**.

电荷守恒定律是物理学中最基本的定律之一.它在一切宏观过程中成立,近代科学实验证明,它也是一切微观过程(如核反应、粒子的相互作用过程)所普遍遵守的,特别是在分析有基本粒子参与的各种反应过程时,电荷守恒定律具有重要的指导意义.

9.1.3 库仑定律

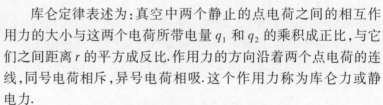

图 9.2 库仑

库仑定律是静电场的理论基础,是静电学最基本的定律之一.它是由法国科学家库仑在 1785 年通过扭秤实验总结出来的.正像牛顿在研究物体运动时引入质点一样,库仑在研究电荷间的作用时引入了点电荷.**点电荷**是指它本身的几何线度比起它到其他带电体的距离小得多的带电体.这种带电体的形状、大小和电荷在其中的分布等因素已经无关紧要,因此可以把它抽象成一个几何点,从而使问题的研究大为简化.点电荷也是理想化模型.

库仑定律表述为:真空中两个静止的点电荷之间的相互作用力的大小与这两个电荷所带电量 q_1 和 q_2 的乘积成正比,与它们之间距离 r 的平方成反比.作用力的方向沿着两个点电荷的连线,同号电荷相斥,异号电荷相吸.这个作用力称为库仑力或静电力.

这一规律可用矢量式表示为

$$\boldsymbol{F}_{12} = k\frac{q_1q_2}{r_{12}^2}\cdot\frac{\boldsymbol{r}_{12}}{r_{12}} = \frac{q_1q_2}{4\pi\varepsilon_0 r_{12}^2}\boldsymbol{e}_{r12} \tag{9.1}$$

式中,$\boldsymbol{F}_{12}$表示 q_2 对 q_1 的作用力;$\boldsymbol{r}_{12}$是由点电荷 q_2 指向点电荷 q_1

的位置矢量；$\frac{\boldsymbol{r}_{12}}{r_{12}}=\boldsymbol{e}_{r12}$是 $\boldsymbol{r}_{12}$ 方向上的单位矢量；场源电荷是 q_2，受力电荷是 q_1；k 是比例系数，在国际单位制中，$k=\frac{1}{4\pi\varepsilon_0}\approx 9.0\times 10^9\ \mathrm{N\cdot m^2/C^2}$；$\varepsilon_0$ 称为真空电容率，$\varepsilon_0\approx 8.85\times 10^{-12}\ \mathrm{C^2/(N\cdot m^2)}$.

同理，q_1 对 q_2 的作用力可表述为

$$\boldsymbol{F}_{21}=\frac{q_2 q_1}{4\pi\varepsilon_0 r_{21}^2}\boldsymbol{e}_{r21}$$

如图 9.3 所示，$\boldsymbol{F}_{12}=-\boldsymbol{F}_{21}$，这符合牛顿第三定律.

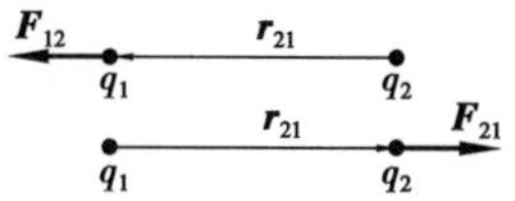

图 9.3　两个点电荷之间的作用力

应当指出：

（1）库仑定律只有在真空中，对于两个点电荷成立.亦即只有 q_1、q_2 的本身线度与它们之间的距离相比很小时，库仑定律才成立.

（2）静电力的叠加原理.即作用在某一点电荷上的力为其他点电荷单独存在时对该点电荷静电力的矢量和.

$$\boldsymbol{F}=\sum_{i=1}^{n}\boldsymbol{F}_i \tag{9.2}$$

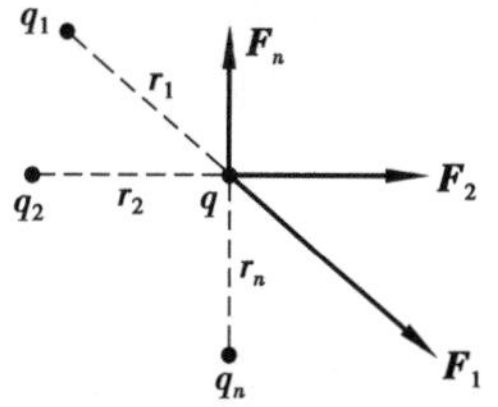

图 9.4　静电力叠加

（3）库仑定律仅适用于求解相对于观察者静止的两点电荷之间的相互作用力，或者放宽一点，亦适用于求解相对于观察者静止的点电荷作用于低速运动的点电荷力的情形.

例 9.1　按照量子理论，在氢原子中，核外电子快速地运动着，并以一定的概率出现在原子核（质子）的周围各处.在基态下，电子在半径 $r=0.529\times 10^{-10}$ m 的球面附近出现的概率最大.试计算在基态下，氢原子内电子和质子之间的静电力和万有引力，并比较两者的大小.引力常量为 $G=6.67\times 10^{-11}\ \mathrm{N\cdot m^2/kg^2}$.

解　按库仑定律计算，电子和质子之间的静电力为

$$F_e=\frac{e^2}{4\pi\varepsilon_0 r^2}=9.0\times 10^9\times\frac{(1.60\times 10^{-19})^2}{(0.529\times 10^{-10})^2}\ \mathrm{N}\approx 8.23\times 10^{-8}\ \mathrm{N}$$

应用万有引力定律，电子和质子之间的万有引力为

$$F_g=G\frac{m_1 m_2}{r^2}=6.67\times 10^{-11}\times\frac{9.11\times 10^{-31}\times 1.67\times 10^{-27}}{(0.529\times 10^{-10})^2}\ \mathrm{N}\approx 3.63\times 10^{-47}\ \mathrm{N}$$

由此得静电力与万有引力的比值为

$$\frac{F_e}{F_g}\approx 2.27\times 10^{39}$$

可见，在原子中电子和质子之间的静电力远比万有引力大，由此，在处理电子和质子之间的相互作用时，只需考虑静电力，万有引力可以略去不计.

9.2 电场强度 场强叠加原理

1)电场

任何物体之间的作用力都是靠中间媒质传递的,电荷也不例外.这就说明电荷周围必然存在一种特殊物质,尽管看不到摸不着,但确实存在,是物质存在的一种形态,这种特殊物质称为电场.任何电荷在空间都要激发电场,电荷间的相互作用是通过空间的电场传递的,电场对处于其中的其他电荷有力的作用.若电荷相对于惯性参考系是静止的,则在它周围所激发的电场是不随时间变化的电场,称为静电场.

2)电场强度

电场是一种不能被人们直接感知的物质,为了表示和研究电场中各点的性质,从电场对电荷有作用力这种特性出发,引入试验电荷 q_0,试验电荷满足如下要求:

(1)试验电荷 q_0 必须是点电荷;

(2)它所带电荷量也必须足够小,以便把它放入电场后,不会对原有的电场构成影响.

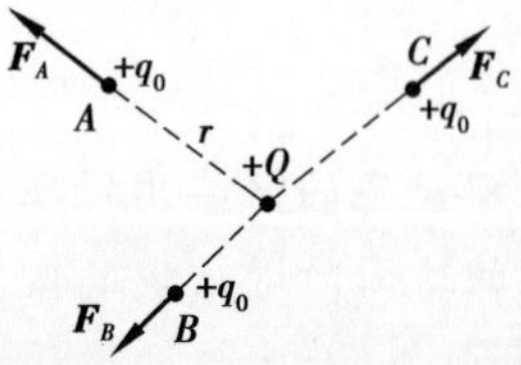

图 9.5 不同位置的试验电荷的受力情况

实验表明,在电场中给定点处,试验电荷 q_0 所受到电场力 $\boldsymbol{F}$ 的大小和方向是确定的;但在电场中的不同点,如图 9.5 所示,q_0 所受电场力 $\boldsymbol{F}$ 的大小和方向一般不同;而且在电场中同一位置,q_0 所受电场力 $\boldsymbol{F}$ 的大小和方向随 q_0 而变化,但无论 q_0 如何变化,其所受电场力 $\boldsymbol{F}$ 与其电荷量 q_0 的比值始终保持不变.可见 $\boldsymbol{F}/q_0$ 与试验电荷 q_0 无关,它反映的是电场中某点的性质.因此,可以把 $\boldsymbol{F}/q_0$ 作为描述电场性质的物理量,称为电场强度,简称场强,用 $\boldsymbol{E}$ 表示.即

$$\boldsymbol{E}=\frac{\boldsymbol{F}}{q_0} \tag{9.3}$$

如果 $q_0=1$ C,则 $\boldsymbol{E}$ 与 $\boldsymbol{F}$ 数值相等,方向相同.可见,电场中某点的电场强度在量值上等于单位正电荷在该点所受的电场力的大小,其方向就是正电荷在该点所受的电场力的方向.在国际单位制中,场强的单位是牛/库(N/C)或伏/米(V/m).

3)点电荷的电场强度

根据电场强度 $\boldsymbol{E}$ 的定义,计算点电荷 Q 所产生的电场的场强分布.结合图 9.5,在真空中有一个点电荷 Q,则在其周围电场中,距离 Q 为 r 的 A 点处置一试验电荷 q_0,则作用于 q_0 的电场力为

$$\boldsymbol{F} = \frac{Qq_0}{4\pi\varepsilon_0 r^2}\boldsymbol{e}_r$$

式中，$\boldsymbol{e}_r = \boldsymbol{r}/r$ 是从点电荷 Q 到 A 点的位置矢量方向的单位矢量，$\boldsymbol{r}$ 表示从点电荷 Q 到 A 点的位置矢量(矢径). 根据场强定义，P 点的场强为

$$\boldsymbol{E} = \frac{\boldsymbol{F}}{q_0} = \frac{Q}{4\pi\varepsilon_0 r^2}\boldsymbol{e}_r \tag{9.4}$$

如果以 Q 为球心，以 r 为半径作一球面，则球面上各点场强的大小相等，方向均沿着球的径向. 由此可以看出点电荷场强分布对称的规律性，如图 9.6 所示.

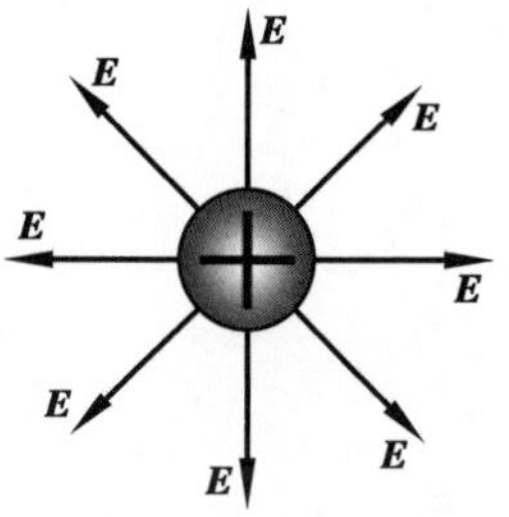

图 9.6　点电荷的电场分布

4) 场强叠加原理

如果电场是由 n 个点电荷 q_1、q_2、…、q_n所产生，我们可以把这 n 个点电荷组成的系统称为点电荷系，如图 9.7 所示. 若在该电场中任一点处放入一试验电荷 q_0，则根据力的叠加原理可得，q_0 所受的电场力应等于各个点电荷各自对 q_0 作用的电场力 $\boldsymbol{F}_1$、$\boldsymbol{F}_2$、…、$\boldsymbol{F}_n$的矢量和，即

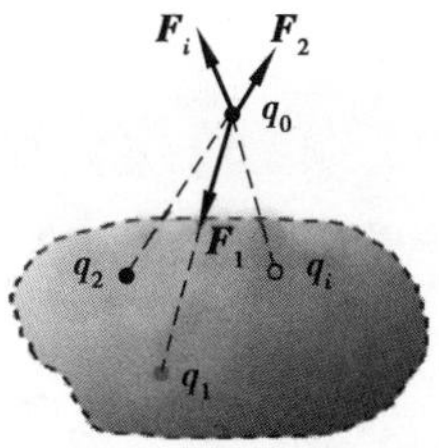

图 9.7　电场强度叠加原理

$$\boldsymbol{F} = \boldsymbol{F}_1 + \boldsymbol{F}_2 + \cdots + \boldsymbol{F}_n$$

两边同时除以 q_0，可得

$$\frac{\boldsymbol{F}}{q_0} = \frac{\boldsymbol{F}_1}{q_0} + \frac{\boldsymbol{F}_2}{q_0} + \cdots + \frac{\boldsymbol{F}_n}{q_0}$$

根据场强定义，等式左边是总场强，右边各项分别是各个点电荷单独存在时所产生的场强，由上式可得：在点电荷系的电场中任一点的总场强等于各个点电荷单独存在时在该点产生的场强的矢量和，即

$$\boldsymbol{E} = \boldsymbol{E}_1 + \boldsymbol{E}_2 + \cdots + \boldsymbol{E}_n = \sum_{i=1}^{n}\boldsymbol{E}_i = \frac{1}{4\pi\varepsilon_0}\sum_{i=1}^{n}\frac{Q_i}{r_i^2}\boldsymbol{e}_{ri} \tag{9.5}$$

此即电场强度的叠加原理，简称场强叠加原理.

如果带电体上的电荷分布是连续的，则可将其看成许多极小的电荷元 dq 的集合. dq 在考察点处的场强可根据点电荷场强公式求得

$$\mathrm{d}\boldsymbol{E} = \frac{1}{4\pi\varepsilon_0}\frac{\mathrm{d}q}{r^2}\boldsymbol{e}_r$$

式中，r 是从电荷元 dq 到电场中考察点的距离，$\boldsymbol{e}_r$ 是 dq 指向考察点的单位矢量. 根据叠加原理，把所有电荷元对考察点的电场强度求和，数学上对上式求矢量积分，得到电荷系在考察点的电场强度 $\boldsymbol{E}$ 为

$$\boldsymbol{E} = \frac{1}{4\pi\varepsilon_0}\int \frac{\mathrm{d}q}{r^2}\boldsymbol{e}_r \tag{9.6}$$

对于电荷连续分布的带电体,我们可以根据其元电荷分布情况(线分布、面分布或体分布),引入其电荷线密度 λ、面密度 σ 或体密度 ρ,电荷元 $\mathrm{d}q$ 可分别表示为

$$\mathrm{d}q = \lambda \mathrm{d}l, \mathrm{d}q = \sigma \mathrm{d}S, \mathrm{d}q = \rho \mathrm{d}V$$

则电荷连续分布的三种情况下的带电体的场强分别为

$$\boldsymbol{E} = \frac{1}{4\pi\varepsilon_0}\int_l \frac{\lambda \boldsymbol{e}_r}{r^2}\mathrm{d}l, \boldsymbol{E} = \frac{1}{4\pi\varepsilon_0}\int_S \frac{\sigma \boldsymbol{e}_r}{r^2}\mathrm{d}S, \boldsymbol{E} = \frac{1}{4\pi\varepsilon_0}\int_V \frac{\rho \boldsymbol{e}_r}{r^2}\mathrm{d}V$$

实际上,在具体运算时,有时也先分别写出 $\mathrm{d}\boldsymbol{E}$ 在 x、y、z 三个坐标轴方向上的分量式,然后进行积分计算,最后再合成求出 $\boldsymbol{E}$ 矢量.

例 9.2 相距为 l 的一对等量异号点电荷系统称为电偶极子.由负电荷指向正电荷的矢量(矢径)作为电偶极子的轴线的正方向,电量 q 与矢径 $\boldsymbol{l}$ 的乘积定义为电偶极矩,简称电矩.电矩是矢量,用 $\boldsymbol{p}$ 表示,$\boldsymbol{p}=q\boldsymbol{l}$.试求真空中电偶极子的在轴线正方向上和轴线中垂线上的场强.

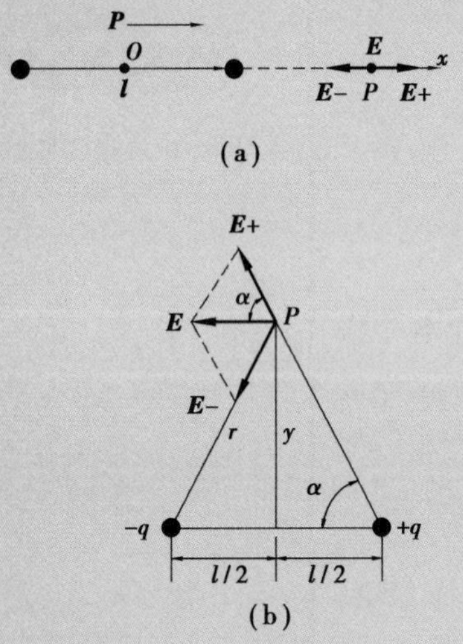

图 9.8 例 9.2 用图

解 (1)轴线延长线上 P 点的场强

如图 9.8(a)所示,以 l 的中点为原点 O 建立坐标系,设点电荷 $+q$ 和 $-q$ 轴线的中点 O 到轴线延长线上一点 P 点的距离为 $r(r\gg l)$,$+q$ 和 $-q$ 在 P 点产生的场强大小分别为

$$\boldsymbol{E}_+ = \frac{1}{4\pi\varepsilon_0}\frac{q}{\left(r-\frac{l}{2}\right)^2}\boldsymbol{i};$$

$$\boldsymbol{E}_- = -\frac{1}{4\pi\varepsilon_0}\frac{q}{\left(r+\frac{l}{2}\right)^2}\boldsymbol{i}.$$

其中 $\boldsymbol{i}$ 为沿 Ox 轴正向的单位矢量,求 $\boldsymbol{E}_+$ 和 $\boldsymbol{E}_-$ 的矢量和,因此 P 点的合场强 $\boldsymbol{E}_P$ 的大小为

$$\boldsymbol{E}_P = \boldsymbol{E}_+ + \boldsymbol{E}_- = \frac{q}{4\pi\varepsilon_0}\left[\frac{1}{\left(r-\frac{l}{2}\right)^2} - \frac{1}{\left(r+\frac{l}{2}\right)^2}\right]\boldsymbol{i} = \frac{1}{4\pi\varepsilon_0 r^3}\frac{2ql}{\left(1-\frac{l}{2r}\right)^2\left(1+\frac{l}{2r}\right)^2}\boldsymbol{i}$$

因为 $r\gg l$,所以

$$\boldsymbol{E}_P \approx \frac{2ql}{4\pi\varepsilon_0 r^3}\boldsymbol{i} = \frac{2\boldsymbol{p}}{4\pi\varepsilon_0 r^3}\boldsymbol{i} \quad (\text{方向向右})$$

写成矢量式为
$$\boldsymbol{E}_P = \frac{2\boldsymbol{p}}{4\pi\varepsilon_0 r^3}$$
$\boldsymbol{E}_P$的方向与电矩$\boldsymbol{P}$的方向一致.

(2)中垂线上P点的场强

如图9.8(b)所示,设点电荷$+q$和$-q$轴线的中点到中垂线上一点P点的距离为$y(y \gg l)$, $+q$和$-q$在P点产生的场强大小为
$$E_+ = E_- = \frac{1}{4\pi\varepsilon_0}\frac{q}{y^2 + \frac{l^2}{4}}$$
合场强的大小为
$$E_P = 2E_+ \cos\alpha = 2\frac{1}{4\pi\varepsilon_0}\frac{q}{y^2 + \frac{l^2}{4}} \times \frac{\frac{l}{2}}{\left(y^2 + \frac{l^2}{4}\right)^{\frac{1}{2}}}$$
所以,合场强的大小为
$$E_P = \frac{1}{4\pi\varepsilon_0}\frac{ql}{\left(y^2 + \frac{l^2}{4}\right)^{\frac{3}{2}}}$$
由于$y \gg l$,所以
$$E_P \approx \frac{ql}{4\pi\varepsilon_0 y^3} = \frac{1}{4\pi\varepsilon_0}\frac{p}{y^3}$$
因为E_P的方向与电矩的方向相反,写成矢量式为
$$\boldsymbol{E}_P = -\frac{1}{4\pi\varepsilon_0}\frac{\boldsymbol{p}}{y^3}$$

从上面的计算可知,电偶极子的场强与q和l的乘积成正比,这一乘积反映电偶极子的基本性质,它是一个描述电偶极子属性的物理量.电偶极子是一个重要的物理模型,在研究电磁波的发射和吸收、电介质的极化以及中性分子之间的相互作用等问题时,都要用到这一模型.

例9.3　在真空中有一均匀带电的细棒,电荷线密度为λ,棒外一点P和棒两端的连线与棒之间的夹角分别为θ_1和θ_2,P点到棒的距离为x,如图9.9(a)所示,求P点的电场强度.

解　根据公式$\boldsymbol{E} = \frac{1}{4\pi\varepsilon_0}\int\frac{\mathrm{d}q}{r^2}\boldsymbol{e}_r$求$\boldsymbol{E}$.建立如图9.4(b)所示的坐标系,$\mathrm{d}E = \frac{\mathrm{d}q}{4\pi\varepsilon_0 r^2}$,
$$\mathrm{d}E_x = \mathrm{d}E\sin\theta = \frac{\lambda\,\mathrm{d}y}{4\pi\varepsilon_0 r^2}\sin\theta,\ \mathrm{d}E_y = \mathrm{d}E\cos\theta = \frac{\lambda\,\mathrm{d}y}{4\pi\varepsilon_0 r^2}\cos\theta$$

为了把两式中的变量θ、r、y用单一变量θ代替,必须进行变量代换.利用几何和三角知识知

$$-y=x\cot\theta, \mathrm{d}y=x\csc^2\theta\mathrm{d}\theta, \ r=x\csc\theta$$

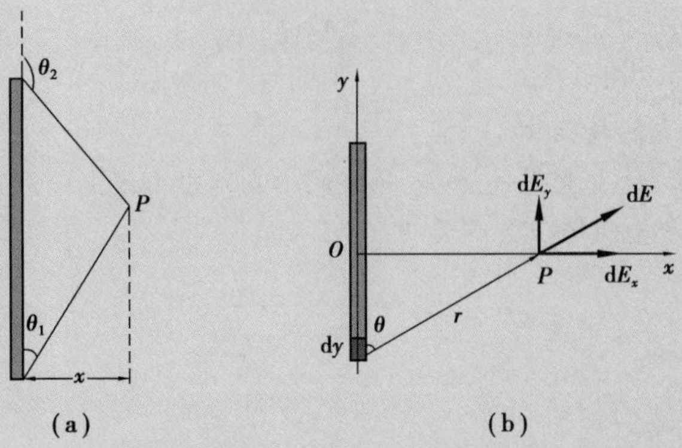

图 9.9　例 9.3 用图

将以上各式进行整理后得

$$\mathrm{d}E_x=\frac{\lambda}{4\pi\varepsilon_0 x}\sin\theta\mathrm{d}\theta, \mathrm{d}E_y=\frac{\lambda}{4\pi\varepsilon_0 x}\cos\theta\mathrm{d}\theta$$

积分遍及整个带电细棒,θ 从 $\theta_1\to\theta_2$,于是得

$$E_x=\int_{\theta_1}^{\theta_2}\mathrm{d}E_x=\frac{\lambda}{4\pi\varepsilon_0 x}\int_{\theta_1}^{\theta_2}\sin\theta\mathrm{d}\theta=\frac{\lambda}{4\pi\varepsilon_0 x}(\cos\theta_1-\cos\theta_2)$$

$$E_y=\int_{\theta_1}^{\theta_2}\mathrm{d}E_y=\frac{\lambda}{4\pi\varepsilon_0 x}\int_{\theta_1}^{\theta_2}\cos\theta\mathrm{d}\theta=\frac{\lambda}{4\pi\varepsilon_0 x}(\sin\theta_2-\sin\theta_1)$$

其矢量表达式为

$$\boldsymbol{E}=E_x\boldsymbol{i}+E_y\boldsymbol{j}=\frac{\lambda}{4\pi\varepsilon_0 x}[(\cos\theta_1-\cos\theta_2)\boldsymbol{i}+(\sin\theta_2-\sin\theta_1)\boldsymbol{j}]$$

场强的大小为

$$E=\sqrt{E_x^2+E_y^2}$$

场强的方向可用 $\boldsymbol{E}$ 与 x 轴的夹角 β 表示

$$\beta=\arctan\frac{E_x}{E_y}$$

讨论:

(1)当 P 点在带电细棒的中垂面上,即 $\theta_1+\theta_2=\pi$ 时,则有 $E_x=\frac{\lambda}{2\pi\varepsilon_0 x}\cos\theta_1, E_y=0$.

(2)当带电细棒为“无限长”,即 $\theta_1=0,\theta_2=\pi$ 时,则有 $E_x=\frac{\lambda}{2\pi\varepsilon_0 x}, E_y=0$,即无限长均匀带电细棒产生的电场强度与场点到棒的距离成反比,方向与棒垂直,$\lambda>0$ 时,背离棒而去;$\lambda<0$ 时,指向棒而来.而且,凡是到棒的距离相等的点电场强度的大小相等,电场强度的这种分布称为轴对称分布.

例9.4　如图9.10所示，一半径为 R 的均匀带电圆环，电荷总量为 q.求轴线上离环中心 O 为 x 处的场强 $\boldsymbol{E}$.

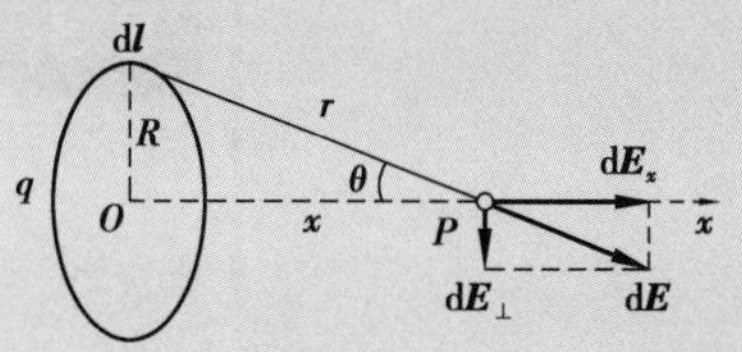

图9.10　例9.4用图

解　圆环上任一电荷元 dq 在 P 点产生的场强为

$$d\boldsymbol{E}=\frac{dq}{4\pi\varepsilon_0 r^2}\boldsymbol{e}_r$$

根据对称性分析，整个圆环在距圆心 x 处 P 点产生的场强，方向沿 x 轴，大小为

$$E=\oint dE\cos\theta=\frac{1}{4\pi\varepsilon_0}\oint\frac{dq}{r^2}\cdot\frac{x}{r}=\frac{x}{4\pi\varepsilon_0 r^3}\oint dq=\frac{xq}{4\pi\varepsilon_0 r^3}=\frac{xq}{4\pi\varepsilon_0(x^2+R^2)^{\frac{3}{2}}}$$

讨论：

(1)若 $x=0$，则 $\boldsymbol{E}=0$.表明环心处的电场强度为零.

(2)若 $x\gg R$，则 $(x^2+R^2)^{\frac{3}{2}}\approx x^3$，$E=\dfrac{q}{4\pi\varepsilon_0 x^2}$，这与环上电荷都集中在环心处的点电荷的电场强度一致，亦即在远离圆环的地方，可以把带电圆环看成点电荷.由此可以进一步体会到点电荷这一概念的相对性.

例9.5　求均匀带电薄圆盘轴线上的电场强度.设盘的半径为 R_0，电荷面密度为 σ.

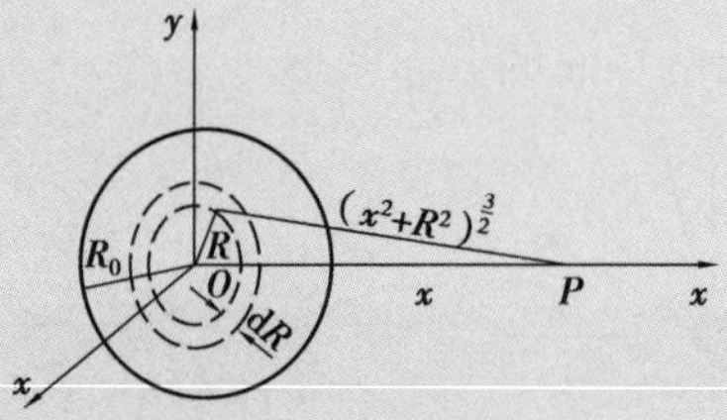

图9.11　例9.5用图

解　如图9.11所示，在圆盘轴线上任取一点 P，P 点到盘心的距离为 x.为了计算圆盘产生的电场强度，把圆盘分成许多同心的细圆环带，取一半径为 R，宽度为 dR 的细圆环带，其面积为 $dS=2\pi RdR$，所带的电荷量为 $dq=\sigma dS=\sigma 2\pi RdR$.由例9.4可知，此圆环带在 P 点产生的电场强度为

$$dE=\frac{xdq}{4\pi\varepsilon_0(x^2+R^2)^{\frac{3}{2}}}=\frac{\sigma}{2\varepsilon_0}\frac{xRdR}{(x^2+R^2)^{\frac{3}{2}}}$$

方向为：当 $\sigma>0$ 时，沿 x 轴正向；当 $\sigma<0$ 时，沿 x 轴负向.由于所有细圆环带在 P 点处产生的电场强度的方向都相同，由上式可得带电薄圆盘在轴线上 P 点产生的电场强度为

$$E=\int dE=\frac{\sigma x}{2\varepsilon_0}\int_0^{R_0}\frac{RdR}{(x^2+R^2)^{\frac{3}{2}}}=\frac{\sigma x}{2\varepsilon_0}\left(\frac{1}{\sqrt{x^2}}-\frac{1}{\sqrt{x^2+R_0^2}}\right)$$

讨论：当 $x\ll R_0$ 时，$\left(\dfrac{1}{\sqrt{x^2}}-\dfrac{1}{\sqrt{x^2+R_0{}^2}}\right)\approx\dfrac{1}{x}$，此时可把带电薄圆盘看成“无限大”的均匀带电平面，于是有

$$E=\frac{\sigma}{2\varepsilon_0}$$

这表明，无限大均匀带电平面所产生的电场强度与场点到平面的距离无关，即在平面两侧各点电场强度大小相等、方向相同且与带电面垂直，平面两侧的电场关于带电平面对称，电场的这种分布称为面对称分布.

9.3 高斯定理及其应用

9.3.1 电场线

为了形象直观地描述电场在空间的分布,我们可以假想在电场中分布着一系列带箭头的曲线,曲线上各点的切线方向表示该点电场强度的方向;用曲线的疏密程度来表示电场的强弱:曲线分布越密的区域表示电场越强,分布越疏的区域电场越弱,即电场强度的大小与曲线的分布密度成正比;这些曲线称为电场线.

静电场的电场线的性质有以下几点:

(1)电场线起于正电荷,止于负电荷,在没有电荷的地方不会中断;

(2)电场线不会构成闭合曲线;

(3)任何两条电场线不会相交.

图 9.12 是几种常见电场的电场线的分布图形.

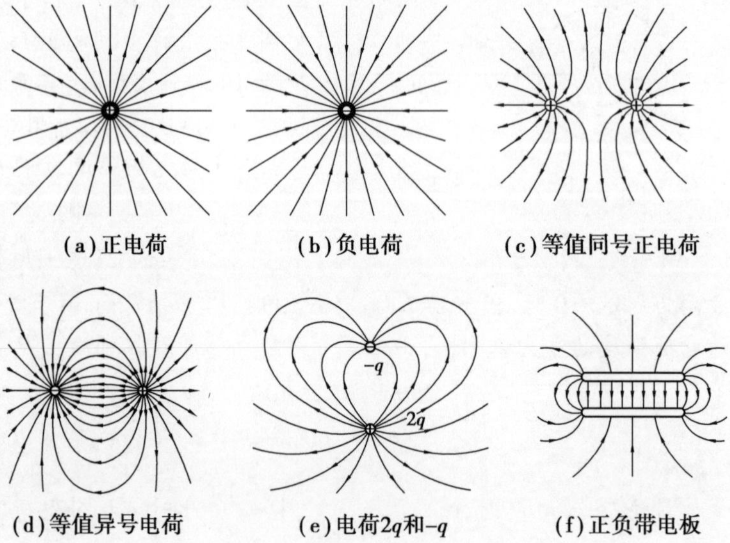

(a)正电荷　(b)负电荷　(c)等值同号正电荷

(d)等值异号电荷　(e)电荷2q和-q　(f)正负带电板

图 9.12　几种常见的电场线

9.3.2 电场强度通量

通过电场中任一曲面的电场线的条数称为通过这一曲面的电场强度通量,简称电通量,通常用 Φ_e 表示.下面讨论电通量的数学表示式. 因为电场强度与电场线密度成正比,不妨在电场中取一面元矢量 d$\boldsymbol{S}$,其法线方向与电场强度方向平行,垂直穿过面元矢量 dS 的电场线的条数为 dN,令比例系数为 1,则

$$E = \frac{\mathrm{d}N}{\mathrm{d}S_{\perp}}$$

故通过面元矢量 d$\boldsymbol{S}$ 的电通量为

$$\mathrm{d}\Phi_e = E\mathrm{d}S_{\perp}$$

对于任意面元矢量 d$\boldsymbol{S}$,其法线方向与电场强度 $\boldsymbol{E}$ 成 θ 角,如图 9.13 所示,这时穿过面元矢量 d$\boldsymbol{S}$ 的电通量为

$$\mathrm{d}\Phi_e = E\mathrm{d}S\cos\theta = \boldsymbol{E}\cdot\mathrm{d}\boldsymbol{S} \tag{9.7}$$

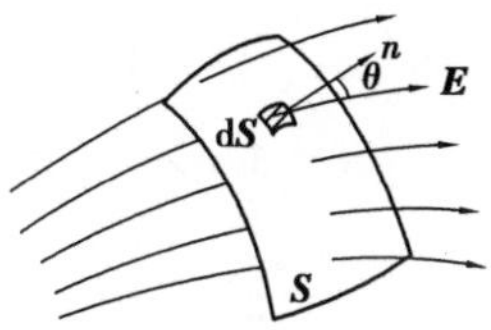

图 9.13　电通量

如果 θ 是锐角,则 $\mathrm{d}\Phi_e>0$;如果 θ 是钝角,则 $\mathrm{d}\Phi_e<0$;如果 $\theta=\frac{\pi}{2}$,则 $\mathrm{d}\Phi_e=0$.

一般情况下,电场是非均匀场,而且所取的几何面是有限的任意曲面 S,曲面上的电场强度的大小和方向是逐点变化的. 为了求出通过任意曲面的电通量,可将曲面 S 分割成许多小面元 d$\boldsymbol{S}$. 先将通过每一个小面元的电通量计算出来,然后将所有面元的电通量相加. 从数学运算的角度来说,就是对整个曲面 S 积分,即

$$\Phi_e = \int \mathrm{d}\Phi_e = \int_S \boldsymbol{E}\cdot\mathrm{d}\boldsymbol{S} \tag{9.8}$$

如果是闭合曲面时,上式可表示为

$$\Phi_e = \oint_S E\cos\theta\mathrm{d}S = \oint_S \boldsymbol{E}\cdot\mathrm{d}\boldsymbol{S} \tag{9.9}$$

对于曲面的法线方向,如果不是闭合曲面,法线的正方向可以取曲面的任一侧;若是闭合曲面,通常规定从曲面内侧指向曲面外侧为法线方向的正方向. 因此,在电场线穿出闭合曲面的地方,即 $\theta<\pi/2$ 时,电通量为正;在电场线进入闭合曲面的地方,即 $\theta>\pi/2$ 时,电通量为负.

9.3.3　静电场的高斯定理

在引入了电通量和电场线两个概念以后,下面从库仑定律和场强叠加原理出发,讨论表征静电场性质的一个基本定理——高斯定理. 首先讨论最简单的情况,静电场是由一个点电荷 q 产生的. 在其所产生的电场中任取一点,该点到点电荷 q 的距离为 r,以 q 为中心,以 r 为半径在电场中作一个球面,如图 9.14(a)所示,通

过该球面的电通量为

$$\Phi_e = \oint_S E \cos\theta \mathrm{d}S = \oint_S \frac{q}{4\pi\varepsilon_0 r^2} \cos 0° \mathrm{d}S$$

$$= \frac{q}{4\pi\varepsilon_0 r^2}\oint_S \mathrm{d}S = \frac{q}{4\pi\varepsilon_0 r^2}4\pi r^2 = \frac{q}{\varepsilon_0}$$

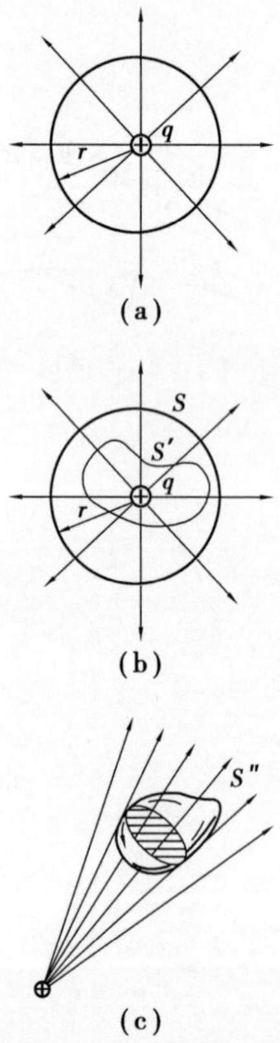

图 9.14　高斯定理推导图

如果 $q>0$,则 $\Phi_e>0$,表示有 q/ε_0 条电场线从球面内穿出;如果 $q<0$,则 $\Phi_e<0$,表示有 q/ε_0 条电场线穿入球面.根据电通量的定义,如果包围点电荷的是一个任意形状的闭合曲面,如图 9.14(b)所示,经证明上述结论仍然成立.如果点电荷在闭合曲面外,即闭合曲面没有包围点电荷,则根据电场线的性质,通过闭合曲面的电通量必为零,即凡是穿入闭合曲面的电场线,必定从闭合曲面内穿出,如图 9.14(c)所示.

如果静电场是由 n 个点电荷共同产生的,其中前 k 个点电荷在闭合曲面内,而其余$(n-k)$个点电荷在闭合曲面外,闭合曲面上任一点的电场强度为

$$\boldsymbol{E} = \boldsymbol{E}_1 + \boldsymbol{E}_2 + \cdots + \boldsymbol{E}_{k+} \boldsymbol{E}_{k+1} + \cdots + \boldsymbol{E}_n$$

通过闭合曲面的电通量为

$$\Phi_e = \oint_S \boldsymbol{E}\cdot \mathrm{d}\boldsymbol{S} = \oint_S (\boldsymbol{E}_1 + \boldsymbol{E}_2 + \cdots + \boldsymbol{E}_k + \boldsymbol{E}_{k+1} + \cdots + \boldsymbol{E}_n)\cdot \mathrm{d}\boldsymbol{S}$$

$$= \frac{q_1}{\varepsilon_0} + \frac{q_2}{\varepsilon_0} + \cdots + \frac{q_k}{\varepsilon_0}$$

即

$$\oint_S \boldsymbol{E}\cdot \mathrm{d}\boldsymbol{S} = \frac{1}{\varepsilon_0}\sum q_{内} \tag{9.10}$$

如果静电场是由一个电荷连续分布的带电体产生的,我们可以把带电体细分成无限多个电荷元,每个电荷元都可以看成点电荷,因此式(9.10)仍然成立.通常把式(9.10)称为真空中静电场的高斯定理.其文字表述为:电场中通过任意一个闭合曲面 S 的电场强度通量 Φ_e,等于该闭合曲面所包围的所有电荷的代数和 $\sum q_{内}$ 除以 ε_0.该闭合曲面常被称为高斯面.

高斯定理具有重要的理论意义,它指出:当 $\sum q_{内} > 0$ 时,即闭合曲面内是正电荷时,$\Phi_e > 0$,说明有电场线从闭合曲面内穿出,所以正电荷是静电场的源头;当 $\sum q_{内} < 0$时,即闭合曲面内是负电荷时,$\Phi_e < 0$,说明有电场线穿入闭合曲面,而终止于负电荷,所以负电荷是静电场的归宿.这说明静电场是有源场,电荷就是它的源.

9.3.4 高斯定理的应用

高斯定理的应用非常广泛，其中之一是用来计算电场强度.一般情况下，用高斯定理直接计算电场强度比较困难，但当某一个带电体的电荷分布具有对称性，而且它在空间激发的电场也具有某种对称性时，就可以根据电场的对称性选取合适的闭合曲面作为高斯面，利用高斯定理来计算电场强度.因此分析电场的对称性规律是应用高斯定理求解电场强度的一个关键问题.下面通过几个例子说明利用高斯定理计算电场强度的方法.

例 9.6 设一块均匀带正电“无限大”平面，电荷面密度为 $\sigma=9.3\times10^{-8}\ \text{C/m}^2$，放置在真空中，求空间任一点的场强.

解 根据电荷的分布情况，可做如下判断：(1)电荷均匀分布在均匀带电“无限大”平面上，我们知道孤立正的点电荷的电场是以电荷为中心，沿各个方向在空间向外的直线，因此空间任一点的场强只在与平面垂直向外的方向上(如果带负电荷，电场方向相反)，其他方向上的电场相互抵消；(2)在平行于带电平面的某一平面上各点的场强相等；(3)带电面右半空间的场强与左半空间的场强，对带电平面是对称的.

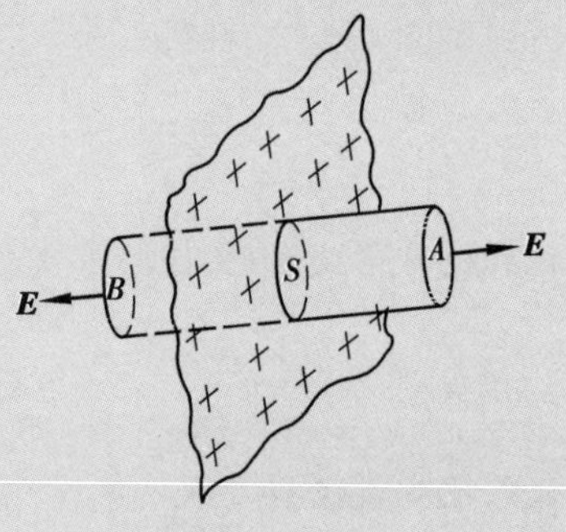

图 9.15 例 9.6 用图

为了计算右方一点 A 的场强，在左方取它的对称点 B，以 AB 为轴线作一圆柱，如图 9.15 所示.

对圆柱表面应用高斯定理，

$$\Phi_e=\oint_S \boldsymbol{E}\cdot d\boldsymbol{S}=\Phi_{e侧面}+\Phi_{e两个底面}=\frac{\sum q}{\varepsilon_0} \tag{9.11a}$$

$$\Phi_{e侧}=0 \tag{9.11b}$$

$$\Phi_{e两个底面}=2ES \tag{9.11c}$$

圆柱内的电荷量为

$$\sum q=\sigma S \tag{9.11d}$$

把式(9.11b)、式(9.11c)和式(9.11d)代入式(9.11a)得

$$E=\frac{\sigma}{2\varepsilon_0} \tag{9.11e}$$

代入已知数据得

$$E=\frac{9.3\times10^{-8}}{2\times8.85\times10^{-12}}\ \text{V/m}\approx5.25\times10^{3}\ \text{V/m}$$

例 9.7　设有一根“无限长”均匀带正电直线,电荷线密度为 $\lambda=5.0\times10^{-9}$ C/m,放置在真空中,求空间距直线 1 m 处任一点的场强.

解　根据电荷的分布情况,可做如下判断:(1)电荷均匀分布在“无限长”直线上,我们知道孤立正的点电荷的电场是以电荷为中心,沿各个方向在空间向外的直线,因此空间任一点的场强只在与直线垂直向外的方向上存在(如果带负电荷,电场方向相反),其他方向上的电场相互抵消;(2)以直线为轴线的圆柱面上各点的场强数值相等,方向垂直于柱面(如图 9.16 所示).

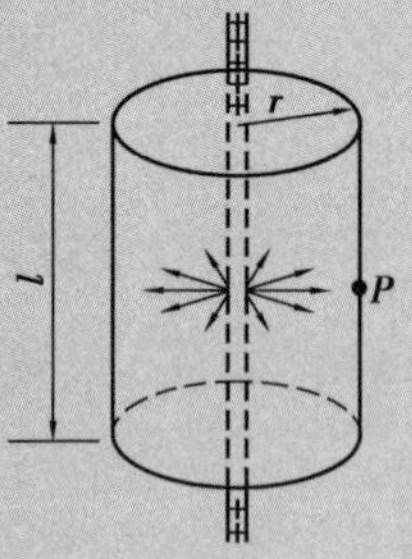

图 9.16　例 9.7 用图

根据场强的分布,我们以直线为轴作长为 l、半径为 r 的圆柱体.把圆柱体的表面作为高斯面,对圆柱表面用高斯定理:

$$\Phi_e=\oint_s \boldsymbol{E}\cdot d\boldsymbol{S}=\Phi_{e侧面}+\Phi_{e两个底面}=\frac{\sum q}{\varepsilon_0} \tag{9.12a}$$

$$\Phi_{e侧面}=S_{侧面}E=2\pi rlE \tag{9.12b}$$

$$\Phi_{e两个底面}=0 \tag{9.12c}$$

圆柱内的电荷量为

$$\sum q=\lambda l \tag{9.12d}$$

把式(9.12b)、式(9.12c)和式(9.12d)代入式(9.12a)得

$$E=\frac{\lambda}{2\pi\varepsilon_0 r} \tag{9.12e}$$

代入已知数据得

$$E=\frac{5.0\times10^{-9}}{2\times3.14\times8.85\times10^{-12}\times1}\text{V/m}\approx89.96\text{ V/m}$$

例 9.8　设有一半径为 R 的均匀带正电球面,电荷为 q,放置在真空中,求空间任一点的场强.

解　由于电荷均匀分布在球面上,因此,空间任一点 P 的场强具有球对称性,方向沿由球心 O 到 P 点的矢径方向(如果带负电荷,电场方向相反),在与带电球面同心的球面上各点 $\boldsymbol{E}$ 的大小相等.

根据场强的分布,我们取一半径为 r 且与带电球面同心的球面为高斯面,如图 9.17 所示.

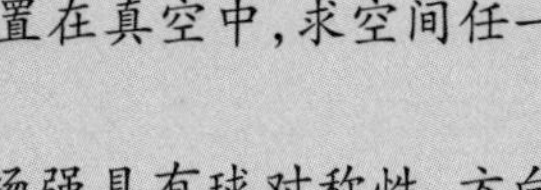

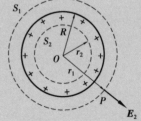

图 9.17　例 9.8 用图

若 $r<R$,高斯面 S_2 在球面内,对球面 S_2 用高斯定理得

$$\Phi_e=\oint_s \boldsymbol{E}\cdot d\boldsymbol{S}=E_{球内}\cdot4\pi r^2=\frac{\sum q}{\varepsilon_0}$$

因为球面内无电荷, $\sum q=0$, 所以

$$E_{球内}=0$$

若 $r>R$，高斯面 S_1 在球面外，对球面 S_1 用高斯定理得 $\sum q = q$，故有

$$4\pi r^2 E = \frac{q}{\varepsilon_0}, E = \frac{q}{4\pi\varepsilon_0 r^2}$$

由此可知，均匀带电球面内的场强为零，球面外的场强与电荷集中在球心的点电荷所产生的场强相同.

综上所述，可得空间任一点的场强为

$$\boldsymbol{E} = \begin{cases} \dfrac{q}{4\pi\varepsilon_0 r^2}\boldsymbol{e}_r & (r > R) \\ 0 & (r < R) \end{cases}$$

例 9.9　设有一半径为 R、均匀带电为 q 的球体，如图 9.18 所示. 求球体内部和外部任一点的电场强度.

解　由于电荷分布是球对称的，所以电场强度的分布也是球对称的. 因此，在电场强度的空间中任一点的电场强度的方向沿矢径，大小则依赖于从球心到场点的距离. 即在同一球面上的各点的电场强度的大小是相等的. 以球心到场点的距离为半径作一球面，如图 9.18(a) 所示，则根据高斯定理，有

$$\Phi_e = \oint_S \boldsymbol{E}\cdot d\boldsymbol{S} = E_{球内}\cdot 4\pi r^2 = \frac{\sum q}{\varepsilon_0}$$

当场点在球体外时 $(r > R)$，$\sum q = q$；电场强度的大小为

$$E = \frac{q}{4\pi\varepsilon_0 r^2}$$

当场点在球体内时 $(r < R)$，$\sum q = \dfrac{q}{\frac{4}{3}\pi R^3}\dfrac{4}{3}\pi r^3 = \dfrac{qr^3}{R^3}$；

电场强度的大小为

$$E = \frac{qr}{4\pi\varepsilon_0 R^3}$$

写成矢量式为

$$\boldsymbol{E} = \begin{cases} \dfrac{q}{4\pi\varepsilon_0 r^2}\boldsymbol{e}_r & (r > R) \\ \dfrac{qr}{4\pi\varepsilon_0 R^3}\boldsymbol{e}_r & (r < R) \end{cases}$$

其 E-r 关系如图 9.18(b) 所示.

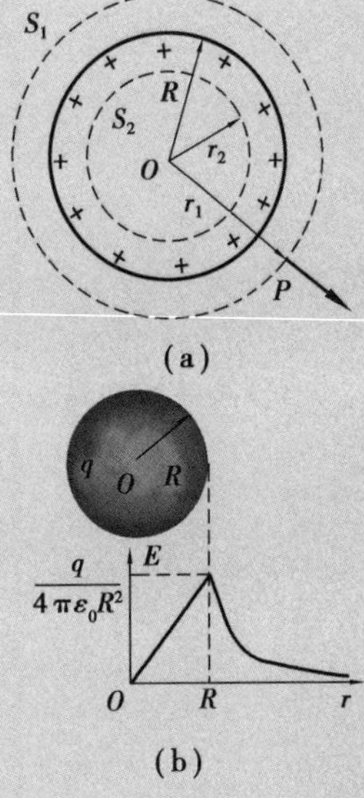

图 9.18　例 9.9 用图

根据以上几个例子，可以总结出利用高斯定理求解一些对称分布电场强度的一般步骤：

(1) 由电荷分布的对称性(轴、面、球)判断电场的分布特点；

(2) 合理作出高斯面，使电场在其中对称分布；

(3)求出高斯面内的电荷量 $\sum q$,计算通过高斯面的电通量 Φ_e;

(4)应用高斯定理并代入已知数据求解.

9.4 静电场的环路定理 电势

前面从电荷在电场中受电场力出发引入了描述静电场性质的物理量——电场强度,本节将从电场力对电荷做功的特性出发,引入描述静电场性质的另外一个物理量——电势.

9.4.1 电场力做功 静电场的环路定理

1)电场力做功

当电荷在电场中移动时,作用在电荷上的电场力就会对它做功.先来考察在点电荷 $q(q>0)$ 的静电场中,把试验电荷 q_0 由 a 点沿任意路径移动到 b 点电场力所做的功.如图 9.19 所示,在 q_0 移动的路径上任意一点 C 附近取线元 $\mathrm{d}\boldsymbol{l}$,设 C 点到 q 的距离为 r,则 C 点的场强为

$$\boldsymbol{E}=\frac{\boldsymbol{F}}{q_0}=\frac{q}{4\pi\varepsilon_0 r^2}\boldsymbol{e}_r$$

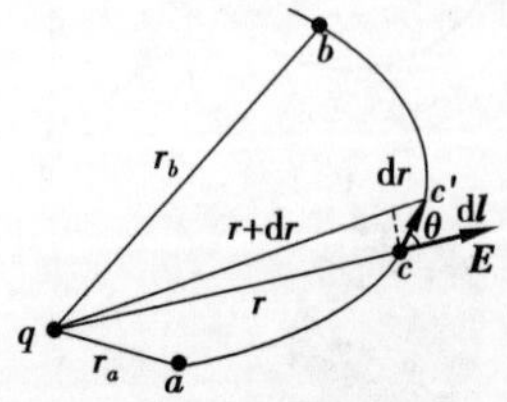

图 9.19 点电荷的电场中电场力做功

若 q_0 由 C 点移动了元位移 $\mathrm{d}\boldsymbol{l}$,则电场力所做的元功为

$$\mathrm{d}W=\boldsymbol{F}\cdot\mathrm{d}\boldsymbol{l}=q_0\boldsymbol{E}\cdot\mathrm{d}\boldsymbol{l}=q_0E\cos\theta\mathrm{d}l$$

式中,$\cos\theta\mathrm{d}l=\mathrm{d}r$ 为 $\mathrm{d}\boldsymbol{l}$ 沿场强方向的投影.电场力所做的元功即为

$$\mathrm{d}W=q_0E\mathrm{d}r$$

把试验电荷 q_0 由 a 点沿任意路径移动到 b 点电场力所做的总功为

$$W=\int_a^b q_0E\mathrm{d}r=\int_{r_a}^{r_b}\frac{q_0q}{4\pi\varepsilon_0 r^2}\mathrm{d}r=\frac{q_0q}{4\pi\varepsilon_0}\left(\frac{1}{r_a}-\frac{1}{r_b}\right)$$

上式表明,在点电荷 q 的静电场中,电场力对试验电荷 q_0 所做的功与路径无关,只与起点和终点的位置有关.

如果试验电荷 q_0 在点电荷系 $q_1,q_2,\cdots,q_n$ 所产生的静电场中运动,根据场强叠加原理,电场力所做的功应该等于各个点电荷的电场力做功的代数和,即

$$\begin{aligned}W_{ab}&=\int_a^b\boldsymbol{F}\cdot\mathrm{d}\boldsymbol{l}=\int_a^b q_0(\boldsymbol{E}_1+\boldsymbol{E}_2+\cdots+\boldsymbol{E}_n)\cdot\mathrm{d}\boldsymbol{l}\\&=\int_a^b q_0\boldsymbol{E}_1\cdot\mathrm{d}\boldsymbol{l}+\int_a^b q_0\boldsymbol{E}_2\cdot\mathrm{d}\boldsymbol{l}+\cdots+\int_a^b q_0\boldsymbol{E}_n\cdot\mathrm{d}\boldsymbol{l}\\&=W_1+W_2+\cdots+W_n=\sum_i\frac{q_0q_i}{4\pi\varepsilon_0}\left(\frac{1}{r_{ia}}-\frac{1}{r_{ib}}\right)\end{aligned}$$

由于上式最后一个等号的右端每一项都与路径无关,因此各项之和也必然与路径无关.对于静止的连续带电体,可将其看作无数电荷元的集合,因此也有相同的效果.

由此可以得出以下结论:电场力做功只取决于被作用电荷的起点和终点的位置,与移动的路径无关.这和力学中的万有引力、弹簧的弹性力等做功的特性类似.在力学中我们已经知道,具有这种性质的力称为保守力,所以静电场力是保守力或者说静电场是保守力场.

2)静电场的环路定理

在静电场中,如图 9.20 所示,将试验电荷 q_0 沿闭合路径 l(从 a 经 c 点到 b 点,再从 b 点经 d 回到 a 点)绕行一周,则静电场力所做的功为

$$W_{ab} = \oint q_0 \boldsymbol{E} \cdot \mathrm{d}\boldsymbol{l} = \int_{acb} q_0 \boldsymbol{E} \cdot \mathrm{d}\boldsymbol{l} + \int_{bda} q_0 \boldsymbol{E} \cdot \mathrm{d}\boldsymbol{l}$$

即把闭合路径分为两部分,但从 b 经 d 点到 a 点电场力做的功等于从 a 经 d 点到 b 点电场力做功的负值,而从 a 经 d 点到 b 点电场力做的功又与从 a 经 c 点到 b 点电场力做功相等,与路径无关,因此有

$$W_{ab} = \int_{acb} q_0 \boldsymbol{E} \cdot \mathrm{d}\boldsymbol{l} - \int_{adb} q_0 \boldsymbol{E} \cdot \mathrm{d}\boldsymbol{l} = 0$$

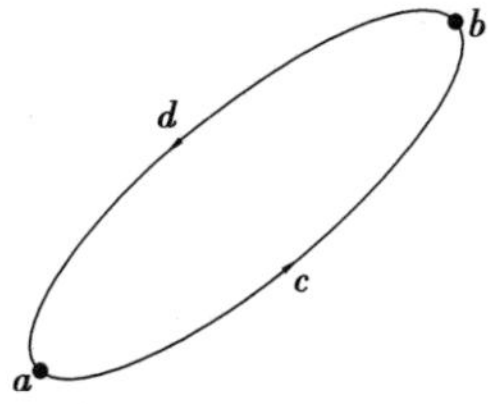

图 9.20　静电场的环路定理

即静电场力移动电荷沿任一闭合路径所做的功为零.考虑到 $q_0 \neq 0$,所以上式可写为

$$\oint \boldsymbol{E} \cdot \mathrm{d}\boldsymbol{l} = 0 \tag{9.13}$$

在矢量分析中,某一矢量函数沿任一闭合路径的线积分称为该矢量的环流.式(9.13)表明:静电场中电场强度 $\boldsymbol{E}$ 的环流恒为零.这一结论称为静电场的环路定理,它是反映静电场为保守力场这一基本性质的重要原理.静电场的环路定理反映了静电场性质的另一个侧面,它说明静电场是保守力场(或无旋场),静电场力是保守力,这是我们在静电场中引入"电势"和"电势能"概念的依据.静电场的环路定理是静电场中的电场线不会形成闭合曲线这一性质的精确的数学表达形式,因此,静电场也称为无旋场.同时,静电场的环路定理也是能量守恒定律在静电场中的特殊形式.上述说法均可由反证法得证.

综合静电场的高斯定理和环路定理,可知静电场是有源无旋场.

9.4.2 电势 电势叠加原理

1)电势能

由于静电场力与重力相似,是保守力,所以,仿照重力势能的建立,我们在描述静电场的性质时引入电势能的概念.电荷在静电场中的一定位置所具有的势能即为电势能.依据保守力做功和势能增量的关系可知,电场力的功就是电势能改变的量度.

设 W_a、W_b分别表示试验电荷 q_0 在起点 a 和终点 b 处的电势能,可知 q_0 在电场中 a、b 两点电势能之差等于把 q_0 自 a 点移至 b 点过程中电场力所做的功,故有

$$W_a - W_b = W_{ab} = \int_a^b \boldsymbol{F} \cdot \mathrm{d}\boldsymbol{l} = q_0 \cdot \int_a^b \boldsymbol{E} \cdot \mathrm{d}\boldsymbol{l} \qquad (9.14)$$

电势能与重力势能相似,是一个相对的量.为了说明电荷在电场中某一点势能的大小,必须有一个作为参考点的“零点”(势能零点).在式(9.14)中,若取 b 点为势能零点,即 $W_b=0$,则 q_0 在电场中某点 a 的电势能为

$$W_a = q_0\int_a^b \boldsymbol{E} \cdot \mathrm{d}\boldsymbol{l}$$

即 q_0 自 a 点移到“势能零点 b”的过程中电场力所做的功.

对于有限大小的带电体,通常取无限远处为势能零点,即 $W_\infty=0$,于是有

$$W_a = W_{a\infty} = \int_a^\infty q_0\boldsymbol{E} \cdot \mathrm{d}\boldsymbol{l} = q_0\int_a^\infty \boldsymbol{E} \cdot \mathrm{d}\boldsymbol{l} \qquad (9.15)$$

即试验电荷 q_0 在 a 点的电势能,等于将 q_0 从 a 点移到∞处的过程中,电场力所做的功.式中,$\boldsymbol{E}$ 是电场强度,单位为 N/C;q_0 是电荷,单位为 C;l 是长度,单位为 m;W 为电势能,单位为 J.电场力所做的功有正(如在斥力场中)有负(如在引力场中),所以电势能也有正有负.与重力势能相似,电势能也应属于 q_0 和产生电场的源电荷系统所共有.

2)电势

由试验电荷 q_0 在静电场中电势能的定义式(9.15)可知,电荷在静电场中某点 a 处的电势能与 q_0 的大小成正比,而比值 W_a/q_0 却与 q_0 无关,只决定于电场的性质以及场中给定点 a 的位置.所以,这一比值是表征静电场中给定点电场性质的物理量,称为电势,用字母 V 表示.设无限远处的电势为零,即 $V_\infty=0$,则有

$$V_P = \frac{W_{P\infty}}{q_0} = \frac{A_{P\infty}}{q_0} = \int_P^{\infty} \boldsymbol{E} \cdot \mathrm{d}\boldsymbol{l} \tag{9.16}$$

即静电场中某点 P 的电势 V_P,在数值上等于将单位正电荷从该点经过任意路径移到无限远处(电势零点)时静电场力所做的功.式中,V 为电势,单位为伏特,简称伏,符号用 V 表示;$\boldsymbol{E}$ 是电场强度,单位为 V/m;l 是长度,单位为 m.

应该指出:

(1)由于静电场是保守场,所以才能引入电势的概念.电势是反映静电场本身性质的物理量,与试验电荷 q_0 的存在与否无关.它只是空间坐标的函数,也与时间 t 无关.

(2)电势是相对的,其值与电势零点的选取有关.电势零点的选取一般应根据问题的性质和研究的方便而定.电势零点的选取通常有两种:在理论上,计算一个有限大小的带电体所产生的电场中各点的电势时,往往选取无限远处的电势为零(对无限大的带电体则不能如此选取,只能选取有限远点电势为零).在电工技术或许多实际问题中,常常选取地球的电势为零,其好处在于:一方面便于和地球比较而确定各个带电体的电势;另一方面,地球是一个很大的导体,当地球所带的电量变化时,其电势的波动很小.

(3)电势是标量,可正可负,遵从线性函数的运算法则.

(4)电势虽是相对的,但在静电场中任意两点间的电势差则是绝对的.

3)点电荷的电势

设空间有一个静止的点电荷 q,在它所产生的电场中任取一点 P,该点到 q 的距离为 r,则 P 点的场强为

$$\boldsymbol{E} = \frac{q}{4\pi\varepsilon_0 r^2}\boldsymbol{e}_r$$

取无限远处为势能零点,得 P 点处的电势为

$$V_P = \int_P^{\infty} \boldsymbol{E} \cdot \mathrm{d}\boldsymbol{l} = \int_r^{\infty} \frac{q}{4\pi\varepsilon_0 r^2}\mathrm{d}r = \frac{q}{4\pi\varepsilon_0 r} \tag{9.17}$$

由上式可知,选取无限远处的电势为零,则正电荷 q 产生的电场中的电势是正的,离 q 越远,电势越低;如果是负电荷产生的电场,则电场中各点的电势是负的,离点电荷越远,电势越高,在无限远处电势为零.

4)电势叠加原理

设在真空中有若干个点电荷 q_1、q_2、…、q_n,各点电荷到电场中

P 点的矢径分别为 $\boldsymbol{r}_1$、$\boldsymbol{r}_2$、…、$\boldsymbol{r}_n$，根据场强叠加原理，得 P 点的场强为

$$\boldsymbol{E}=\boldsymbol{E}_1+\boldsymbol{E}_2+\cdots+\boldsymbol{E}_n=\sum_i \frac{q_i}{4\pi\varepsilon_0 r_i^3}\boldsymbol{r}_i$$

根据电势的定义求得 P 点处的电势为

$$\begin{aligned}V_P&=\int_P^{\infty}\boldsymbol{E}\cdot \mathrm{d}\boldsymbol{l}=\int_P^{\infty}\boldsymbol{E}_1\cdot \mathrm{d}\boldsymbol{l}+\int_P^{\infty}\boldsymbol{E}_2\cdot \mathrm{d}\boldsymbol{l}+\cdots+\int_P^{\infty}\boldsymbol{E}_n\cdot \mathrm{d}\boldsymbol{l}\\&=V_{P1}+V_{P2}+\cdots+V_{Pn}=\sum_i V_{Pi}\end{aligned}\tag{9.18}$$

由上式可知，在点电荷系的电场中任一点的电势应等于各个点电荷单独存在时在该点所产生的电势的代数和，这就是真空中静电场的电势叠加原理.

对于电荷连续分布的带电体，可将带电体看成由许多电量为 $\mathrm{d}q$ 的电荷元(可视为点电荷)组成，根据电势叠加原理，这时电场中某一点的电势等于各电荷元 $\mathrm{d}q$ 在该点的电势之和，即

$$V_P=\int \mathrm{d}V=\int\frac{\mathrm{d}q}{4\pi\varepsilon_0 r}\tag{9.19}$$

式中，r 为电场中某一定点到电荷元 $\mathrm{d}q$ 的距离，右端的积分遍及整个带电体.由于电势是标量，这里的积分是标量积分，所以一般情况下电势的计算比电场强度的计算简便.

在处理具体问题时，如果带电体电荷分布分别具有体分布、面分布或线分布时，分别引入电荷体密度 ρ、电荷面密度 σ 和电荷线密度 λ，这时式(9.19)可分别表示为

$$V=\frac{1}{4\pi\varepsilon_0}\int_V\frac{\rho\mathrm{d}V}{r},\ V=\frac{1}{4\pi\varepsilon_0}\int_S\frac{\sigma\mathrm{d}S}{r},\ V=\frac{1}{4\pi\varepsilon_0}\int_l\frac{\lambda\mathrm{d}l}{r}\tag{9.20}$$

式中，r 为电荷元 $\mathrm{d}q$ 到场点的距离.

当电荷分布已知时，可以利用式(9.20)计算电势.而当电荷分布具有一定对称性时，应先根据高斯定理求出电场强度，然后根据电势定义式 $V_P=\int_P^{\infty}\boldsymbol{E}\cdot\mathrm{d}\boldsymbol{l}$ 求出电势.

5)电势差

在静电场中，任意两点 a 和 b 的电势之差称为电势差，用字母 U_{ab}表示，即

$$U_{ab}=V_a-V_b=\int_a^{\infty}\boldsymbol{E}\cdot\mathrm{d}\boldsymbol{l}-\int_b^{\infty}\boldsymbol{E}\cdot\mathrm{d}\boldsymbol{l}=\int_a^{b}\boldsymbol{E}\cdot\mathrm{d}\boldsymbol{l}\tag{9.21}$$

由上式可知，a、b 两点的电势差 U_{ab}等于单位正电荷自 a 点移

动到 b 点的过程中电场力所做的功.利用电势差可以计算电场力所做的功

$$A_{ab}=W_a-W_b=qU_{ab}=q(V_a-V_b)=q\int_a^b \boldsymbol{E}\cdot \mathrm{d}\boldsymbol{l} \quad (9.22)$$

9.4.3　电势梯度

1)等势面

前面曾用电场线来描绘电场中各点的场强,现在,也可用绘图方法来描绘电场中各点的电势,从而更形象地研究电势与场强之间的关系.

一般说来,电场中各点的电势不同,但电场中也有许多点的电势相等.我们把电场中电势相等的点所组成的曲面叫等势面.与电场线的画法一样,对等势面的画法也有规定:电场中任意两个相邻的等势面之间的电势差都相等.图 9.21 所示的几种典型电场的等势面就是按此规定画出的,图中带箭头的线表示电场线、不带箭头的线表示等势面.

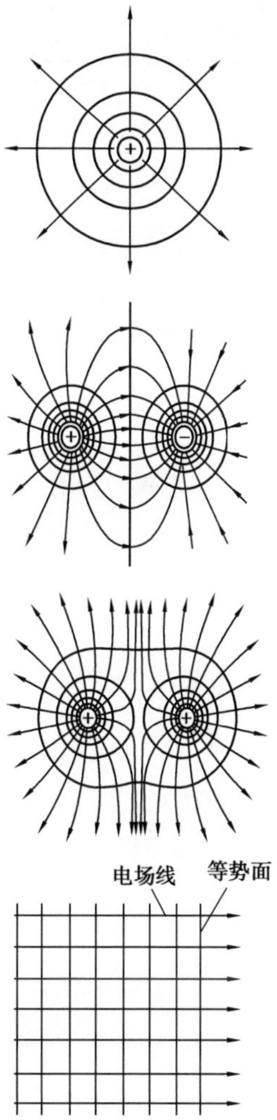

图 9.21　几种常见电场的等势面和电场线图

等势面具有以下特点:

(1)在同一等势面上的任意两点间移动电荷,电场力不做功.

设 a、b 为等势面上的任意两点,如图 9.22 所示.若移动电荷 q 从 a 到 b,因为 $V_a=V_b$,所以 $A_{ab}=q(V_a-V_b)=0$.这是因为等势面上各点的电势相等,电荷在同一等势面上各点具有相同的电势能,所以在同一等势面上移动电荷时,其电势能不变,即电场力不做功.

(2)等势面一定与电场线垂直,即与场强的方向垂直.

设试验电荷沿某等势面有一微小位移 $\mathrm{d}\boldsymbol{l}$,这时,虽然电场对试验电荷有力的作用,但根据等势面的定义,电场力所做的功为零.即 $\mathrm{d}A=q\boldsymbol{E}\cdot\mathrm{d}\boldsymbol{l}=qE\cos\theta\mathrm{d}l=0$,因为 q、E、$\mathrm{d}l$ 都不等于零,所以只有 $\cos\theta=0$,即 $\theta=\pi/2$.也就是说,试验电荷在等势面上任一点所受的电场力总是与等势面垂直,亦即电场线的方向总是与等势面垂直.

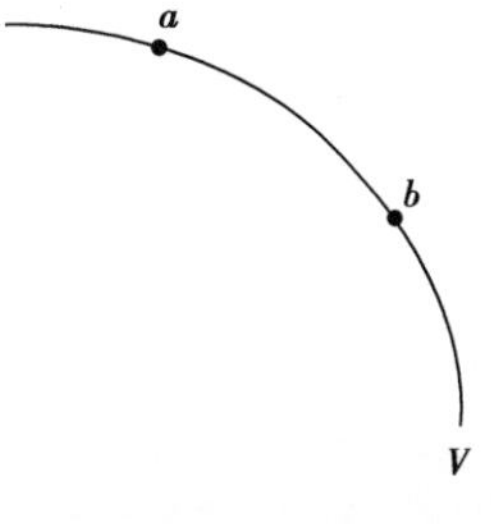

图 9.22　等势面

(3)电场线总是由电势较高的等势面指向电势较低的等势面.

(4)等势面密集处的电场强度大,等势面稀疏处电场强度小.从等势面的疏密程度可以比较出场强的强弱.

利用等势面既可以形象地描述电场的性质,也可由等势面来绘制电场线.由于实际中测定电势差比测定电场要容易得多,因此常用等势面来研究电场,即先描绘出等势面的形状和分布,再根据电场线与等势面之间的关系描绘出电场线的分布.

2)电势梯度

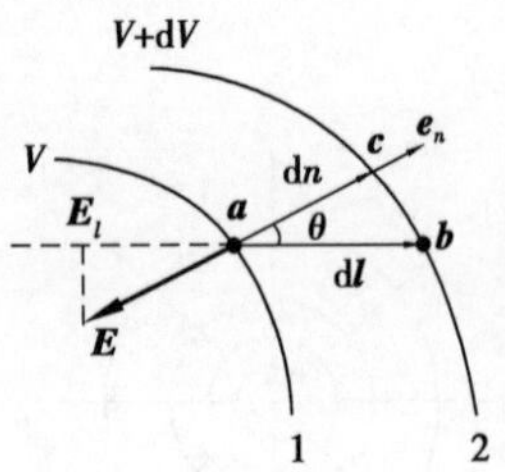

图 9.23 场强与电势梯度

如图 9.23 所示,在电场中任取两相距很近的等势面 1 和 2,电势分别为 V 和 $V+\mathrm{d}V$,且 $\mathrm{d}V>0$.电势为 V 的等势面上 a 点的单位法向矢量为 $\boldsymbol{e}_n$,与电势为 $V+\mathrm{d}V$ 的等势面正交于一点 c.在电势为 $V+\mathrm{d}V$ 的等势面上任取一点 b,设 a 到电势为 $V+\mathrm{d}V$ 的等势面的法向距离为 $\mathrm{d}n$, a 到 b 的距离为 $\mathrm{d}l$,由图可知,

$$\mathrm{d}n=\mathrm{d}l\cdot\cos\theta$$

可得

$$\frac{\mathrm{d}V}{\mathrm{d}l}=\frac{\mathrm{d}V}{\mathrm{d}n}\cos\theta$$

由此可知,$\mathrm{d}\boldsymbol{l}$ 方向上的电势增加率$\frac{\mathrm{d}V}{\mathrm{d}l}$,可看作矢量$\frac{\mathrm{d}V}{\mathrm{d}n}\boldsymbol{e}_n$ 在 $\mathrm{d}\boldsymbol{l}$ 方向上的分量.$\frac{\mathrm{d}V}{\mathrm{d}n}$称为沿法线方向的电势变化率,上式说明$\frac{\mathrm{d}V}{\mathrm{d}n}$是 a 点处电势变化率的最大值.矢量$\frac{\mathrm{d}V}{\mathrm{d}n}\boldsymbol{e}_n$ 称为 a 点处的电势梯度,记做 grad V,即电势梯度的定义式为

$$\mathrm{grad}\ V=\frac{\mathrm{d}V}{\mathrm{d}n}\boldsymbol{e}_n \tag{9.23}$$

从上式可知,电场中某点的电势梯度,在方向上与该点处电势增加率最大的方向相同,在量值上等于沿该方向上的电势增加率.

3)电场强度和电势梯度的关系

当等势面 1 与等势面 2 间距离足够小时,两等势面间的电场可看作匀强电场,电荷 q 从等势面 1 移动到等势面 2,电场力做功

$$\mathrm{d}W=q\boldsymbol{E}\cdot\mathrm{d}\boldsymbol{l}=qE\mathrm{d}l\cos\theta=qE\mathrm{d}n$$

因为电场力做功等于电势能的减少量,即

$$\mathrm{d}W=-q\mathrm{d}V$$

由以上两式联立可得

$$E=-\frac{\mathrm{d}V}{\mathrm{d}n}$$

由此可见,场强也与等势面垂直,但指向电势降低的方向.将上式写成矢量形式有

$$\boldsymbol{E}=-\frac{\mathrm{d}V}{\mathrm{d}n}\boldsymbol{e}_n=-\mathrm{grad}V=-\nabla V \tag{9.24}$$

这就是场强和电势梯度的关系,它说明静电场中各点的电场强度等于该点电势梯度的负值.

在直角坐标系中,

$$\boldsymbol{E}=-\left(\frac{\partial V}{\partial x}\boldsymbol{i}+\frac{\partial V}{\partial y}\boldsymbol{j}+\frac{\partial V}{\partial z}\boldsymbol{k}\right) \tag{9.25}$$

可以看出：

(1)电场强度的方向是电势降落最快的方向；电场强度的大小表示电势沿这个方向上的最大空间减少率.因此电场强度等于电势梯度的负值，其负号表示电场强度的方向与电势梯度的方向相反，即指向电势降低的方向.

(2)在电势等于常数(或为零)的地方，场强不一定为零，只有在电势不变的区域，场强才为零.同样地，在场强为零处，电势不一定为零.

例 9.10　求电偶极子所产生的静电场中任意一点的电势.

解　在电偶极子所产生的电场中任取一点 P，该点到正、负电荷的距离分别为 r_+ 和 r_-，P 点到电偶极子中心的距离为 r，建立如图 9.24 所示坐标系.$+q$ 和 $-q$ 单独存在时，在 P 点产生的电势分别为

$$V_+=\frac{q}{4\pi\varepsilon_0 r_+},V_-=\frac{-q}{4\pi\varepsilon_0 r_-}$$

根据电势叠加原理，电偶极子在 P 点产生的电势为

$$V=V_++V_-=\frac{q}{4\pi\varepsilon_0}\left(\frac{1}{r_+}-\frac{1}{r_-}\right)$$

而 $r\gg r_0$，$r_+\approx r-\dfrac{r_0}{2}\cos\theta$，$r_-\approx r+\dfrac{r_0}{2}\cos\theta$

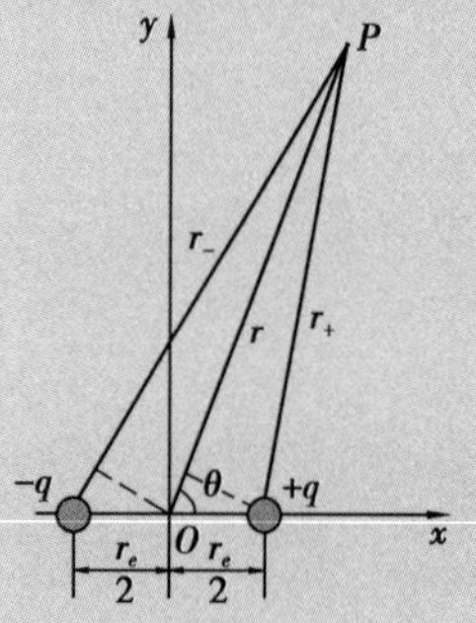

图 9.24　例 9.10 用图

因此有

$$r_--r_+\approx r_0\cos\theta,r_+\cdot r_-\approx r^2$$

则有

$$V=\frac{q}{4\pi\varepsilon_0}\frac{r_--r_+}{r_+\cdot r_-}\approx\frac{q}{4\pi\varepsilon_0}\frac{r_0\cos\theta}{r^2}=\frac{\boldsymbol{p}\cdot\boldsymbol{r}}{4\pi\varepsilon_0 r^3}$$

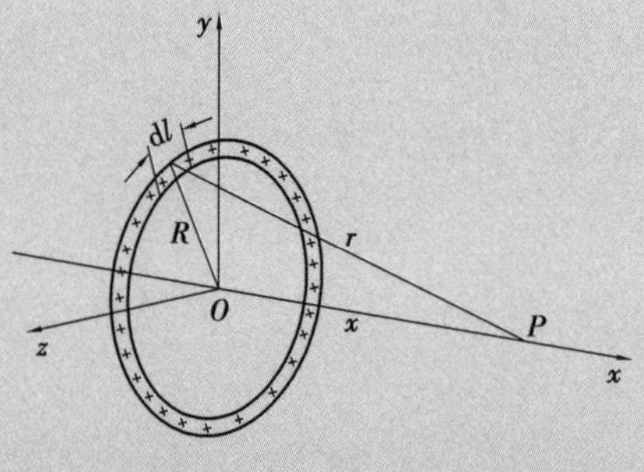

图 9.25　例 9.11 用图

例 9.11　求均匀带电细圆环轴线上任意一点的电势.

解　设圆环的半径为 R，所带电荷量为 q，其电荷分布线密度为 $\lambda=\dfrac{q}{2\pi R}$.把圆环分成许多线电荷元，任取一线元 $\mathrm{d}l$，如图 9.25 所示，其电荷为 $\mathrm{d}q=\lambda\mathrm{d}l$，此电荷元在 P 点产生的电势为

$$\mathrm{d}V=\frac{\lambda\,\mathrm{d}l}{4\pi\varepsilon_0 r}$$

根据电势叠加原理，P 点的电势为

$$V=\int \mathrm{d}V=\int_0^{2\pi R}\frac{\lambda\,\mathrm{d}l}{4\pi\varepsilon_0 r}=\frac{q}{4\pi\varepsilon_0\,(R^2+x^2)^{\frac{1}{2}}}$$

讨论:

(1) 当 $x=0$ 时,即在环心处,$V=\dfrac{q}{4\pi\varepsilon_0 R}$;

(2) 当 $x\gg R$ 时,$V=\dfrac{q}{4\pi\varepsilon_0 x}$.

例 9.12　如图 9.26 所示,两个均匀带电的同心球面,半径分别为 R_1 和 R_2,带电量分别为 q_1 和 q_2.求场强和电势的分布.

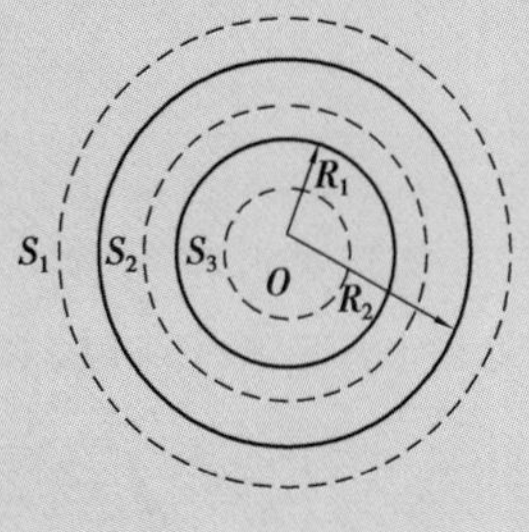

图 9.26　例 9.12 用图

解　(1) 对称性分析:①场强沿径向;②离球心 O 距离相等处,场强的大小相同.可见场强具有球对称性,可以用高斯定理求场强.

(2) 选择高斯面:选与带电球面同心的球面作为高斯面.

当 $r>R_2$ 时,取半径为 r 的高斯面 S_1,由高斯定理得

$$\oint_{S_1}\boldsymbol{E}\cdot\mathrm{d}\boldsymbol{S}=\frac{q_1+q_2}{\varepsilon_0}$$

因为场有上述的对称性,所以

$$\oint_{S_1}\boldsymbol{E}\cdot\mathrm{d}\boldsymbol{S}=E\cdot 4\pi r^2=\frac{q_1+q_2}{\varepsilon_0}$$

解得

$$E=\frac{q_1+q_2}{4\pi\varepsilon_0 r^2}$$

当 $R_1<r<R_2$ 时,取半径为 r 的高斯面 S_2,由高斯定理得

$$\oint_{S_2}\boldsymbol{E}\cdot\mathrm{d}\boldsymbol{S}=\frac{q_1}{\varepsilon_0}$$

因场强有球对称性,故解出

$$\oint_{S_2}\boldsymbol{E}\cdot\mathrm{d}\boldsymbol{S}=E\cdot 4\pi r^2=\frac{q_1}{\varepsilon_0},E=\frac{q_1}{4\pi\varepsilon_0 r^2}$$

当 $r<R_1$ 时,取半径为 r 的高斯面 S_3,因 $\sum q=0$,故由高斯定理得

$$\oint_{S_2}\boldsymbol{E}\cdot\mathrm{d}\boldsymbol{S}=0$$

所以

$$E=0$$

从上面计算的结果得到场强的分布为

$$\boldsymbol{E}=\begin{cases}\dfrac{q_1+q_2}{4\pi\varepsilon_0 r^2}\boldsymbol{e}_r & (r>R_2)\\ \dfrac{q_1}{4\pi\varepsilon_0 r^2}\boldsymbol{e}_r & (R_1<r<R_2)\\ 0 & (r<R_1)\end{cases}$$

知道了场强分布，便可以从电势的定义出发求出空间的电势分布：

当 $r>R_2$ 时

$$V_p=\int_r^\infty \boldsymbol{E}\cdot \mathrm{d}\boldsymbol{r}=\int_r^\infty \frac{q_1+q_2}{4\pi\varepsilon_0 r^2}\mathrm{d}r=\frac{q_1+q_2}{4\pi\varepsilon_0 r}$$

当 $R_1<r<R_2$ 时

$$V_p=\int_r^\infty \boldsymbol{E}\cdot \mathrm{d}\boldsymbol{r}=\int_r^{R_2} \frac{q_1}{4\pi\varepsilon_0 r^2}\mathrm{d}r+\int_{R_2}^\infty \frac{q_1+q_2}{4\pi\varepsilon_0 r^2}\mathrm{d}r$$

$$=\frac{q_1}{4\pi\varepsilon_0}\left(\frac{1}{r}-\frac{1}{R_2}\right)+\frac{q_1+q_2}{4\pi\varepsilon_0 R_2}=\frac{q_1}{4\pi\varepsilon_0 r}+\frac{q_2}{4\pi\varepsilon_0 R_2}$$

当 $r<R_1$ 时

$$V_p=\int_r^\infty \boldsymbol{E}\cdot \mathrm{d}\boldsymbol{r}=\int_r^{R_1} 0\cdot \mathrm{d}r+\int_{R_1}^{R_2} \frac{q_1}{4\pi\varepsilon_0 r^2}\mathrm{d}r+\int_{R_2}^\infty \frac{q_1+q_2}{4\pi\varepsilon_0 r^2}\mathrm{d}r$$

$$=\frac{q_1}{4\pi\varepsilon_0}\left(\frac{1}{R_1}-\frac{1}{R_2}\right)+\frac{q_1+q_2}{4\pi\varepsilon_0 R_2}=\frac{q_1}{4\pi\varepsilon_0 R_1}+\frac{q_2}{4\pi\varepsilon_0 R_2}$$

当然，本题也可以用电势叠加原理来求电势的分布，把空间各点的电势看作两个带电球面在空间产生的电势的叠加，求得的结果和利用高斯定理、从电势定义出发求得的结果相同（读者可自己计算验证）.

9.5 静电场中的导体和电介质

导体和电介质置于电场中时，其电荷分布将会发生改变，改变了的电荷分布又会影响所处空间周围的电场. 本节讨论静电场中导体和电介质的性质以及其对静电场的影响.

9.5.1 静电场中的导体

1）静电感应现象

通常的金属导体都是以金属键结合的晶体，处于晶格结点上的原子很容易失去外层的价电子，而成为正离子. 脱离原子核束缚的价电子可以在整个金属中自由运动，称为自由电子. 在不受外电场作用时，自由电子只作热运动，不发生宏观电量的迁移，因此整个金属导体的任何宏观部分都呈电中性状态.

当把金属导体放入电场强度为 $\boldsymbol{E}_0$ 的静电场中时,情况将发生变化.金属导体中的自由电子在外电场 $\boldsymbol{E}_0$ 的作用下,相对于晶格离子做定向运动,如图 9.27(a)所示.电子的定向运动,并在导体一侧面集结,使该侧面出现负电荷,而相对的另一侧面出现正电荷,如图 9.27(b)所示,这就是静电感应现象.由静电感应现象所产生的电荷,称为感应电荷.感应电荷必然在空间激发电场,这个电场与原来的电场相叠加,因而改变了空间各处的电场分布.我们把感应电荷产生的电场称为附加电场,用 $\boldsymbol{E}'$ 表示.空间任意一点的电场强度应为

$$\boldsymbol{E}=\boldsymbol{E}_0+\boldsymbol{E}' \tag{9.26}$$

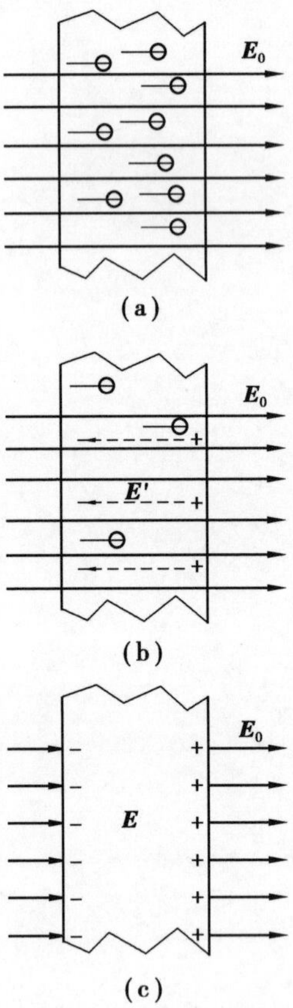

图 9.27　导体的静电平衡

2)导体的静电平衡及条件

在导体内部,附加电场 $\boldsymbol{E}'$ 与外加电场 $\boldsymbol{E}_0$ 方向相反,并且只要 $\boldsymbol{E}'$ 不足以抵消外加电场 $\boldsymbol{E}_0$,导体内部自由电子的定向运动就不会停止,感应电荷就继续增加,附加电场 $\boldsymbol{E}'$ 将相应增大,直至 $\boldsymbol{E}'$ 与 $\boldsymbol{E}_0$ 完全抵消,导体内部的电场为零,如图 9.27(c)所示,这时自由电子的定向运动也就停止了.在金属导体中,正、负感应电荷电量相等,自由电子没有定向运动的状态,称为静电平衡.导体建立静电平衡的过程就是静电感应发生并达到稳定的过程.实际上,这个过程是在极其短暂的时间内完成的.

感应电荷所激发的附加电场 $\boldsymbol{E}'$,不仅导致导体内部的电场强度为零,而且也改变了导体外部空间各处原来电场的大小和方向,甚至还可能会改变产生原来外加电场 $\boldsymbol{E}_0$ 的带电体上的电荷分布.

根据上面的讨论可知,导体达到静电平衡的条件是:

(1)导体内部任一点的场强为零.否则,导体内自由电子的定向运动就会持续下去,那就不是静电平衡.

(2)导体表面上任一点的电场强度方向,都与该点所在的表面垂直.因为在静电平衡时,导体表面的场强可能不等于零,但它必须和其表面垂直,否则,场强将有沿表面的切线分量 $\boldsymbol{E}_t$,那么,导体表面层内的自由电子将在 $\boldsymbol{E}_t$ 的作用下沿表面运动,这样导体就没有处于静电平衡的状态,所以,只有表面的场强 $\boldsymbol{E}$ 垂直于导体表面时,才能达到静电平衡状态.

3)静电平衡时导体的性质

根据静电平衡时金属导体内部不存在电场,自由电子没有定向运动的特点,不难推断处于静电平衡的金属导体还必定具有下列性质:

(1)整个导体是等势体,导体的表面是等势面.

因为对静电平衡时导体上的任意两点 a 和 b,有

$$V_a - V_b = \int_a^b \boldsymbol{E} \cdot \mathrm{d}\boldsymbol{l} = 0, \text{即} \quad V_a = V_b$$

也就是说,静电平衡时导体内任意两点的电势都相等,所以整个导体为一等势体.又由于 a、b 可以是导体表面的任意两点,所以等势体的表面必然是等势面.

(2)导体表面附近任一点的电场强度的大小与该处导体表面上的电荷面密度成正比.

4)静电平衡时导体上的电荷分布

如果导体内无空腔,如图 9.28 所示,有一任意形状的导体,导体所带电荷为 Q,在其内部作一任意高斯面 S,根据高斯定理有

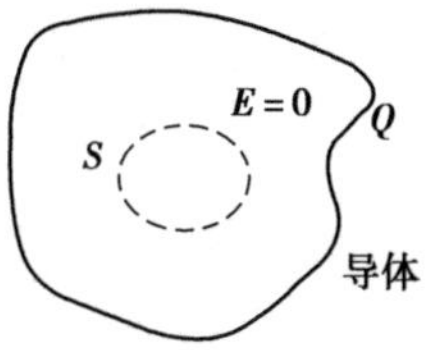

图 9.28　实心导体的电荷分布

$$\oint_S \boldsymbol{E} \cdot \mathrm{d}\boldsymbol{S} = \frac{1}{\varepsilon_0} \sum_{S_{内}} q_i$$

因为导体静电平衡时其内部的电场强度 $\boldsymbol{E}=0$,所以有

$$\oint_S \boldsymbol{E} \cdot \mathrm{d}\boldsymbol{S} = \frac{\sum q_i}{\varepsilon_0} = 0$$

即

$$\sum_{S_{内}} q_i = 0$$

因为 S 面是任意的,所以静电平衡时,导体内无净电荷存在,导体所带电荷只能分布在导体外表面上.

如果导体内有空腔时,还要看腔内有无其他电荷存在.

(1)空腔内无其他电荷的情况.考虑任意形状的导体,导体所带电荷为 Q,导体内有空腔,腔内无其他电荷.如图 9.29 所示,在其内部作一高斯面 S,高斯定理为

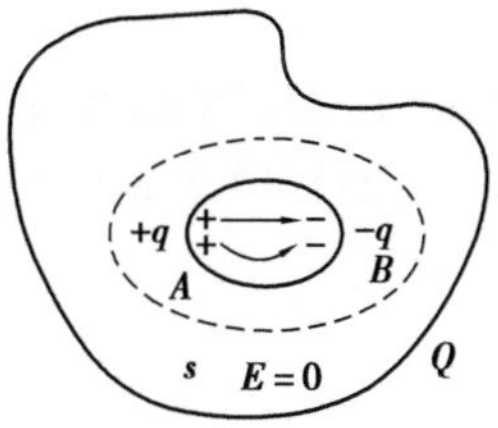

图 9.29　导体空腔内无其他电荷时的电荷分布

$$\oint_S \boldsymbol{E} \cdot \mathrm{d}\boldsymbol{S} = \frac{1}{\varepsilon_0} \sum_{S_{内}} q_i$$

因为静电平衡时,导体内的电场强度

$$\boldsymbol{E} = 0$$

所以

$$\sum_{S_{内}} q_i = 0$$

即 S 内的净电荷为 0.

由于空腔内无其他电荷存在,静电平衡时,导体内又无净电荷,所以空腔内表面上的净电荷为 0.

但是,在空腔内表面上能否出现符号相反的等量的电荷呢?我们设想,假如有这种可能,如图 9.29 所示,在 A 点附近出现 $+q$,

B 点附近出现 $-q$,这样,在腔内就会分布起始于正电荷而终止于负电荷的电场线,此时有 $V_A>V_B$.然而静电平衡时,整个导体为等势体,即 $V_A=V_B$,因此,该假设不成立.

由此可见:静电平衡时,腔内表面无净电荷分布,净电荷都分布在导体外表面上.

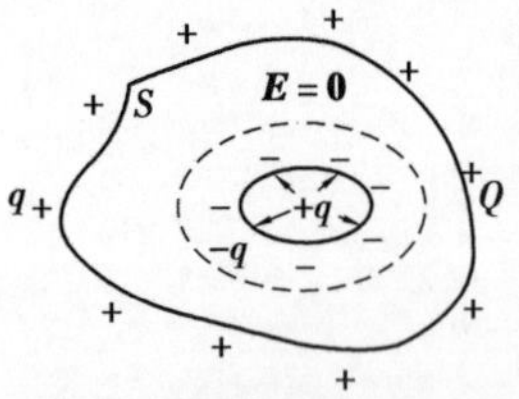

图 9.30　导体空腔内有点电荷时的电荷分布

(2)空腔内有点电荷的情况.如图 9.30 所示,对于任意形状的导体,导体电量为 Q,其内腔中有点电荷 $+q$,在导体内作一高斯面 S,高斯定理为

$$\oint_S \boldsymbol{E}\cdot \mathrm{d}\boldsymbol{S}=\frac{1}{\varepsilon_0}\sum_{S内} q_i$$

因为静电平衡时

$$\boldsymbol{E}=\boldsymbol{0}$$

所以

$$\sum_{S内} q_i=0$$

又因为此时导体内部无净电荷,而腔内有电荷 $+q$,所以腔内表面必有感应电荷 $-q$.

因此可得出结论:静电平衡时,空腔内表面有感应电荷 $-q$,外表面有感应电荷 $+q$,此时外表面电荷总量为 $q+Q$.

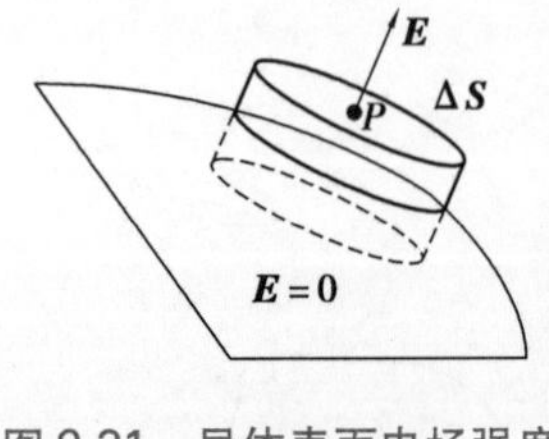

图 9.31　导体表面电场强度与电荷面密度的关系

既然在静电平衡时,电荷只能分布在导体的表面上,下面我们进一步讨论导体附近空间的电场强度大小与导体表面电荷密度的关系.如图 9.31 所示,在导体表面上取面积元 ΔS,当 ΔS 足够小时,ΔS 上的电荷分布可认为是均匀的,其电荷面密度为 σ,于是 ΔS 上所带的电荷量为 $\Delta q=\sigma\Delta S$.过 ΔS 附近一点 P 围绕 ΔS 作如图 9.31 所示的扁圆柱形高斯面,使上、下底面平行于 ΔS.下底面处于导体内部,由于静电平衡时,导体内部电场强度为零,所以通过下底面的电通量为零;在侧面,电场强度的方向与侧面的法线垂直,所以通过侧面的电通量也为零;在上底面,场强 E 与 ΔS 垂直,所以通过上底面的电场强度通量为 $E\Delta S$,此即通过扁圆柱形高斯面的电场强度通量.由于此高斯面包围的电荷量为 $\sigma\Delta S$,所以,根据高斯定理可得

$$\oint_S \boldsymbol{E}\cdot \mathrm{d}\boldsymbol{S}=E\Delta S=\frac{\sigma\Delta S}{\varepsilon_0}$$

有

$$E=\frac{\sigma}{\varepsilon_0} \tag{9.27}$$

上式表明,导体处于静电平衡时,导体表面外部靠近表面处

的电场强度 $\boldsymbol{E}$,其数值与该处电荷面密度成正比,其方向与导体表面垂直.当导体表面带正电时,$\boldsymbol{E}$ 的方向垂直表面向外;当导体表面带负电时,$\boldsymbol{E}$ 的方向则垂直指向导体.

式(9.27)中的 $\boldsymbol{E}$ 是空间所有电荷在 P 点处激发的总电场强度,而不仅仅由近导体表面上的电荷或整个导体上的电荷产生.当导体外的电荷分布发生变化时,外电场发生变化,导体上的电荷将重新分布,直到达到静电平衡为止.这样导体表面电荷面密度将发生变化,相应的导体表面处的电场强度也随之改变.

5)曲率半径与电荷面密度的关系 尖端放电

从上面的分析可知,静电平衡时电荷是分布在导体表面的,而且电场的强度是跟电荷密度成正比的.导体达到静电平衡后导体表面的电荷是如何分布的,这比较复杂,定量研究比较困难.因为导体表面的电荷分布不仅与导体本身的形状有关,而且还和它附近有什么样的带电体有关.对孤立的带电导体来说,其表面电荷面密度 σ 与曲率半径 ρ 有关.实验表明,在导体表面曲率半径较小的部位,即尖锐的地方,电荷面密度较大;在导体表面曲率半径较大的部位,即较平坦的地方,电荷面密度较小;在导体表面曲率半径为负的部位,即凹进去的地方,电荷面密度更小.根据上述结论,对一个非球形的不规则的带电体,其电荷分布应如图 9.32 所示.根据上面的结论可进一步推知尖端部分的电场会特别强.

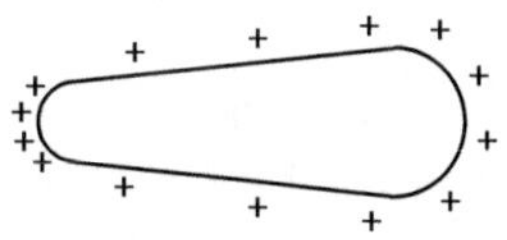

图 9.32　不规则导体的表面电荷分布情况

现实中带电导体的尖端附近就会产生很强的电场,当电场强度达到一定程度时,可使空气分子电离,并使离子急剧运动.在离子运动过程中,由于碰撞可使更多的空气分子电离.这就是**尖端放电现象**.避雷针就是根据尖端放电的原理制造的,用粗铜缆将避雷针通地,通地的一端埋在地下的金属板(或金属管)上,以保持避雷针与大地接触良好.当带电的云层接近时,放电就通过避雷针和通地粗铜导体这条最易于导电的通路持续不断地进行,以免损坏建筑物.

6)静电感应的防止和应用

静电感应在日常中常简称为静电.静电是一种常见的现象,它会给人们带来麻烦,甚至造成危害,这需要加以防止;它也可以利用,为人类造福.

(1)静电的防止.如何防止静电感应带来的危害呢?最简单可靠的方法是用导线把设备接地,以便把产生的电荷及时引入大地.我们看到油罐车后拖一条碰到地的铁链,就是这个道理.增大空气湿度也是防止静电的有效方法,空气湿度大时,电荷可随时放出.在做静电实验时,空气的湿度大就不容易做成功的原因就在于此.纺织厂房、雷管、炸药等生产车间对空气湿度要求特别严格,目的之一就是防止因静电引起的爆炸.

(2)静电的利用.那么,给人们带来许多麻烦的静电能不能变害为利,为人类服务呢?当然能,并且它还在各方面大显身手,如静电除尘、静电喷涂、静电纺纱、静电植绒、静电复印等.

①静电复印.静电复印可以迅速、方便地把图书、资料、文件等复印下来.静电复印机的中心部件是一个可以旋转的铝质圆柱体,表面镀一层半导体硒,称为硒鼓.半导体硒有特殊的光电性质,复印每一页材料都要经过充电、曝光、显影、转印等几个步骤,而这几个步骤是在硒鼓转动一周的过程中一次性完成的.

②静电屏蔽.根据导体空腔的性质,我们可以得到这样的结论:一个空腔导体,在静电平衡状态下,感应电荷分布在腔体表面,导体内和腔体内电场强度处处为零,也就是说空腔内的区域不受外电场的影响,如图 9.33 所示.另外,如果空腔内部存在电量为 q 的带电体,则在空腔内、外表面必将分别产生 $-q$ 和 q 的电荷,外表面的电荷 q 将会在空腔外部空间产生电场,如图 9.34(a)所示.若将导体接地,则由外表面电荷产生的电场将随之消失,于是腔外空间将不再受腔内电荷的影响了,如图 9.34(b)所示.

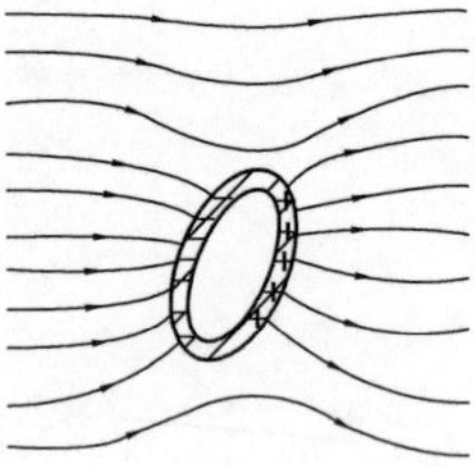

图 9.33　腔内有带电体时腔内外的电场分布

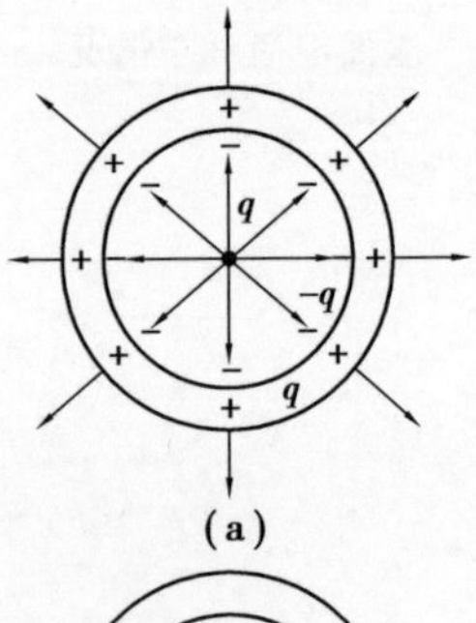

(a)

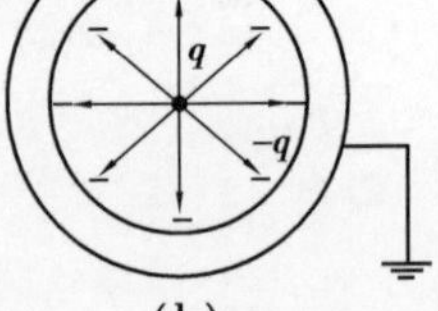

(b)

图 9.34　腔内有带电体时腔内外的电场分布

利用导体静电平衡的性质,使导体空腔内部空间不受腔外电荷和电场的影响,或者将导体空腔接地,使腔外空间免受腔内电荷和电场影响,这类操作都称为静电屏蔽.

实践中利用静电平衡条件下导体是等势体以及静电屏蔽的原理,工程师发明了在高压输电线路的维修和检测等工作中带电作业的技术.当工作人员登上高压铁塔时,人体通过铁塔与大地相连接,人体与高压线间有非常大的电势差,根据前面的学习我们知道他们之间有很强的电场,该电场会使人体周围空气电离而放电,从而危及人体安全.利用导体空腔静电屏蔽的原理,用细铜丝或导电纤维与纤维编织在一起制成导电性能良好的工作服,通常也叫屏蔽服或均压服,相当于把人体用导体网罩起来,这样电场不能深入到人体内,保证了工作人员的人体安全.电力工作人员就可以在不断电的情况下,安全地在几十万伏高压输电线上工作.静电屏蔽在电磁测量和无线电技术等领域也有广泛应用.例如,常把测量仪器或整个实验室用金属壳或金属网罩起来,使测量免受外部电场的影响.

例 9.13　一半径为 R_1 的导体球带有电量 q，球外有一内、外半径分别为 R_2 和 R_3 的同心导体球壳带电为 Q.(1)求导体球和球壳的电势；(2)若用导线连接球和球壳，再求它们的电势；(3)若不连接球和球壳而是使外球接地，再求它们的电势.

解　(1)由静电平衡条件可知，电荷只能分布于导体表面.在球壳中作一闭合曲面可求得球壳内表面感应电荷为 $-q$.由于电荷守恒，球壳外表面电量应为 $q+Q$.由于球和球壳同心放置，满足球对称性，故电荷均匀分布形成三个均匀带电球面，如图 9.35(a)所示，由电势叠加原理可直接求出电势分布.

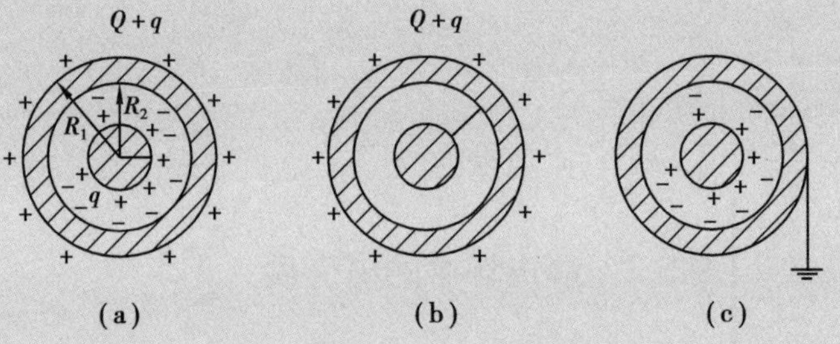

图 9.35　例 9.13 用图

导体球的电势为

$$V_1=\frac{1}{4\pi\varepsilon_0}\left(\frac{q}{R_1}-\frac{q}{R_2}+\frac{q+Q}{R_3}\right)$$

导体球壳的电势为

$$V_2=\frac{1}{4\pi\varepsilon_0}\frac{q+Q}{R_3}$$

(2)若用导线连接球和球壳，球上电荷 q 将和球壳内表面电荷 $-q$ 中合，电荷只分布于球壳外表面，如图 9.35(b)所示.此时导体球和球壳的电势相等，为

$$V_1=V_2=\frac{1}{4\pi\varepsilon_0}\frac{q+Q}{R_3}$$

(3)若使球壳接地，球壳外表面电荷被中和，这时只有球和球壳的内表面带电，如图 9.35(c)所示.此时球壳的电势为零，即

$$V_2=0$$

导体球的电势为

$$V_1=\frac{1}{4\pi\varepsilon_0}\left(\frac{q}{R_1}-\frac{q}{R_2}\right)$$

例 9.14　如图 9.36 所示，在电荷 $+q$ 的电场中，放一不带电的金属球，从球心 O 到点电荷所在距离处的矢径为 r，试求：

(1)金属球上净感应电荷 q' 为多少？

(2)这些感应电荷在球心 O 处产生的场强 $E_{感}$.

解　(1)由静电平衡条件可知,电荷只能分布于导体表面.靠近点电荷$+q$的一侧球壳表面感应电荷为负电荷,远离点电荷$+q$的一侧球壳表面感应电荷为正电荷.由于电荷守恒,故金属球上净感应电荷$q'=0$.

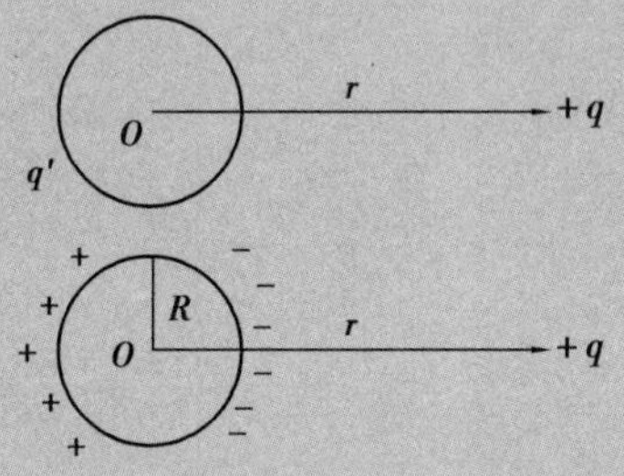

图 9.36　例 9.14 用图

(2)因为球心O处的场强$\boldsymbol{E}=0$(静电平衡要求),即$+q$在O处产生的场强$\boldsymbol{E}_+$与感应电荷在O处产生场强的矢量和为零,

$$\boldsymbol{E}_+ + \boldsymbol{E}_{感} = 0$$

所以

$$\boldsymbol{E}_{感} = -\boldsymbol{E}_+ = \frac{q}{4\pi\varepsilon_0 r^3}\boldsymbol{r}$$

方向指向$+q$.

9.5.2　静电场中的电介质

上一小节讨论了静电场中导体的性质及导体对静电场的影响,本小节讨论静电场中电介质的性质及电介质对静电场的影响.

在电介质的分子中,电子和原子核结合得非常紧密,电子处于束缚状态,因此电介质内部自由电子数极少,即使受到电场的作用,其分子中的正负电荷也只能作微小位移,所以这类物质导电能力极差,也称为绝缘体,如云母、橡胶、玻璃、陶瓷等.在外电场中,电介质也会受到电场的作用,反过来又会影响电场.

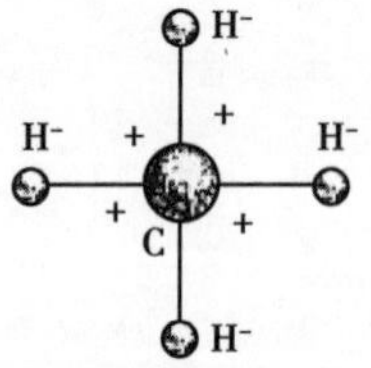

图 9.37　甲烷分子的正负电荷中心重合

1)电介质的极化

从分子的电结构区分,有一类电介质的分子,由于负电荷对称地分布在正电荷的周围,因此在无外电场时,正负电荷中心重合,如图 9.37 所示,这类分子称为**无极分子**,如氢、氮、甲烷、聚苯乙烯等都是无极分子.而另一类电介质的分子,即使在没有外电场时,正、负电荷的中心也不重合,这类分子称为**有极分子**,如图9.38所示,如氨、水、甲醇、聚氯乙烯等都是有极分子.这类分子可以等效地看成一个有着固有电偶极矩的电偶极子.无论是无极分子还是有极分子,在外电场的作用下都会发生变化,这种变化称为极化.

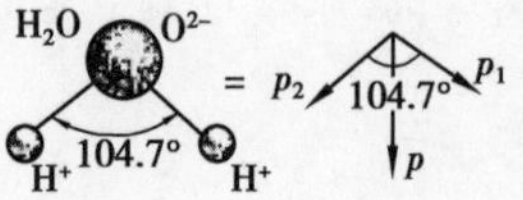

图 9.38　水分子的正负电荷中心不重合

(1)无极分子的位移极化.由于无极分子正、负电荷中心重合,等效电偶极矩为零.在没有外电场时,这类电介质呈电中性.如果把一块方形的由无极分子组成的均质电介质放在一均匀外电场中,每个电介质分子中的正负电荷都要受到电场力的作用,在

电场力的作用下,正负电荷将沿电场方向产生微小位移,形成一个电偶极子,其等效电偶极矩的方向都与外电场方向一致.在电介质内部,相邻分子正负电荷互相中和,呈电中性,而在电介质与外电场垂直的两个表面上出现了未被抵消的极化电荷,这种极化称为**位移极化**,如图 9.39 所示.

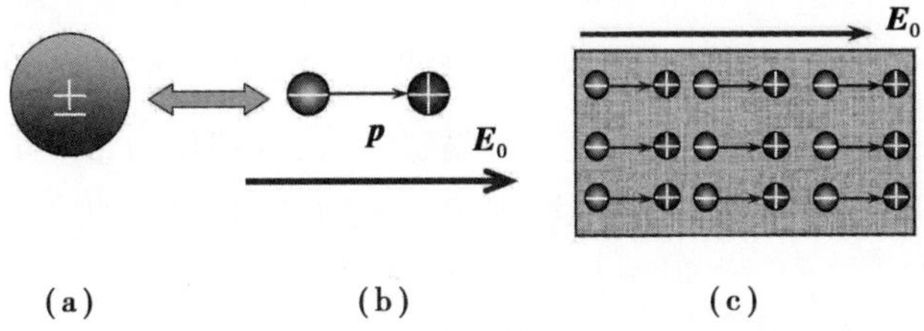

图 9.39　无极分子的位移极化

(2)有极分子的取向极化.对于有极分子电介质,在无外电场时,每个分子都具有固有电偶极矩,但是由于分子的热运动,分子固有极矩的排列杂乱无章,致使所有分子的固有极矩的矢量和为零.有外电场时,每个分子都要受到一个力矩的作用,而使分子固有极矩转向外电场方向整齐排列;同时,分子的热运动又总是使分子的固有极矩的排列趋于混乱.上述两种作用的结果,是使分子固有极矩或多或少地转向外电场方向.外电场越强,分子固有极矩排列得越整齐.因此,对整块电介质来说,分子固有极矩在外电场方向的分量的总和不再为零.于是在与外电场垂直的两个表面上就会出现未被抵消的极化电荷,这种极化称为**取向极化**,如图9.40所示.需要说明的是,在发生取向极化的同时,也会发生位移极化,但位移极化往往比取向极化弱得多,取向极化是主要的.

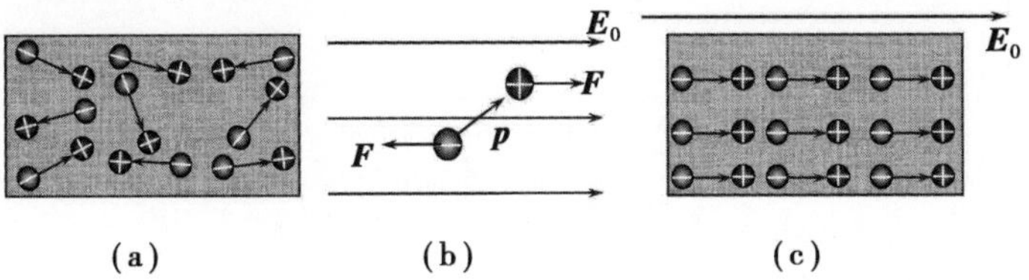

图 9.40　有极分子的取向极化

对于两类电介质,虽然其极化的微观机制不同,但宏观效果是相同的,即都表现为在电介质的表面上出现了极化电荷,而且外电场越强,电介质表面出现的极化电荷越多.因此,在宏观上定量描述电介质的极化程度时,就不必对两类电介质区别讨论了.

2)电极化强度

电介质极化的程度与外电场的强弱有关，下面讨论描述电介质极化程度的物理量——电极化强度.在电介质内任取一无限小体积元 ΔV，当没有外电场时，体积元中所有分子的电偶极矩的矢量和 $\sum \boldsymbol{p}_i$ 为零.但在外电场中，由于电介质的极化，$\sum \boldsymbol{p}_i$ 将不等于零.外电场越大，被极化的程度越大，$\sum \boldsymbol{p}_i$ 的值也就越大，因此，取单位体积内分子电偶极矩的矢量和作为量度电介质极化程度的基本物理量，称为该点的电极化强度矢量（$\boldsymbol{P}$ 矢量），即

$$\boldsymbol{P} = \frac{\sum \boldsymbol{p}_i}{\Delta V} \tag{9.28}$$

式中，$\boldsymbol{p}_i$ 是第 i 个分子的电偶极矩，单位为 C·m；式中的 ΔV 为包含大量分子的物理小体积，单位为 m^3；$\boldsymbol{P}$ 为电极化强度矢量，单位为 C/m^2.

如果在电介质中各点的电极化强度的大小和方向都相同，电介质的极化就是均匀的，否则极化是不均匀的.

3)电极化强度与极化电荷的关系

电介质极化时，极化程度越高，$\boldsymbol{P}$ 越大，介质表面上出现的极化电荷的面密度 σ' 也越大.下面讨论 $\boldsymbol{P}$ 与 σ' 的关系.在均匀电场 $\boldsymbol{E}$ 中放入一块厚为 l、截面积为 S 的方形的均匀电介质，如图 9.41 所示，则在介质的两表面上出现了极化电荷，极化强度矢量 $\boldsymbol{P}$ 与电场强度 $\boldsymbol{E}$ 平行，总的电偶极矩的大小为

$$\left| \sum \boldsymbol{P}_i \right| = \sigma' S l = q' l$$

因此

$$P = \frac{\left| \sum \boldsymbol{P}_i \right|}{\Delta V} = \frac{\sigma' S l}{S l} = \frac{q'}{S} = \sigma' \tag{9.29}$$

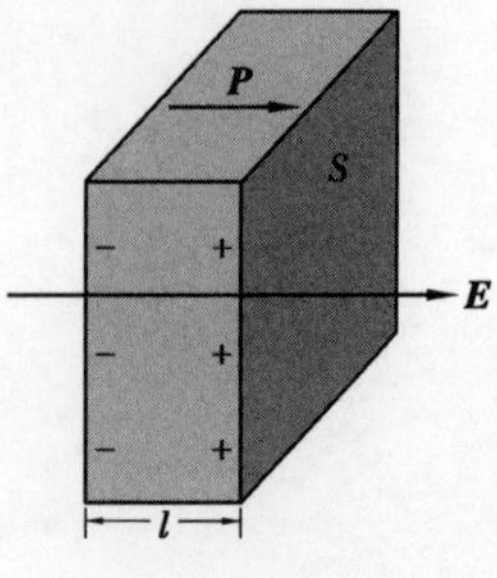

图 9.41 外场中的均匀电介质

4)电极化强度与电场的关系

电介质极化后，介质表面上出现了极化电荷，极化电荷和自由电荷一样也要产生附加电场，因此介质中的总场 $\boldsymbol{E}$ 应为外场 $\boldsymbol{E}_0$ 和极化电荷产生的附加电场 $\boldsymbol{E}'$ 的矢量和，即

$$\boldsymbol{E} = \boldsymbol{E}_0 + \boldsymbol{E}' \tag{9.30}$$

而在介质内部附加电场与外场的方向相反，因此介质极化后其内部电场削弱了，其大小为

$$E = E_0 - E'$$

总电场强度 $\boldsymbol{E}$ 与外电场强度 $\boldsymbol{E}_0$ 之间的关系为

$$\boldsymbol{E} = \frac{\boldsymbol{E}_0}{\varepsilon_r}$$

式中,ε_r 为电介质的相对电容率,真空中 $\varepsilon_r = 1$,其他电介质的相对电容率均大于 1. 也可以证明,对于各向同性电介质,其电极化强度与内部场强之间的关系可以表示为

$$\boldsymbol{P} = \chi_e \varepsilon_0 \boldsymbol{E} \tag{9.31}$$

式中,比例系数 χ_e 称为介质的电极化率,它和电介质的性质有关,是一个没有单位的系数.

5) 有电介质时的高斯定理

现在我们对真空中静电场的高斯定理进行推广. 在静电场中有电介质时,高斯定理依然成立,可以表示为

$$\oint_S \boldsymbol{E} \cdot \mathrm{d}\boldsymbol{S} = \frac{1}{\varepsilon_0}\left(\sum q_0 + \sum q'\right) \tag{9.32}$$

式中, $\sum q_0$ 为高斯面内的自由电荷的代数和; $\sum q'$ 为高斯面内极化电荷的代数和,而极化电荷 $\sum q'$ 很难测定. 下面以两平行带电平板中充满均匀各向同性电介质为例,来讨论有电介质时高斯定理的形式.

设两平板所带自由电荷面密度分别为 $\pm\sigma_0$,电介质极化后,在介质的两表面上分别产生了极化电荷,其面密度分别为 $\pm\sigma'$,如图 9.42 所示. 作一柱形高斯面,其上下底面与平板平行,上底面在平板外,下底面紧贴着电介质的上表面,于是通过该高斯面的电通量为

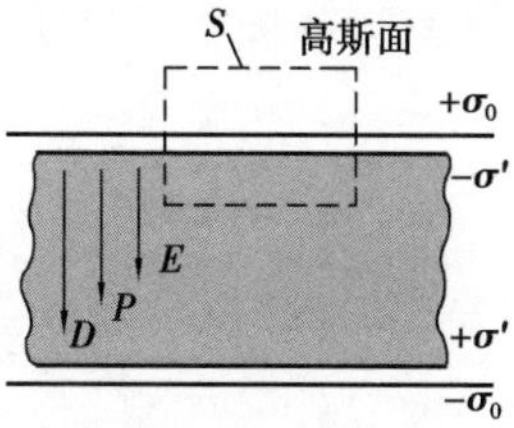

图 9.42　有电介质时的高斯定理

$$\oint_S \boldsymbol{E} \cdot \mathrm{d}\boldsymbol{S} = \frac{1}{\varepsilon_0}(\sigma_0 S - \sigma' S)$$

而

$$\sigma' = P, \sigma' S = PS = \int_S \boldsymbol{P} \cdot \mathrm{d}\boldsymbol{S} = \oint_S \boldsymbol{P} \cdot \mathrm{d}\boldsymbol{S}$$

所以有

$$\oint_S \boldsymbol{E} \cdot \mathrm{d}\boldsymbol{S} = \frac{1}{\varepsilon_0}\left(\sigma_0 S - \oint_S \boldsymbol{P} \cdot \mathrm{d}\boldsymbol{S}\right)$$

移项整理后有

$$\oint_S (\varepsilon_0 \boldsymbol{E} + \boldsymbol{P}) \cdot \mathrm{d}\boldsymbol{S} = \sigma_0 S = q_0 \tag{9.33}$$

式中,$q_0 = \sigma_0 S$,表示高斯面内所包围的自由电荷,为方便起见,令

$$\boldsymbol{D} = \varepsilon_0\boldsymbol{E} + \boldsymbol{P} \tag{9.34}$$

称为电位移矢量,对于各向同性电介质

$$\boldsymbol{D} = \varepsilon_0\boldsymbol{E} + P = \varepsilon_0\boldsymbol{E} + \chi_e\varepsilon_0\boldsymbol{E} = \varepsilon_r\varepsilon_0\boldsymbol{E} = \varepsilon\boldsymbol{E} \tag{9.35}$$

$\varepsilon = \varepsilon_r\varepsilon_0$ 称为电介质的电容率,$\varepsilon_r = 1+\chi_e$ 称为电介质的相对电容率.故式(9.33)可写作

$$\oint_S \boldsymbol{D}\cdot \mathrm{d}\boldsymbol{S} = q_0 \tag{9.36}$$

上述结果是从特殊情况下导出的,但可证明在一般情况下它也是正确的.式(9.36)称为有电介质时的高斯定理,是静电场的基本定理之一.

6)有电介质时的环路定理

式(9.13)已给出了真空中静电场对任一闭合曲线的环流

$$\oint \boldsymbol{E}\cdot \mathrm{d}\boldsymbol{l} = 0 \tag{9.37}$$

当有电介质存在时,只需将上式中的场强 $\boldsymbol{E}$ 理解为所有电荷(包括自由电荷和极化电荷)所产生的合场强,则上式仍然成立.式(9.37)即为有电介质时的环路定理.

例 9.15　一导体球,半径为 R,带有电荷 q,处于均匀无限大的电介质中(相对电容率为 ε_r),求电介质中任意一点 P 处的电场强度 $\boldsymbol{E}$.

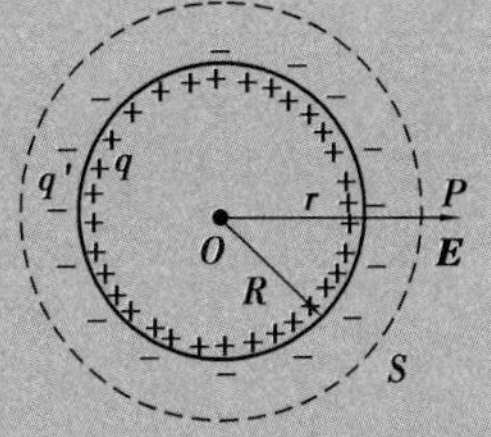

图 9.43　例 9.15 用图

解　由于电场分布具有球对称性,故可用高斯定理求解.如图 9.43 所示,在电介质中任取一点 P,P 点到球心的距离为 r,以 r 为半径作一个与金属球同心的球面,由有电介质时的高斯定理得

$$\oint_S \boldsymbol{D}\cdot \mathrm{d}\boldsymbol{S} = D\cdot 4\pi r^2 = q$$

因此

$$D = \frac{q}{4\pi r^2}$$

而 $D=\varepsilon_0\varepsilon_r E$,所以 P 点的电场强度为

$$E = \frac{D}{\varepsilon_0\varepsilon_r} = \frac{q}{4\pi\varepsilon_0\varepsilon_r r^2}$$

方向沿球的径向.

*9.6 电容器　静电场的能量

9.6.1 电容器的电容

两个带有等值而异号电荷的导体所组成的带电系统称为电容器,这两个导体称为电容器的两个极板.电容器可以储存电荷,以后将看到电容器也可以储存能量.如图 9.44 所示,两个导体 A、B 放在真空中,它们所带的电量分别为 $+q$、$-q$,如果 A、B 的电势分别为 V_A、V_B,那么 A、B 之间的电势差为 V_A-V_B,电容器的电容定义为

$$C=\frac{q}{V_A-V_B}=\frac{q}{U} \tag{9.38}$$

利用电容的定义式(9.38),我们可以推得孤立导体的电容.如将 B 移至无限远处,则 $V_B=0$.所以,孤立导体的电量 q 与其电势 V 之比称为孤立导体的电容,用 C 表示,记作

$$C=\frac{q}{U}=\frac{q}{V} \tag{9.39}$$

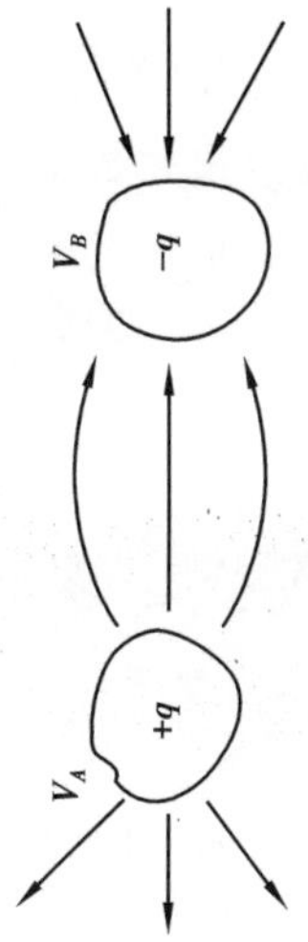

图 9.44　导体 A 和导体 B 组成一电容器

电容的单位为法拉,简称法(F),1 F=1 C/1 V.实用中法拉这个单位较大,故常用微法(μF)或皮法(pF),它们之间的换算关系为

$$1\ \text{F}=10^6\ \mu\text{F}=10^{12}\ \text{pF}$$

电容器是重要的电路元件,通常由两块靠得很近的、中间充满电介质的金属平板构成.电容器的种类很多,按大小分,有比人还高的巨型电容器,也有肉眼无法看到的微型电容器;根据内部介质不同可分为空气的、蜡纸的、云母的、涤纶薄膜的、陶瓷的电容器等;按形状可分为球形电容器、平行板电容器、圆柱形电容器等.

例 9.16　计算平行板电容器的电容.

解　平行板电容器由两块彼此靠得很近的平行金属平板构成.设极板面积为 S,板间距离为 d,且 $d\ll\sqrt{S}$;极板所带电量分别为 $+Q$、$-Q$,板间充满相对电容率为 ε_r 的电介质,如图 9.45 所示.两板间除边缘区域外可视为匀强电场.作图 9.45 中所示高斯面,由有电介质时的高斯定理

$$\oint_S \boldsymbol{D}\cdot \mathrm{d}\boldsymbol{S}=q_0$$

得

$$D=\sigma, E=\frac{D}{\varepsilon_0\varepsilon_r}=\frac{\sigma}{\varepsilon_0\varepsilon_r}=\frac{Q}{\varepsilon_0\varepsilon_r S}$$

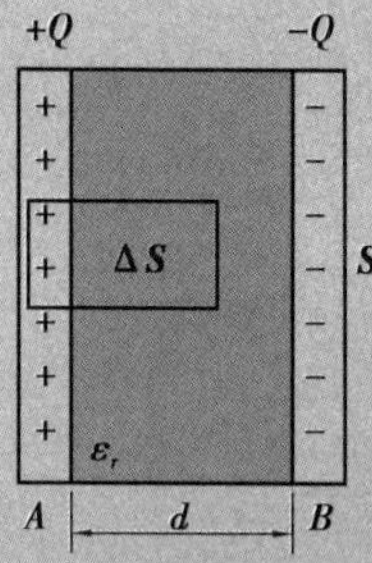

图 9.45　例 9.16 用图

于是极板间的电势差为

$$V_1 - V_2 = \int_A^B \boldsymbol{E} \cdot \mathrm{d}\boldsymbol{l} = Ed = \frac{Qd}{\varepsilon_0 \varepsilon_r S}$$

由电容器电容的定义式,可得平行板电容器的电容为

$$C = \frac{Q}{V_1 - V_2} = \frac{\varepsilon_0 \varepsilon_r S}{d} \tag{9.40}$$

由式(9.40)看出,平行板电容器的电容与极板面积 S 成正比,与板间距离 d 成反比,与电介质的相对电容率 ε_r 成正比,与极板电荷无关.

例 9.17 计算球形电容器的电容.

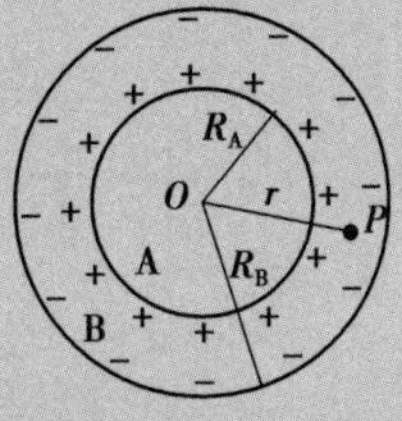

图 9.46 例 9.17 用图

解 球形电容器是由两个同心的金属导体球壳组成.内球壳半径为 R_A,外球壳半径为 R_B,所带电荷分别为 q 和 $-q$,两球壳间充满相对电容率为 ε_r 的电介质,如图 9.46 所示.由有电介质时的高斯定理,求得两球壳之间的电场强度为

$$\boldsymbol{E} = \frac{q}{4\pi\varepsilon_0\varepsilon_r r^2}\boldsymbol{e}_r$$

则两球壳之间的电势差为

$$V_1 - V_2 = \int_{R_A}^{R_B} \boldsymbol{E} \cdot \mathrm{d}\boldsymbol{l} = \int_{R_A}^{R_B} \frac{q}{4\pi\varepsilon_0\varepsilon_r r^2}\mathrm{d}r = \frac{q}{4\pi\varepsilon_0}\left(\frac{1}{R_A} - \frac{1}{R_B}\right)$$

根据电容器电容的定义式有

$$C = \frac{q}{V_1 - V_2} = \frac{4\pi\varepsilon_0\varepsilon_r R_A R_B}{R_B - R_A} \tag{9.41}$$

式(9.41)即为球形电容器的电容公式.

9.6.2 电容器的连接

在实际应用中,现成的电容器不一定能适合实际的要求,如电容的大小不合适或者电容器的耐压程度不合要求而有可能被击穿等.因此,有必要根据需要把若干个电容器适当地连接起来构成一电容器组,各电容器组所带的电量和两端的电压之比,称为该电容器组的等值电容.电容器的基本连接方式有串联与并联两种,下面分别讨论之.

1)电容器的串联

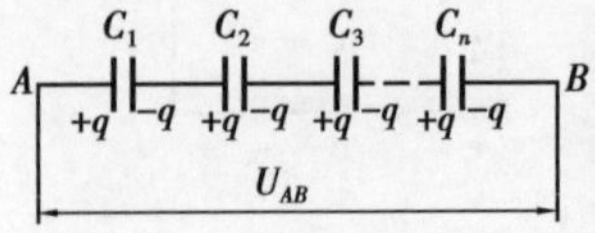

图 9.47 电容器的串联

把几个电容器极板的首尾相接,其特点是:各电容器所带的电量相等,也就是电容器组的总电量,总电压等于各个电容器的电压之和.

如图 9.47 所示,设 A、B 间的电压为 U_{AB},两端极板所带的电

量分别为$+q$、$-q$，由于静电感应，其他极板所带的电量也分别为$+q$、$-q$，则

$$U_{AB}=U_1+U_2+\cdots+U_n=\frac{q}{C_1}+\frac{q}{C_2}+\frac{q}{C_3}+\cdots+\frac{q}{C_n}$$

由电容定义有

$$C=\frac{q}{U_{AB}}=\frac{1}{\frac{1}{C_1}+\frac{1}{C_2}+\frac{1}{C_3}+\cdots+\frac{1}{C_n}}$$

于是得

$$\frac{1}{C}=\frac{1}{C_1}+\frac{1}{C_2}+\frac{1}{C_3}+\cdots+\frac{1}{C_n} \tag{9.42}$$

即串联电容器组的等值电容的倒数等于各个电容器电容的倒数之和.

2) 电容器的并联

把每个电容器的一端接在一起，另一端也接在一起，如图9.48所示.并联的特点是：每个电容器两端的电压相同，即总电压 U_{AB}，而总电量为每个电容器所带电量之和.

因为总电量为

$$q=q_1+q_2+q_3+\cdots+q_n$$

由电容定义有

$$C=\frac{q}{U_{AB}}=\frac{q_1+q_2+q_3+\cdots+q_n}{U_{AB}}=C_1+C_2+C_3+\cdots+C_n$$

所以得

$$C=C_1+C_2+C_3+\cdots+C_n \tag{9.43}$$

即并联电容器组的等值电容等于各个电容器的电容之和.

由此可见，电容器并联时，其等值电容增大了，但电容器组的耐压能力受到耐压能力最低的那个电容器的限制；电容器串联时，其等值电容减小了，但电容器组的耐压能力比每个电容器都提高了.实际应用时常根据需要采用串联、并联或者是它们的合理组合.

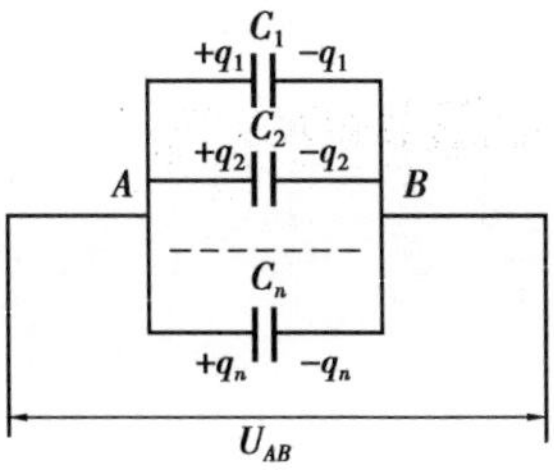

图 9.48 电容器的并联

9.6.3 静电场的能量

1) 电容器的静电能

下面以平行板电容器的充电过程为例来讨论电容器内部所储存的电能.如图 9.49 所示，一电容为 C 的平行板电容器，正处于充电过程中.电容器的充电过程可以这样理解：我们不断地把 dq

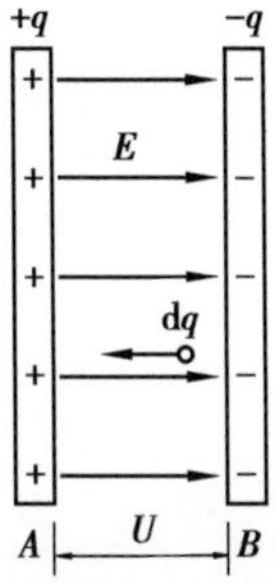

图 9.49 平行板电容器的充电过程

的电量从负极板经电容器内部移到正极板,最后使两极板分别带上+Q和−Q的电荷.设在某时刻两极板之间的电势差为u,极板电量为q,此时若继续把$\mathrm{d}q$的电量从负极板移到正极板,外力需要克服电场力而做功

$$\mathrm{d}A = u\mathrm{d}q = \frac{q}{C}\mathrm{d}q$$

在移送电荷的整个过程中,外力所做的总功为

$$A = \int \mathrm{d}A = \int_0^Q \frac{q}{C}\mathrm{d}q = \frac{1}{2C}Q^2 = \frac{1}{2}CU^2 = \frac{1}{2}QU$$

外力做功必然使电容器的能量增加,因而电容器内部储存的电能为

$$W_\mathrm{e} = \frac{Q^2}{2C} = \frac{1}{2}QU = \frac{1}{2}CU^2 \tag{9.44}$$

2)静电场的能量

在物体或电容器的带电过程中,外力所做的功等于带电系统能量的增量,而带电系统的形成过程实际上也就是建立电场的过程,这说明带电系统的静电能总是和电场的存在联系.

仍以平行板电容器为例,设极板的面积为S,两极板间的距离为d,极板间充满相对电容率为ε_r的电介质.当电容器极板上的电荷量为Q时,极板间的电势差$U=Ed$,已知$C=\varepsilon_0\varepsilon_\mathrm{r}\dfrac{S}{d}$,代入式(9.44),得

$$W_\mathrm{e} = \frac{1}{2}CU^2 = \frac{1}{2}\varepsilon_0\varepsilon_\mathrm{r}\frac{S}{d}E^2d^2 = \frac{\varepsilon}{2}E^2Sd = \frac{\varepsilon}{2}E^2V$$

由于电场存在于两极板之间,所以Sd也就是电容器中电场的体积V.可见,静电能可以用表征电场性质的场强$\boldsymbol{E}$来表示,而且和电场所占的体积$V=Sd$成正比.这表明电能储藏在电场中.由于平行板电容器中电场是均匀分布的,所储藏的静电场的能量也应该是均匀分布的,因此电场中每单位体积的能量,即静电场能量的体密度为

$$w_\mathrm{e} = \frac{W}{V} = \frac{1}{2}\varepsilon_0\varepsilon_\mathrm{r}E^2 = \frac{1}{2}\varepsilon E^2 = \frac{1}{2}\frac{D^2}{\varepsilon} = \frac{1}{2}DE \tag{9.45}$$

在国际单位制中,能量的单位是J,能量密度的单位为J/m^3.上述结果虽是在均匀电场中导出的,但可以证明在非均匀电场和变化电场中仍然是正确的,只是此式的能量密度是逐点改变的.在真空中,由于$\varepsilon_\mathrm{r}=1$,上式还原为电场能量公式$w_\mathrm{e}=\dfrac{1}{2}\varepsilon_0E^2$.比较可知,在电场强度相同的情况下,电介质中的电场能量密度将增大

到 ε_r 倍.这是因为在电介质中,不但电场 $\boldsymbol{E}$ 本身具有能量,而且电介质的极化过程也吸收并储存了能量.

要计算任一带电系统整个电场中所储存的总能量,只要将电场所占空间分成许多体积元 $\mathrm{d}V$,然后把这些体积元中的能量累加起来,就可以得到整个电场中储存的总能量

$$W=\int_V w_e \mathrm{d}V=\int_V \frac{\varepsilon_0\varepsilon_r E^2}{2}\mathrm{d}V=\int_V \frac{1}{2}DE\mathrm{d}V \tag{9.46}$$

式中 w_e 是和每一个体积元 $\mathrm{d}V$ 相应的能量密度,积分区域遍及整个电场空间 V.

在各向异性电介质中,一般说来 $\boldsymbol{D}$ 与 $\boldsymbol{E}$ 的方向不同,这时电场能量密度应表示为

$$w_e=\frac{1}{2}\boldsymbol{D}\cdot\boldsymbol{E} \tag{9.47}$$

式(9.46)应由下式代替

$$W_e=\int_V \frac{1}{2}\boldsymbol{D}\cdot\boldsymbol{E}\mathrm{d}V \tag{9.48}$$

式(9.48)就是静电场能量的一般表达式,它表明,静电场的能量存在于静电场中,电场是能量的携带者,同时,它也证明了电场是物质的一种特殊形态.

例 9.18 试求均匀带电导体球的静电能,设球的半径为 R,带电量为 Q,球外为真空.

解 导体球处于静电平衡状态,电荷应均匀分布在球面上,球内各处电场强度为零,球外电场强度为

$$E=\frac{Q}{4\pi\varepsilon_0 r^2}$$

取半径为 r 和 $r+\mathrm{d}r$ 的两球面之间的球壳层为体积元,有

$$\mathrm{d}V=4\pi r^2\mathrm{d}r$$

则静电能为

$$W_e=\int_V \frac{1}{2}\varepsilon_0 E^2\mathrm{d}V=\int_R^\infty \frac{1}{2}\varepsilon_0\left(\frac{Q}{4\pi\varepsilon_0 r^2}\right)^2 4\pi r^2\mathrm{d}r=\frac{Q^2}{8\pi\varepsilon_0}\int_R^\infty\frac{\mathrm{d}r}{r^2}=\frac{Q^2}{8\pi\varepsilon_0 R}$$

思考题

9.1 两个完全相同的均匀带电小球,分别带电量 $q_1=2$ C 正电荷,$q_2=4$ C 负电荷,在真空中相距为 r 且静止,相互作用的静电力为 F.

(1)今将 q_1、q_2、r 都加倍,相互作用力如何改变?

(2)只改变两电荷电性,相互作用力如何改变?

(3)只将 r 增大 4 倍,相互作用力如何改变?

(4)将两个小球接触一下后,仍放回原处,相互作用力又如何改变?

9.2 根据点电荷的电场强度公式

$$\boldsymbol{E}=\frac{q}{4\pi\varepsilon_0 r^2}\boldsymbol{e}_r$$

当所考察的场点距点电荷的距离 $r\to 0$ 时,场强 $E\to\infty$,这是没有物理意义的,对这个问题应如何解释?

9.3 比较场与实物的异同.

9.4 如果通过一闭合曲面的电通量为零,是否表明其面上的电场强度处处为零?

9.5 一点电荷放在球形高斯面的球心处,试讨论下列情形下电通量的变化情况:(1)电荷离开球心,但仍在球内;(2)球面内再放一个电荷;(3)球面外再放一个电荷.

9.6 在电场中,电场强度为零的点,电势是否一定为零?电势为零的地方,电场强度是否一定为零?试举例说明.

9.7 电势零点的选择是完全任意的吗?

9.8 假如电场力做功与路径有关,定义电势的公式 $V_a=\int_a^{\infty}\boldsymbol{E}\cdot d\boldsymbol{l}$ 还有没有意义?从原则上讲,这时还能不能引入电势的概念?

9.9 怎样能使导体净电荷为零,而其电势不为零?

9.10 怎样使导体有过剩的正(或负)电荷,而其电势为零?

9.11 怎样使导体有过剩的负电荷,而其电势为正?

9.12 在静电场中的电介质和导体表现出有何不同的特征?

9.13 电介质的极化现象与导体的静电感应现象有什么区别?

9.14 电介质在外电场中极化后,两端出现等量异号电荷,若把它截成两半后分开,再撤去外电场,问这两个半截的电介质上是否带电?为什么?

9.15 一个不带电的导体球的电容是多少?当平行板电容器的两极板上分别带上等值同号电荷时,与当平行板电容器的两极板上分别带上同号不等值的电荷时,其电容值是否相同?

9.16 用电源对平行板电容器充电后即断开电源,然后将两极板移近,问在此过程中外力做正功还是做负功?电容器储能是增加还是减少?如果充电后不断开电源,情况又如何?

习 题

9.1 一长为 L,电荷量为 q 的均匀带电细棒,其中垂线上距离细棒为 a 处置一点电荷 q_0,求它们之间的库仑力.

9.2 一直角形斜面,高为 h,斜边倾角为 α 且斜面光滑.在直角顶点 A 处有一电量为 $-q$ 的点电荷,另有一质量为 m、电量 $+q$ 的小球从斜面顶点 B 由静止下滑.若小球可看作质点,试求小球到达斜面底部 C 点时的速率.

9.3　长为 l cm 的直导线 AB 均匀地分布着线密度为 λ 的电荷.求:

(1)在导线的延长线上与导线一端 B 相距 R 处 P 点的场强;

(2)在导线的垂直平分线上与导线中点相距 R' 处 Q 点的场强.

9.4　将一"无限长"带电细线弯成如题 9.4 图所示的形状,设电荷均匀分布,电荷线密度为 λ,四分之一圆弧 AB 的半径为 R,试求圆心 O 点的电场强度.

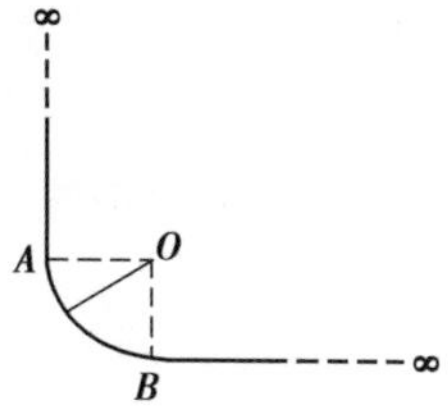

题 9.4 图

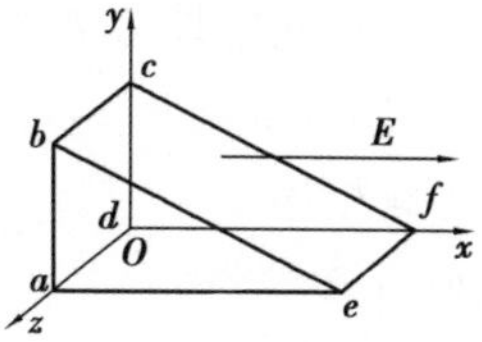

题 9.5 图

9.5　如题 9.5 图所示,有一三棱柱放在电场强度为 $\boldsymbol{E}=200\boldsymbol{i}$ N/C 的匀强电场中.求通过此三棱柱的电通量.

9.6　求两个带等量异号电荷的"无限大"平行平面的电场.

9.7　半径为 R 的带电球,其电荷体密度 $\rho=\rho_0(1-r/R)$,ρ_0 为常量,r 为球内任意点至球心的距离.试求:

(1)球内外的场强分布;

(2)最大场强的位置与大小.

9.8　两个均匀带电的同心球面,半径分别为 $R_1=5$ cm 和 $R_2=7$ cm,带电量分别为 $q_1=0.6\times10^{-8}$ C、$q_2=-2\times10^{-8}$ C.求距球心分别为 3 cm、6 cm、8 cm 各点处的电场强度.

9.9　两个等量异号电荷的"无限长"同轴圆柱面,半径分别为 R_1 和 $R_2(R_1<R_2)$,单位长度上的电荷为 λ,试求其电场强度的分布.

9.10　两个带等量异号电荷的均匀带电同心球面,半径分别为 $R_1=0.03$ m 和 $R_2=0.10$ m.已知两者的电势差为 450 V,求内球面上所带的电荷.

9.11　一根长为 L 的细棒,弯成半圆形,其上均匀带电,电荷线密度为 $+\lambda$,试求在圆心 O 点的电势.

9.12　电荷量为 q 的三个点电荷排成一直线,相邻电荷间距离为 d,P 点到中央的一个电荷的距离也为 d,如题 9.12 图所示,试求 P 点的电势和场强.

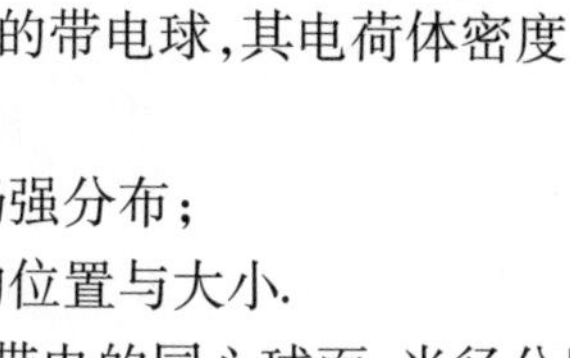

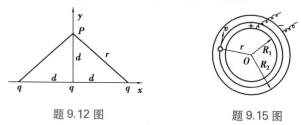

题 9.12 图

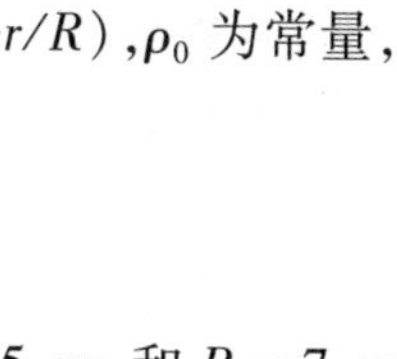

题 9.15 图

9.13　真空中有两个同心球面,半径分别为 10 cm 和 30 cm,小球均匀带有正电荷 1×10^{-8} C,大球均匀带有正电荷 1.5×10^{-8} C.求离球心分别为 20 cm 和 50 cm 的各点的电场强度和电势.

9.14　半径为 R 的均匀带电球面置于真空中,其面电荷密度为 σ,求

(1)球面内、外的电场强度;

(2)球面内、外的电势.

9.15　由半径分别为 $R_1=5$ cm 和 $R_2=10$ cm 的两个很大的共轴金属圆柱面构成一个圆柱形电容器,将它与一直流电源相接.现将电子射入电容器中,电子的速度沿某半径为 $r(R_1<r<R_2)$ 的圆周的切线方向,其值为 3×10^6 m/s.欲使该电子在电容器内做圆周运动,如题 9.15 图所示,在电容器的两极板间应加多大的电压?

9.16　半径分别为 1.0 cm 与 2.0 cm 的两个球形导体,各带电荷量 1.0×10^{-8} C,两球心相距很远,若用导线将两球相连,求:

(1)每球所带电荷量;

(2)每球的电势.

9.17　一半径为 a、外径为 b 的金属球壳,带有电荷 Q,在球壳空腔内距离球心 $r(r<a)$ 处有一点电荷 q.设无限远处为电势零点,试求:

(1)球壳内外表面上的电荷;

(2)球心 O 点处,由球壳内表面上电荷产生的电势;

(3)球心 O 点处的总电势.

9.18　在半径为 R 的接地导体球外距球心为 $3R$ 处放一点电荷 q,试求该导体球上的感应电荷总量.

9.19　A、B、C 是三块平行金属板,面积均为 200 cm^2,A、B 相距 4.0 mm,A、C 相距 2.0 mm,B、C 两板都接地,如题 9.19 图所示.设 A 板带正电 3.0×10^{-7}C,不计边缘效应,试求:

(1)B 板和 C 板上的感应电荷;

(2)A 板的电势.

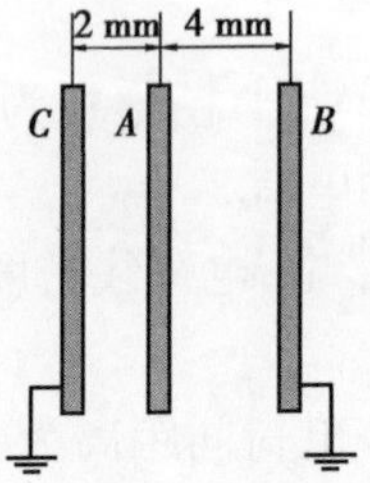

题 9.19 图

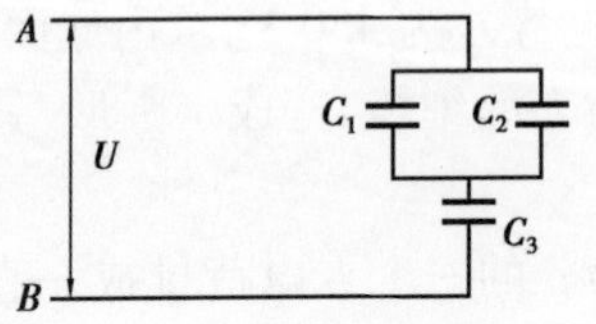

题 9.20 图

9.20　三个电容器如题 9.20 图所示连接,其中 $C_1=10\times10^{-6}$ F、$C_2=5\times10^{-6}$ F、$C_3=4\times10^{-6}$ F,当 A、B 间电压 $U=100$ V 时,试求:

(1)A、B 之间的电容;

(2)当 C_3 被击穿时,在电容 C_1 上的电荷量和电压各变为多少?

9.21　一平行板空气电容器充电后,极板上的自由电荷面密度 $\sigma=1.77\times10^{-6}$ C/m^2.将极板与电源断开,并平行于极板插入一块相对电容率为 $\varepsilon_r=8$ 的各向同性均匀电介质板.计算电介质中的电位移 D、电场强度 E 和电极化强度 P 的大小.

9.22　平行板电容器极板面积为 S,间距为 d,中间有两层厚度各为 d_1 和 $d_2(d=d_1+d_2)$、

电容率各为 ε_1 和 ε_2 的电介质,计算其电容.

9.23　一电容器由两个同轴圆筒组成,内筒半径为 a,外筒半径为 b,筒长都是 L,中间充满相对电容率为 ε_r 的各向同性均匀电介质.内、外筒分别带有等量异号电荷+Q 和−Q.设 $(b-a)\ll a, L\gg b$,略去边缘效应,求该电容器的电容与储存的能量.

9.24　一平行板电容器的极板面积为 $S=1\ \text{m}^2$,两极板夹着一块 5 mm 厚的同样面积的玻璃板.已知玻璃的相对电容率为 $\varepsilon_r=5$.电容器充电到电压 $U=12$ V 以后切断电源.求把玻璃板从电容器中抽出来外力需做多少功.

9.25　一均匀带电球壳的面电荷密度为 σ,利用能量守恒定律,求作用在球壳的单位面积上的静电力.

9.26　有两个半径分别为 R_1 和 R_2 的同心金属球壳,内球壳带电荷量为 Q_0,紧靠其外面包一层半径为 R、相对电容率为 ε_r 的电介质.外球壳接地,如题 9.26 图所示.求:

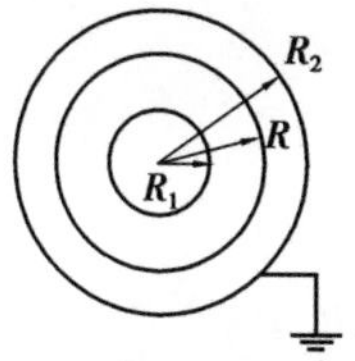

题 9.26 图

(1)两球壳间的电场分布;

(2)两球壳间的电势差;

(3)两球壳构成的电容器的电容值;

(4)两球壳间的电场能量.

第 10 章　稳恒磁场

第 9 章介绍了静止电荷周围激发的电场，知道电场对放入其中的电荷有力的作用. 如果电荷在运动，那么在它的周围就不仅有电场，而且还有磁场. 磁场也是物质的一种形态，它只对运动电荷产生作用，对静止电荷没有影响. 当电荷运动形成恒定流动时，在它周围所激发的磁场中各点的磁感应强度不随时间变化，这类磁场称为稳恒磁场.

物体磁性的来源与电流或运动电荷有着密切关系. 本章着重研究不随时间变化的磁场即恒定磁场，它是由恒定电流激发产生的. 本章首先讨论电流的有关知识，接着引入描述磁场的物理量——磁感应强度，其次研究磁场的有关规律（即毕奥-萨伐尔定律、恒定磁场的高斯定理和安培环路定理），然后分析磁场中运动电荷和载流导体的受力作用，最后介绍磁介质的性质和有介质时磁场的性质和规律.

10.1　恒定电流

10.1.1　电流强度和电流密度

电流是由大量电荷定向运动形成的. 电荷的携带者称为载流子（carrier），在半导体中载流子是带正电的“空穴”（hole）；电解液中载流子是正、负离子；在电离的气体中，载流子是正、负离子和电子；在金属导体内，载流子是自由电子. 根据电流的形成特点可将电流分为两种：一种是由带电粒子在外电场作用下作定向运动形成的电流称为传导电流（conductive current）；另一种是由带电物体在空间做机械运动形成的电流称为运流电流（convection current）. 在本章中，我们主要介绍传导电流.

按照惯例，规定正电荷流动的方向为电流的方向. 当导体中只有自由电子运动时，假定正电荷的方向就是电子实际流动的相反方向. 电流的强弱可以用电流强度（简称电流），用符号 I 表示这一物理量来描述,它的定义为单位时间内通过某曲面的电荷量.如图 10.1 所示,考虑在 $\mathrm{d}t$ 时间内,有一定数量的电荷 $\mathrm{d}q$ 流过导体的一个横截面 S,则通过导体中该截面的电流 I 为

$$I=\frac{\mathrm{d}q}{\mathrm{d}t} \tag{10.1}$$

电流是一个标量,在国际单位制中,电流是个基本量,它的单位是安培,符号为 A,1 A=1 C/s.一般来说,电流 I 是随时间变化的,如果电流 I 不随时间变化,这种电流称为恒定电流.

当电流流过不均匀导体的时候,导体内部各点的电流分布是不均匀的.电流 I 只能描述导体中整个横截面的电荷通过率,并不能反映出导体中各个点的电荷流动情况.因此还需要引入另一个物理量——电流密度 $\boldsymbol{J}$.如图 10.1 所示,假设导体中单位体积内平均有 n 个带电量为 q 的自由电荷,每个电荷的定向迁移速度为 v.设想在导体中选取一个面元 $\mathrm{d}\boldsymbol{S}$,其方向与 v 方向之间的夹角为 θ,根据电流的定义,通过导体中面元 $\mathrm{d}\boldsymbol{S}$ 的电流为

$$\mathrm{d}I=qnv\mathrm{d}S_{\perp}=qn\boldsymbol{v}\cdot\mathrm{d}\boldsymbol{S}=\boldsymbol{J}\cdot\mathrm{d}\boldsymbol{S} \tag{10.2}$$

式中的矢量 $\boldsymbol{J}=qnv$ 被称为电流密度矢量.对于自由电荷为正电荷的情况,电流密度的方向与电荷定向运动方向相同;对于负电荷的情况,电流密度的方向与电荷定向运动的方向相反.

由式(10.2)可得

$$J=\frac{\mathrm{d}I}{\mathrm{d}S_{\perp}} \tag{10.3}$$

即电流密度的大小等于该点处垂直于电流方向的单位面积的电流.在国际单位制中,电流密度的单位是安培每二次方米,符号为 $\mathrm{A/m^2}$.

如果已知导体内部每一点的电流密度,可以求出通过任一截面的电流.通过任一有限截面的电流等于通过该截面上各个面元的电流的积分,并由式(10.2)可以得到

$$I=\int_S \mathrm{d}I=\int_S \boldsymbol{J}\cdot\mathrm{d}\boldsymbol{S}=\int_S qn\boldsymbol{v}\cdot\mathrm{d}\boldsymbol{S} \tag{10.4}$$

由式(10.4)可以看出,通过某一截面的电流也就是通过该截面的电流密度的通量.

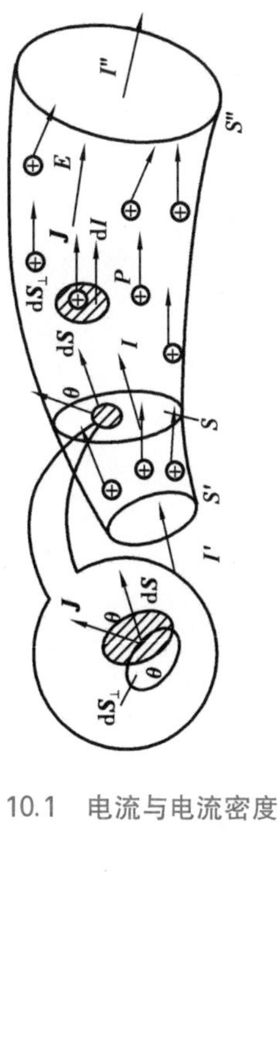

图 10.1　电流与电流密度

例 10.1　细铜导线的半径 $r=4\times10^{-4}$ m,通过该导线的电流 $I=0.5$ A.假设导线中传导电子数密度 $n=8.5\times10^{28}$ 个/$\mathrm{m^3}$.计算铜导线中电子的定向迁移速度.

解　在这种情况下,电流密度为常量.由式(10.4)可得

$$I=JS=nevS$$

其中 $S=\pi r^2$ 为导线横截面积.则由上式可得

$$v=\frac{I}{ne\pi r^2}=\frac{0.5}{8.5\times10^{28}\times1.6\times10^{-19}\times\pi\times(4\times10^{-4})^2}\text{m/s}\approx7.3\times10^{-5}\text{ m/s}$$

电子沿着导线的定向迁移速度只有 7.3×10^{-5} m/s,远小于电子热运动的平均速率.

10.1.2 欧姆定律及微分形式

大量实验表明,在等温条件下,通过一段导体的电流 I 与导体两端的电压 U 成正比,这个结论称为欧姆定律,即

$$I=\frac{U}{R}\tag{10.5}$$

式中,R 的数值与导体的材料、几何形状、大小及温度有关.对于一段特定的导体,R 为常数,在此条件下,I 与 U 成正比.

由式(10.5)可知,当导体两端所加电压一定时,所选导体的 R 值越大,则通过导体的电流 I 越小,所以 R 反映了导体对电流阻碍作用的大小,称为导体的电阻.在国际单位制中,电阻的单位为欧姆,符号为 Ω.

实验表明,导体的电阻 R 与导体的长度 l 成正比,与导体的横截面积 S 成反比,即

$$R=\rho\frac{l}{S}\tag{10.6}$$

式中,常数 ρ 与导体性质和温度有关,称为材料的电阻率,其单位为欧・米,符号为 Ω・m.

电阻率的倒数称为电导率,用 γ 表示,即

$$\gamma=\frac{1}{\rho}\tag{10.7}$$

电导率的单位为西每米,符号为 S/m.

图 10.2 欧姆定律的微分形式

式(10.5)是以电压和电流这些宏观量来描述一段导体所遵循的规律,下面从微观角度来分析一段导体中有电流通过时,导体内部所遵从的规律.设想在导体中取一长为 dl、截面积为 dS 的柱体,且 $\boldsymbol{J}$ 与 d$\boldsymbol{S}$ 垂直,如图 10.2 所示.

由欧姆定律可知,通过这段柱体的电流为

$$\mathrm{d}I=\frac{\mathrm{d}U}{R}\tag{10.8}$$

式中,dU 为柱体两端的电压.设柱体中场强大小为 E,则 $\mathrm{d}U=E\mathrm{d}l$,

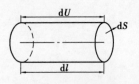

又 $R=\rho\dfrac{\mathrm{d}l}{\mathrm{d}S}$,把两式带入式(10.8)得

$$\mathrm{d}I=\gamma E\mathrm{d}S,\frac{\mathrm{d}I}{\mathrm{d}S}=J=\gamma E \tag{10.9}$$

由于 $\boldsymbol{J}$ 与 $\boldsymbol{E}$ 同向,上式可写成矢量形式

$$\boldsymbol{J}=\gamma\boldsymbol{E} \tag{10.10}$$

即电流密度的大小与电场强度的大小成正比.

由于式(10.10)是将欧姆定律用于导体微元中所得的结论,所以称为欧姆定律的微分形式.它虽然是在恒定电流的条件下推导出来的,但也同样适用于非恒定电流的情况.它表明导体中任一点、任一时刻的电流与电场之间的关系,因此式(10.10)比式(10.5)更细致、更本质,具有更加深刻的含义,是麦克斯韦电磁场理论的方程之一.

10.2 磁感应强度和磁通量

10.2.1 磁感应强度

在静电场中,要考察空间某处是否存在电场,我们的做法是将一试探电荷 q_0 置于该点,若 q_0 受到力 $\boldsymbol{F}$ 的作用,我们就说该处存在电场,并以电场强度 $\boldsymbol{E}=\boldsymbol{F}/q_0$ 来定量地描述该处的电场.类似地,此处我们也可以用试探电荷在磁场中所受的作用力来定义描述磁场性质的物理量——磁感应强度 $\boldsymbol{B}$(magnetic induction).

注意:

(1)这里的试探电荷必须是运动的,这是与静电场不同之处;

(2)$\boldsymbol{B}$ 与 $\boldsymbol{E}$ 的物理地位完全相同,但由于历史原因,将其称为磁感应强度.下面以运动电荷在磁场中发生偏转为例进行分析.

大量实验发现:当运动电荷以速度 $\boldsymbol{v}$ 沿磁场某一方向运动时,它不受磁场力作用;当运动电荷以速度 $\boldsymbol{v}$ 沿其他任意方向运动时,运动电荷所受的磁场力的方向总是垂直于运动电荷的速度方向,所受磁场力的大小正比于运动电荷的电荷量 q 与运动速度的大小 v.所受磁场力的最大值为 $F_{\max}$,对磁场中某一固定点而言,比值 $F_{\max}/qv$ 却是一定值,且这种比值在磁场中不同位置处有不同的量值.

根据上述实验结果,磁场中任一点处的磁感应强度 $\boldsymbol{B}$ 可定义为:

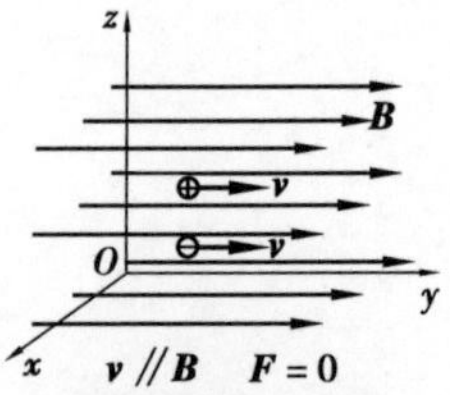

(a)电荷的运动方向与磁场方向一致时，电荷所受的磁场力为零

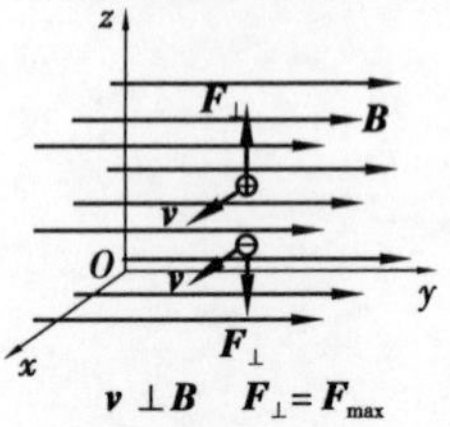

(b)电荷的运动方向与磁场方向垂直时，电荷所受的磁场力最大

图 10.3　两种特殊情况下的磁场

(1)当运动电荷沿磁场某一方向运动时,它所受磁场力 $F=0$. 我们规定正电荷的运动方向为磁感应强度 $\boldsymbol{B}$ 的方向，如图 10.3(a)所示.这个方向与小磁针置于此处时小磁针 N 极的指向一致.

(2)在磁场中某点,若运动电荷沿与磁感应强度 $\boldsymbol{B}$ 垂直的方向运动时,如图 10.3(b)所示,它所受的磁场力最大为 F_{max},定义比值 F_{max}/qv 为磁场中某点磁感应强度 $\boldsymbol{B}$ 的大小,即

$$B=\frac{F_{max}}{qv} \tag{10.11}$$

并用其描述磁场的强弱.从图 10.3(b)还可以看出,对以速度 $\boldsymbol{v}$ 运动的负电荷来说,其所受的磁场力的方向与正电荷所受磁场力大小相等、方向相反.

实验表明:运动电荷所受的磁场力 $\boldsymbol{F}$ 垂直于 $\boldsymbol{v}$ 和 $\boldsymbol{B}$ 所确定的平面,且相互构成右手螺旋关系,故它们之间的矢量式可写成

$$\boldsymbol{F}=q\boldsymbol{v}\times\boldsymbol{B} \tag{10.12}$$

如果 $\boldsymbol{v}$ 与 $\boldsymbol{B}$ 之间夹角为 θ,那么 $\boldsymbol{F}$ 的大小为 $F=qvB\sin\theta$.当 $q>0$ 时,$\boldsymbol{F}$ 的方向与 $\boldsymbol{v}\times\boldsymbol{B}$ 的方向相同;当 $q<0$ 时,$\boldsymbol{F}$ 的方向与 $\boldsymbol{v}\times\boldsymbol{B}$ 的方向相反.

在国际单位制中,磁感应强度 $\boldsymbol{B}$ 的单位称为特斯拉,用符号 T 表示.

$$1\ \mathrm{T}=1\ \mathrm{N}\cdot\mathrm{A}^{-1}\cdot\mathrm{m}^{-1}=1\ \mathrm{N}\cdot\mathrm{s}\cdot\mathrm{C}^{-1}\cdot\mathrm{m}^{-1}$$

有时磁感应强度也沿用一种非国际单位制的单位—高斯,符号为 Gs,它和特斯拉在数值上的关系为 $1\ \mathrm{T}=10^4\ \mathrm{Gs}$.

10.2.2　磁感应线

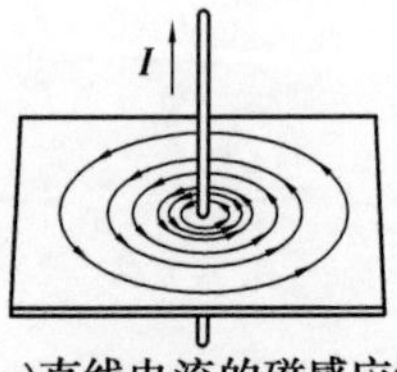

(a)直线电流的磁感应线

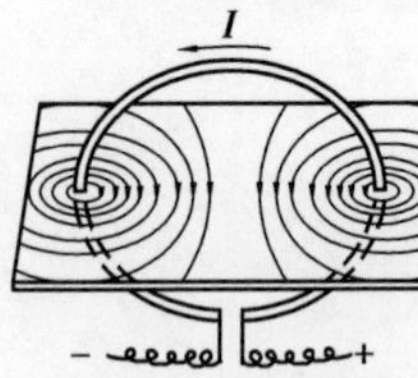

(b)圆电流的磁感应线

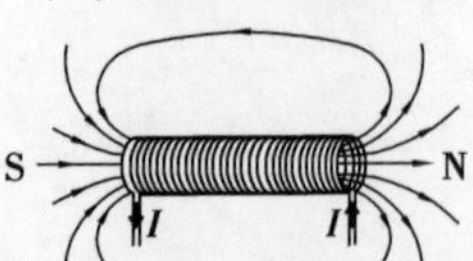

(c)载流螺线管的磁感应线

图 10.4　磁感应线

在电场中曾引入电场线来形象地描述静电场的整体分布,同样,在磁场中也引入磁感应线来描述磁场的整体分布:磁感应线上任一点的切线方向与该点的磁感应强度方向相同;通过磁场中某点垂直于磁感应强度方向单位面积上的磁感应线的条数等于该点磁感应强度的大小.

磁感应线可以很容易通过实验的方法显示出来.将一块玻璃板放在有磁场的空间中,上面均匀地撒上铁屑,轻轻敲动玻璃板,铁屑就会沿着磁感应线的方向排列起来.图 10.4 显示了几种不同载流导线激发的磁感应线.

不难看出磁感应线具有如下特性:

(1)在任何磁场中,每一条磁感应线都是环绕电流的无头无

尾的闭合线，即没有起点也没有终点，而且这些闭合线都和闭合电路互相套连.

(2)在任何磁场中，每一条闭合的磁感应线的方向与该闭合磁感应线所包围的电流流向服从右手螺旋法则.

10.2.3　磁通量

通过磁场中任一曲面的磁感应线的数目叫做通过该曲面的磁通量(magnetic flux)，符号用 Φ_m 表示.计算通过磁场中任意曲面 S 的磁通量的方法类似于静电场中求电场强度通量的方法.如图 10.5(a)所示，在磁感应强度为 $\boldsymbol{B}$ 的均匀磁场中，取一面积矢量 $\boldsymbol{S}$，且 $\boldsymbol{S}=S\boldsymbol{e}_n$，$\boldsymbol{e}_n$ 为面积矢量法向单位矢量，若 $\boldsymbol{e}_n$ 与 $\boldsymbol{B}$ 之间的夹角为 θ，按照磁通量的定义，通过面 S 的磁通量为

$$\Phi_m = BS\cos\theta \tag{10.13}$$

用矢量来表示，上式为

$$\Phi_m = \boldsymbol{B}\cdot\boldsymbol{S} = \boldsymbol{B}\cdot\boldsymbol{e}_n S \tag{10.14}$$

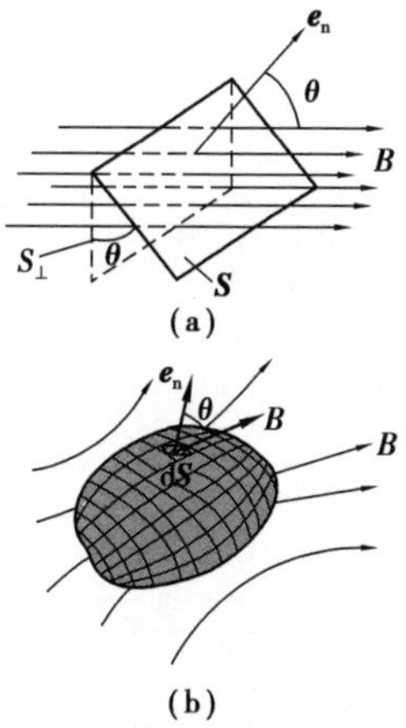

图 10.5　任一曲面的磁通量

非均匀磁场中，通过任意曲面的磁通量如何计算呢？在如图 10.5(b)所示的曲面上任取一面积元矢量 d$\boldsymbol{S}$，它所在处的磁感应强度 $\boldsymbol{B}$ 与法向单位矢量 $\boldsymbol{e}_n$ 之间的夹角为 θ，则通过面积元 d$\boldsymbol{S}$ 的磁通量为

$$d\Phi_m = BdS\cos\theta = \boldsymbol{B}\cdot d\boldsymbol{S} \tag{10.15}$$

而通过某一有限曲面的磁通量 Φ_m 就等于通过这些面积元 d$\boldsymbol{S}$ 上的磁通量 dΦ_m 的总和，即

$$\Phi_m = \int_S d\Phi_m = \int_S BdS\cos\theta = \int_S \boldsymbol{B}\cdot d\boldsymbol{S} \tag{10.16}$$

在国际单位制中，磁通量的单位是韦伯，符号用 Wb 表示.

$$1\ \text{Wb} = 1\ \text{T}\cdot\text{m}^2$$

10.3　毕奥-萨伐尔定律

10.3.1　毕奥-萨伐尔定律

1820 年，法国物理学家毕奥和萨伐尔通过大量实验发现，长直载流导线周围的磁感应强度 $\boldsymbol{B}$ 的大小与电流 I 成正比、与到直线的距离 $\boldsymbol{r}$ 的二次方成反比.法国数学家兼物理学家拉普拉斯根据毕奥和萨伐尔的实验结果，运用物理学的思想方法，给

出了电流元产生磁感应强度的数学表达式,这就是毕奥-萨伐尔定律.

为了求任意载流导线周围的磁场,假设在真空中的载流导线的截面可以略去不计,将导线分成许多小元段 d$\boldsymbol{l}$.设 d$\boldsymbol{l}$ 方向与元段内电流密度方向相同,元段内电流为 I,则将 Id$\boldsymbol{l}$ 称为电流元.毕奥-萨伐尔定律表述为:电流元 Id$\boldsymbol{l}$ 在真空中某点 P 处所产生的磁感应强度 d$\boldsymbol{B}$ 的大小,与电流元 Id$\boldsymbol{l}$ 的大小成正比,与电流元 Id$\boldsymbol{l}$ 到点 P 的矢径 $\boldsymbol{r}$ 和电流元方向间的夹角 θ 的正弦成正比,并与电流元 Id$\boldsymbol{l}$ 到点 P 的距离 $\boldsymbol{r}$ 的二次方成反比,即

$$\mathrm{d}B = \frac{\mu_0}{4\pi}\frac{I\mathrm{d}l\sin\theta}{r^2} \tag{10.17}$$

式中,μ_0 称为真空磁导率,在国际单位制中,$\mu_0 = 4\pi\times10^{-7}$ H/m.写成矢量形式,则有

$$\mathrm{d}\boldsymbol{B} = \frac{\mu_0}{4\pi}\frac{I\mathrm{d}\boldsymbol{l}\times\boldsymbol{r}}{r^3} \tag{10.18}$$

这就是毕奥-萨伐尔定律的数学表达式.d$\boldsymbol{B}$ 的方向可用右手螺旋法则判断:伸出右手,使大拇指与四指垂直,然后让四指从 Id$\boldsymbol{l}$ 的方向开始,经小于 π 的夹角 θ 转向 $\boldsymbol{r}$,此时大拇指所指的方向即为 d$\boldsymbol{B}$ 的方向,如图 10.6 所示.

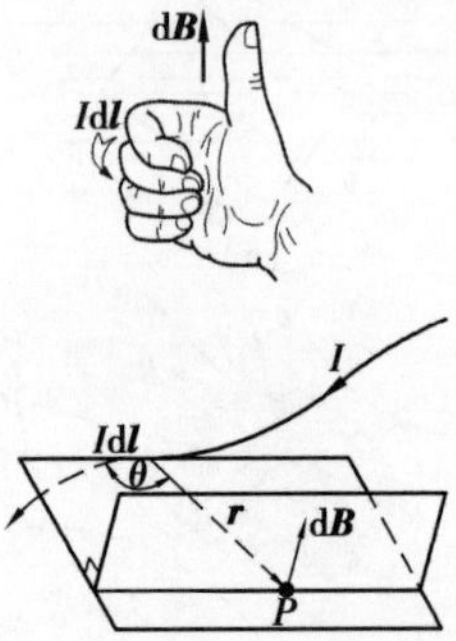

图 10.6 电流元的磁感应强度的方向

10.3.2 毕奥-萨伐尔定律的应用

磁场和电场一样也具有可叠加性,因而磁场遵从叠加原理,即任意载流导线在 P 点的磁感应强度 $\boldsymbol{B}$,等于所有电流元 Id$\boldsymbol{l}$ 在 P 点的磁感应强度 d$\boldsymbol{B}$ 的矢量和,其数学表达式为

$$\boldsymbol{B} = \int \mathrm{d}\boldsymbol{B} = \frac{\mu_0}{4\pi}\int\frac{I\mathrm{d}\boldsymbol{l}\times\boldsymbol{r}}{r^3} \tag{10.19}$$

如果空间中有 n 根载流导线,则任意一点的磁感应强度等于各载流导线单独存在时在该点产生的磁感应强度的矢量和,即

$$\boldsymbol{B} = \sum_{i=1}^{n}\boldsymbol{B}_i \tag{10.20}$$

通常称式(10.19)和式(10.20)为磁感应强度叠加原理,简称磁场叠加原理.必须指出,电流元与点电荷不同,它不可能在实验中单独得到,所以毕奥-萨伐尔定律不能由实验直接验证.但是根据毕奥-萨伐尔定律得到的总磁感应强度都与实验结果符合,从而间接地证明了毕奥-萨伐尔定律的正确性.

例 10.2　求载流直导线的磁场.

解　在真空中有一长为 L 的载流直导线,其中通有电流 I.设 P 点到直导线的垂直距离为 a.在载流直导线上任取一电流元 $I\mathrm{d}\boldsymbol{l}$,它到 P 点的矢径为 $\boldsymbol{r}$,如图 10.7 所示.

根据毕奥-萨伐尔定律,任一电流元在 P 点产生的磁感应强度的方向均为垂直纸面向内,大小为

$$\mathrm{d}B=\frac{\mu_0}{4\pi}\frac{I\mathrm{d}l\sin\theta}{r^2}$$

式中,θ 为 $I\mathrm{d}\boldsymbol{l}$ 与 $\boldsymbol{r}$ 的夹角.由磁场叠加原理,所有电流元在 P 点产生的磁感应强度的大小为

$$B=\int_l \mathrm{d}B=\frac{\mu_0}{4\pi}\int\frac{I\mathrm{d}l\sin\theta}{r^2}$$

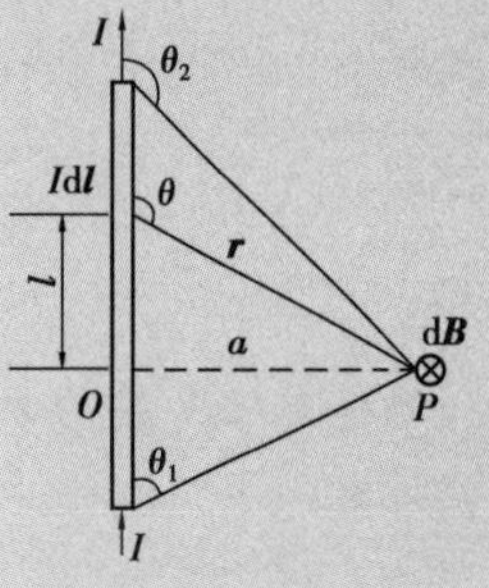

图 10.7　例 10.2 用图

上式中变量 l、r、θ 并不独立,它们满足

$$l=a\cot(\pi-\theta),r=\frac{a}{\sin(\pi-\theta)}=\frac{a}{\sin\theta}$$

对 l 取微分,有

$$\mathrm{d}l=a\csc^2\theta\mathrm{d}\theta$$

将上面的关系式联立后可得

$$B=\frac{\mu_0 I}{4\pi a}\int_{\theta_1}^{\theta_2}\sin\theta\mathrm{d}\theta=\frac{\mu_0 I}{4\pi a}(\cos\theta_1-\cos\theta_2)\tag{10.21}$$

式中,θ_1 和 θ_2 分别为载流直导线起点处和终点处电流元与矢径 $\boldsymbol{r}$ 之间的夹角.

讨论:

(1)若直导线为无限长,即 $\theta_1=0,\theta_2=\pi$,那么 $B=\dfrac{\mu_0 I}{2\pi a}$;

(2)若直导线为半无限长,即 $\theta_1=0,\theta_2=\dfrac{\pi}{2}$或 $\theta_1=\dfrac{\pi}{2},\theta_2=\pi$,那么 $B=\dfrac{\mu_0 I}{4\pi a}$.

例 10.3　求载流圆环轴线上的磁场.

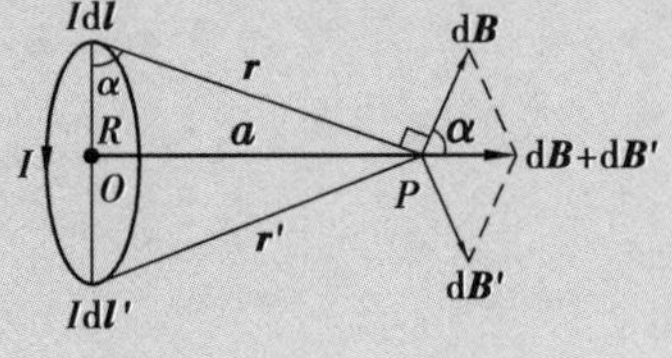

图 10.8　例 10.3 用图

解　设真空中有一半径为 R 的细载流圆环,其电流为 I,轴线上的 P 点与圆心 O 相距为 a,圆环上任一电流元 $I\mathrm{d}\boldsymbol{l}$ 与到 P 点的矢径 $\boldsymbol{r}$ 之间的夹角均为90°,如图 10.8 所示.由毕奥-萨伐尔定律知,该电流元在 P 点激发的磁感应强度 $\mathrm{d}\boldsymbol{B}$ 的大小为

$$\mathrm{d}B=\frac{\mu_0}{4\pi}\frac{I\mathrm{d}l}{r^2}$$

由磁场的对称性分析可知,各电流元在 P 点激发的磁感应强度大小相等,方向各不相同,但是与轴线的夹角均为 α.因此我们把磁感应强度 $\mathrm{d}\boldsymbol{B}$ 分解成平行于轴线的分量 $\mathrm{d}B_{/\!/}$ 和垂直于轴线的分量 $\mathrm{d}B_{\perp}$.它们在垂直于轴线方向上的分量 $\mathrm{d}B_{\perp}$ 互相抵消,沿轴线方向的分量 $\mathrm{d}B_{/\!/}$ 互相加强.所以 P 点的磁感应强度 $\boldsymbol{B}$ 沿着轴线方向,大小等于细载流圆环上所有

电流元激发的磁感应强度 d$\boldsymbol{B}$ 沿轴线方向的分量 $\mathrm{d}B_{//}$ 的代数和,即

$$B=\int_L \mathrm{d}B_{//}=\int_L \mathrm{d}B\cos\alpha$$

将 $\cos\alpha=\dfrac{R}{r}$ 和 dB 代入上式,得

$$B=\int_0^{2\pi R}\frac{\mu_0}{4\pi}\frac{I\mathrm{d}l}{r^2}\frac{R}{r}=\frac{\mu_0 IR^2}{2r^3}=\frac{\mu_0}{2}\frac{IR^2}{(R^2+a^2)^{\frac{3}{2}}}\tag{10.22}$$

磁感应强度 $\boldsymbol{B}$ 的方向与圆环电流环绕方向满足右手螺旋法则.

讨论:

(1)在圆心 O 点处,$a=0$,由上式得 O 点的磁感应强度的大小为 $B=\dfrac{\mu_0 I}{2R}$;

(2)在远离圆环中心的无限远处,即 $a\gg R$ 处,则该处磁感应强度的大小为 $B=\dfrac{\mu_0 R^2 I}{2a^3}$.

例 10.4　求载流密绕直螺线管内部轴线上的磁场.

解　螺线管就是绕在圆柱面上的螺旋形线圈.如果螺线管上各匝线圈绕得很密,每匝线圈就相当于一个圆线圈,整个螺线管就可以看成由一系列圆线圈并排起来组成.因此螺线管在某点产生的磁感应强度就等于这些圆线圈在该点产生的磁感应强度的矢量和.

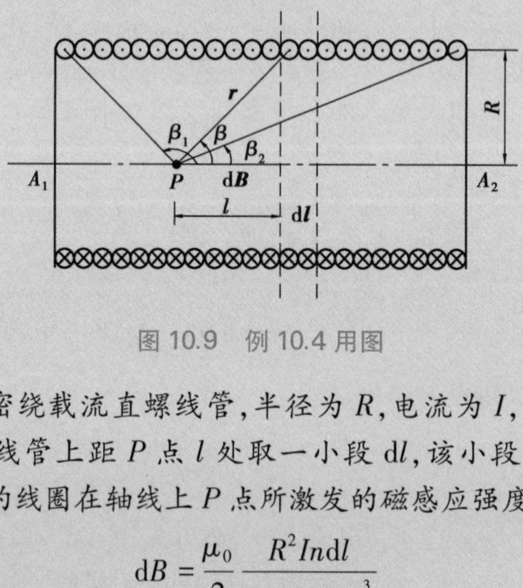

图 10.9　例 10.4 用图

设真空中有一均匀密绕载流直螺线管,半径为 R,电流为 I,单位长度上绕有 n 匝线圈,如图 10.9 所示.在螺线管上距 P 点 l 处取一小段 dl,该小段上线圈匝数为 $n\mathrm{d}l$.由式(10.22)可知,该小段上的线圈在轴线上 P 点所激发的磁感应强度的大小为

$$\mathrm{d}B=\frac{\mu_0}{2}\frac{R^2In\mathrm{d}l}{(R^2+l^2)^{\frac{3}{2}}}$$

磁感应强度 d$\boldsymbol{B}$ 沿轴线方向、与电流成右手螺旋关系.因为螺线管的各小段在 P 点所产生的磁感应强度方向相同,所以整个螺线管所产生的总磁感应强度

$$B=\int\mathrm{d}B=\int\frac{\mu_0}{2}\frac{R^2In\mathrm{d}l}{(R^2+l^2)^{\frac{3}{2}}}\tag{10.23}$$

根据图 10.9 中的几何关系,有

$$l=R\cot\beta\tag{10.24}$$

微分后得

$$dl = -R(\csc\beta)^2 d\beta \tag{10.25}$$

将其代入式(10.23)得到该载流直螺线管在轴线上 P 点产生的磁感应强度的大小为

$$B = -\int_{\beta_1}^{\beta_2} \frac{\mu_0 nI}{2}\sin\beta\, d\beta = \frac{1}{2}\mu_0 nI(\cos\beta_2 - \cos\beta_1) \tag{10.26}$$

讨论：

(1)对于无限长载流直螺线管，$\beta_1 \to \pi$，$\beta_2 \to 0$，所以 $B=\mu_0 nI$. 这表明，在无限长载流螺线管的轴线上磁场是均匀的，大小只取决于单位长度的匝数 n 和导线中的电流 I，而与场点的位置无关. 其方向与电流成右手螺旋关系.

(2)在半无限长螺线管的一端，$\beta_1 \to \frac{\pi}{2}$，$\beta_2 \to 0$，则 $B=\frac{1}{2}\mu_0 nI$. 这表明，在半无限长螺线管两端的轴线上的磁感应强度的大小只有管内的一半.

例 10.5　如图 10.10 所示，长直导线载有电流 I，试求穿过矩形平面的磁通量 Φ_m.

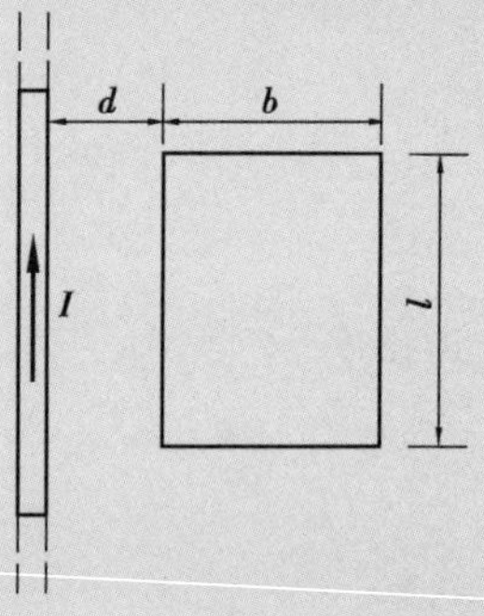

图 10.10　例 10.5 用图

解　由例题 10.2 已知载流导线周围的磁感应强度大小为

$$B = \frac{\mu_0 I}{2\pi a}$$

故矩形平面处于非均匀磁场内，而磁感应强度 $\boldsymbol{B}$ 的方向相同，均垂直纸面向里. 在距导线为 r 处取一长为 l、宽为 dr 的面元 $dS=l dr$，有

$$d\Phi_m = \boldsymbol{B}\cdot d\boldsymbol{S} = \frac{\mu_0 I}{2\pi r} l dr$$

将上式代入式(10.16)，得到整个矩形的磁通量为

$$\Phi_m = \int_S \boldsymbol{B}\cdot d\boldsymbol{S} = \int_d^{d+b} \frac{\mu_0 I}{2\pi r} l dr = \frac{\mu_0 Il}{2\pi}\ln\frac{d+b}{d}$$

10.3.3　运动电荷的磁场

毕奥-萨伐尔定律告诉我们电流激发磁场，而电流的产生是大量载流子定向运动的结果. 从本质上讲，磁场是由运动电荷激发的，一切磁现象都来源于电荷的运动. 因此，运动电荷的磁场可以由毕奥-萨伐尔定律推导出来. 电流的微观表达式为

$$I = JS = nqvS \tag{10.27}$$

定向运动速度 $\boldsymbol{v}$ 的方向与电流元 $Id\boldsymbol{l}$ 方向相同，因此电流元

$$Id\boldsymbol{l} = nqS\boldsymbol{v}dl \tag{10.28}$$

代入毕奥-萨伐尔定律表达式(10.17)，得

$$d\boldsymbol{B}=\frac{\mu_0}{4\pi}\frac{nSqdl\boldsymbol{v}\times\boldsymbol{r}}{r^3} \tag{10.29}$$

电流元 $Id\boldsymbol{l}$ 激发的磁场 $d\boldsymbol{B}$ 是由电流元 $Id\boldsymbol{l}$ 中 $dN=nSdl$ 个载流子共同产生的.因此平均起来每个载流子所产生的磁感应强度 $\boldsymbol{B}$ 为

$$\boldsymbol{B}=\frac{d\boldsymbol{B}}{dN}=\frac{\mu_0}{4\pi}\frac{q\boldsymbol{v}\times\boldsymbol{r}}{r^3} \tag{10.30}$$

磁感应强度 $\boldsymbol{B}$ 垂直于 $\boldsymbol{v}$ 和 $\boldsymbol{r}$ 所组成的平面,其方向由右手螺旋法则确定.

根据玻尔理论,氢原子在基态时,电子绕原子核的轨道半径 $r_0=0.53\times10^{-10}$ m,速度为 $v=2.2\times10^6$ m/s.在垂直于轨道的轴线上任意一点 P 的瞬时磁感应强度 $\boldsymbol{B}$ 为

$$\boldsymbol{B}=\frac{\mu_0}{4\pi}\frac{e\boldsymbol{v}\times\boldsymbol{r}}{r^3} \tag{10.31}$$

电子绕轨道一周,垂直于轴线的分量完全抵消,只剩下平行于轨道的分量,考虑到 $r\gg r_0$

$$B=\frac{\mu_0}{4\pi}\frac{ev}{r^2}\frac{r_0}{r}=\frac{\mu_0}{4\pi}\frac{evr_0}{r^3} \tag{10.32}$$

电子单位时间内绕轨道的周数 $n=\frac{v}{2\pi r_0}$,相当于具有一等效电流 $I=\frac{ev}{2\pi r_0}$,通常称此为“分子电流”,将其代入上式后有

$$B=\frac{\mu_0}{2}\frac{Ir_0^2}{r^3} \tag{10.33}$$

上式与远离圆环中心的无限远处的载流圆环轴线上的磁场公式相同.

根据安培的假设,分子电流相当于基元磁体,为了更好地描述分子电流的磁性,我们引入磁矩的概念.将式(10.33)改写为

$$B=\frac{\mu_0}{2\pi}\frac{IS}{r^3} \tag{10.34}$$

式中,$S=\pi r_0^2$ 为等效电流的面积.我们规定面积 S 的正法线方向与等效电流的流向成右手螺旋关系,其单位矢量用 $\boldsymbol{e}_n$ 表示.由此我们定义圆电流的磁矩为

$$\boldsymbol{m}=IS\boldsymbol{e}_n \tag{10.35}$$

于是我们可将式(10.33)改写成矢量的形式

$$B = \frac{\mu_0}{2\pi}\frac{m}{r^3} \tag{10.36}$$

10.4 恒定磁场的高斯定理

由 10.2 节中磁通量的定义可知，通过任意曲面的磁通量为

$$\Phi_m = \int_S \boldsymbol{B} \cdot d\boldsymbol{S} \tag{10.37}$$

对任意一闭合曲面而言，规定其法向单位矢量 $\boldsymbol{e}_n$ 的正方向为垂直于曲面向外，如图 10.11 所示. 按照这个规定，当磁感应线从闭合曲面内穿出时 $\left(\theta<\frac{\pi}{2},\ \cos\theta>0\right)$，磁通量为正；而当磁感应线从曲面外穿入时 $\left(\theta>\frac{\pi}{2},\ \cos\theta<0\right)$，磁通量为负.

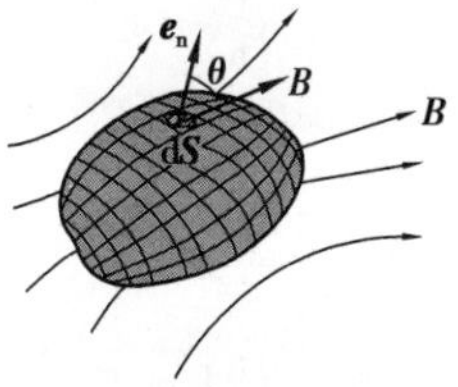

图 10.11　闭合曲面的磁通量

由于磁感应线是闭合曲线，因此对任一闭合曲面而言，有多少条磁感应线进入闭合曲面，就一定有多少条磁感应线穿出该闭合曲面. 所以，通过任意闭合曲面的磁通量必然等于零，即

$$\oint_S \boldsymbol{B} \cdot d\boldsymbol{S} = 0 \tag{10.38}$$

上述结论称为磁场中的高斯定理（Gauss theorem for magnetism），它是电磁场理论的基本方程之一. 将磁场的高斯定理与静电场的高斯定理相比较，可以看出磁场与静电场的本质区别，静电场是有源场，而磁场是无源场.

由磁场中的高斯定理可知：在磁场中以任一闭合曲线为边线的所有曲面的磁通量均相等，因此通常所说的穿过某闭合曲线的磁通量实际上是指以该曲线为边线的任意曲面的磁通量.

10.5 安培环路定理

10.5.1　安培环路定理

静电场的环路定理曾指出，电场强度 $\boldsymbol{E}$ 沿任意闭合路径的线积分等于零，即 $\oint \boldsymbol{E} \cdot d\boldsymbol{l} = 0$，这是静电场的一个重要性质，说明静电场是保守场、有势场. 而对磁场来说，磁感应强度 $\boldsymbol{B}$ 沿任意闭合路径的线积分却不一定等于零. 由毕奥-萨伐尔定律可以推导出磁场的一个重要定理，表述为：在真空中，恒定电流的磁场内，磁

感应强度 $\boldsymbol{B}$ 沿任意闭合路径 L 的线积分(即 $\boldsymbol{B}$ 的环流)等于被这个闭合回路所包围并穿过的电流的代数和的 μ_0 倍,而与路径的形状和大小无关,即

$$\oint_L \boldsymbol{B} \cdot \mathrm{d}\boldsymbol{l} = \mu_0 \sum_i I_i \tag{10.39}$$

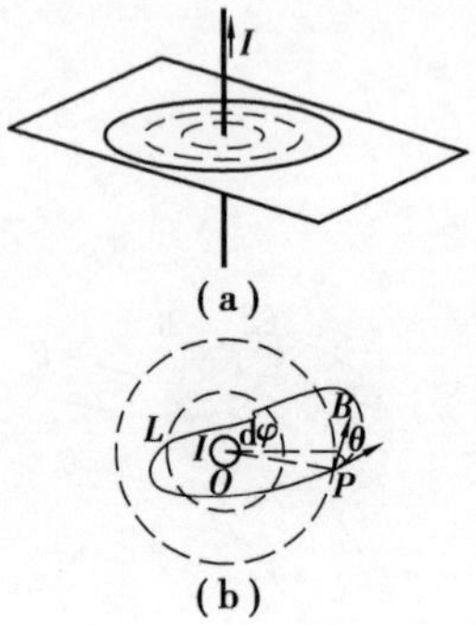

图 10.12　无限长直载流导线磁场的环流

这就是恒定磁场的安培环路定理.其中,电流的正负由环路所选取的绕行方向与电流的方向共同决定:当穿过环路的电流方向与环路的绕行方向符合右手螺旋关系时,电流取正值;反之取为负值.如果电流不穿过环路,则它不包括在上式右端的求和中.安培环路定理反映了磁场的一个重要性质,它说明磁场是个有旋场.

下面仅通过真空中无限长直载流导线激发的磁场这一特例来验证安培环路定理.

如图 10.12(a)所示,在垂直于导线的平面内任取一包围电流的闭合曲线 L,线上任意一点 P 的磁感应强度的大小为

$$B = \frac{\mu_0}{2\pi}\frac{I}{r} \tag{10.40}$$

式中,I 为导线中的电流;r 为 P 点离开导线的距离.由图 10.12(b)可知,$\mathrm{d}l\cos\theta = r\mathrm{d}\varphi$,所以

$$\oint_L \boldsymbol{B} \cdot \mathrm{d}\boldsymbol{l} = \oint_L B\cos\theta \mathrm{d}l = \oint_L Br\mathrm{d}\varphi = \int_0^{2\pi} \frac{\mu_0}{2\pi}\frac{I}{r} r\mathrm{d}\varphi = \frac{\mu_0 I}{2\pi}\int_0^{2\pi}\mathrm{d}\varphi = \mu_0 I \tag{10.41}$$

真空中,当任意闭合回路 L 包围电流 I 时,磁感应强度 $\boldsymbol{B}$ 沿闭合路径 L 的环流为 $\mu_0 I$.如果电流的方向相反,磁感应强度 $\boldsymbol{B}$ 方向相反,则线积分变为 $\oint_L \boldsymbol{B}\cdot\mathrm{d}\boldsymbol{l} = -\mu_0 I$. 由于对闭合回路 L 积分结果与电流方向有关,通常规定:电流方向与积分回路方向成右手螺旋关系时电流取正值,反之取负值.另外,式(10.39)只适用于真空中恒定电流产生的磁场,如果磁场是由变化的电流产生的或者空间存在其他介质,则需要对安培环路定理进行修正.

安培环路定理说明磁场不是势场,不是势场的矢量场称为涡旋场,所以磁场是涡旋场.高斯定理和安培环路定理是恒定磁场理论的两个重要定理.

10.5.2　安培环路定理应用举例

在静电学中,当电荷分布有某些对称性时,单从高斯定理就可求得静电场.类似地,在静磁学中,当电流分布有某些对称性时,单从安培环路定理就可求得恒定磁场.

例10.6 求无限长载流圆柱导体的磁场.

解 设圆柱半径为R,电流I沿轴线方向均匀流过横截面.由电流分布沿轴线的平移对称性可知磁感应强度$\boldsymbol{B}$也有这种对称性.因此只需讨论任一与轴垂直的平面内的情况.磁场对圆柱轴线具有旋转对称性,所以磁感应线应该是在垂直轴线的平面内、以轴线为中心的一系列同心圆,方向与其内部的电流成右手螺旋关系,而且在同一圆周上磁感应强度的大小相等,如图10.13所示.

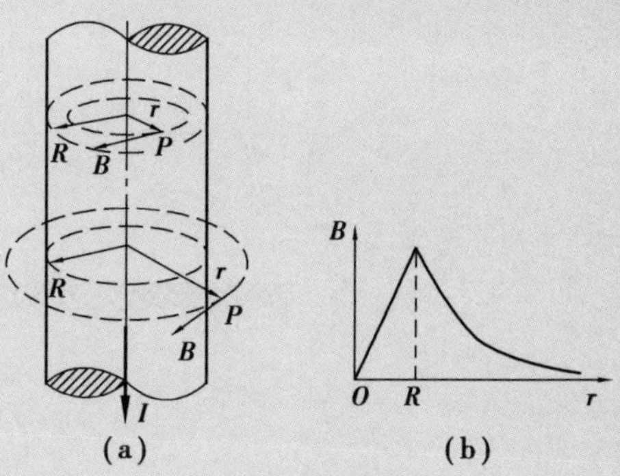

图10.13 例10.6用图

过任一场点P,在垂直轴线的平面内取中心在轴线上、半径为r的圆周为积分路径L,积分方向与磁感应线的方向相同.由于L上磁感应强度的量值处处相等,且磁感应强度$\boldsymbol{B}$的方向与积分路径$\mathrm{d}\boldsymbol{l}$的方向一致,所以,磁感应强度$\boldsymbol{B}$沿路径L的环流为

$$\oint_L \boldsymbol{B}\cdot \mathrm{d}\boldsymbol{l} = 2\pi rB$$

如果点P为圆柱体内任意一点,即$r<R$,因为圆柱体内的电流只有一部分I'通过环路.由安培环路定理得

$$\oint_L \boldsymbol{B}\cdot \mathrm{d}\boldsymbol{l} = 2\pi rB = \mu_0 I'$$

由于电流I均匀分布,所以

$$I' = \frac{I}{\pi R^2}\times \pi r^2 = \frac{Ir^2}{R^2}$$

上面两式联立得

$$B = \frac{\mu_0 Ir}{2\pi R^2}$$

如果点P为圆柱体外任意一点,即$r>R$,由安培环路定理得

$$\oint_L \boldsymbol{B}\cdot \mathrm{d}\boldsymbol{l} = 2\pi rB = \mu_0 I$$

所以

$$B = \frac{\mu_0 I}{2\pi r}$$

这与无限长载流直导线的磁场分布完全相同.

例10.7 求无限长直载流螺线管的磁场.

解 如图10.14所示,设无限长载流螺线管单位长度上绕有n匝线圈,现通有电流I.每匝线圈都会在其周围产生载流圆环磁场,当线圈彼此挨近形成无限长螺线管时,在螺线管外,磁场倾向于抵消;在螺线管内,磁场得到加强.进一步根据电流分布的对称性分析,可确定螺线管内的磁感应线是一系列与轴线平行的直线,而且在同一磁感应线上各点的磁感应强度大小相同.

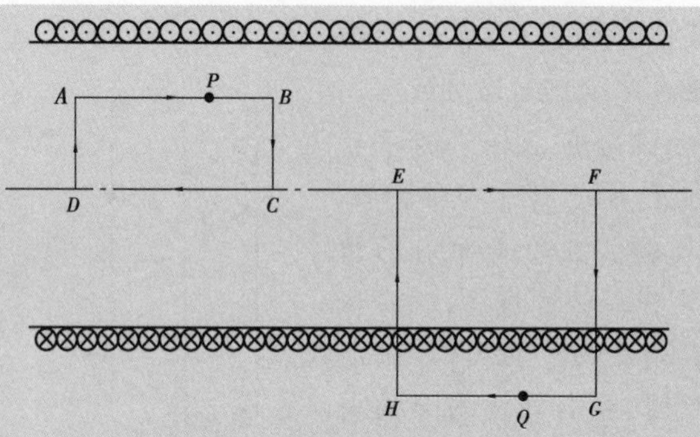

图 10.14 例 10.7 用图

首先求管内任一点 P(不在轴线上)的 $\boldsymbol{B}$.为此作一闭合矩形环路 $ABCD$,其中 AB 边过 P 点,CD 边在轴线上,前面已计算得到螺线管轴线上磁感应强度大小 $B=\mu_0 nI$,方向水平向右;根据对称性讨论,可以证明 AB 段 $\boldsymbol{B}$ 大小相等,方向水平向右;而 BC、DA 两段上 $\boldsymbol{B}$ 处处向右,与 $\mathrm{d}\boldsymbol{l}$ 处处垂直;且闭合环路 $ABCD$ 内不包围电流,因此对该环路应用安培环路定理,则有

$$\oint_L \boldsymbol{B}\cdot \mathrm{d}\boldsymbol{l} = \int_A^B \boldsymbol{B}\cdot \mathrm{d}\boldsymbol{l} + \int_B^C \boldsymbol{B}\cdot \mathrm{d}\boldsymbol{l} + \int_C^D \boldsymbol{B}\cdot \mathrm{d}\boldsymbol{l} + \int_D^A \boldsymbol{B}\cdot \mathrm{d}\boldsymbol{l} = B\cdot AB + 0 - \mu_0 nI\cdot CD + 0 = 0$$

因为 $AB=CD$,所以

$$B = \mu_0 nI \tag{10.42}$$

由此可以看到,管内任一点的磁感应强度与轴线上相同,表明管内是均匀磁场.

再求管外任一点 Q 的 $\boldsymbol{B}$.作闭合矩形回路 $EFGH$,其中 GH 边过 Q 点,EF 边在轴线上.对该闭合回路应用安培环路定理,注意到环路包围的电流为 $nI\cdot EF$,则

$$\oint_L \boldsymbol{B}\cdot \mathrm{d}\boldsymbol{l} = \int_E^F \boldsymbol{B}\cdot \mathrm{d}\boldsymbol{l} + \int_F^G \boldsymbol{B}\cdot \mathrm{d}\boldsymbol{l} + \int_G^H \boldsymbol{B}\cdot \mathrm{d}\boldsymbol{l} + \int_H^E \boldsymbol{B}\cdot \mathrm{d}\boldsymbol{l}$$
$$= \mu_0 nI\cdot EF + 0 + B\cdot GH + 0 = \mu_0 nI\cdot EF$$

所以

$$B\cdot GH = 0$$

因此

$$B = 0$$

即管外磁感应强度处处为零,磁场集中在管内.

由于矩形回路是任取的,不论 AB 边在管内任何位置,式(10.42)都成立.因此,无限长直螺线管内任意一点的磁感应强度 $\boldsymbol{B}$ 的大小相同,方向平行于轴线,即细螺线管内中间部分是均匀磁场,细螺线管外磁感应强度为零.

例 10.8 求载流螺绕环的磁场.

解 如图 10.15(a)所示的环状螺线管称为螺绕环.设真空中有一螺绕环,环的平均半径为 R,环上均匀地密绕 N 匝线圈,线圈通有电流 I,求载流螺绕环的磁场.由电流的对称

性可知，环内的磁感应线是一系列同心圆，圆心在通过环心垂直于环面的直线上.在同一条磁感应线上各点磁感应强度的大小相等，方向沿圆周的切线方向，与圆内电流成右手螺旋关系.

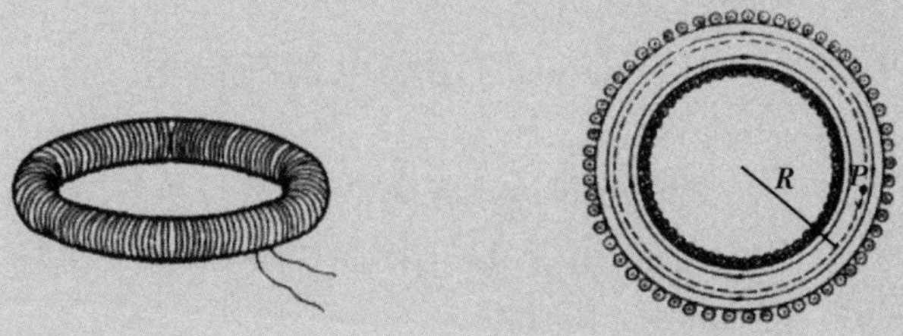

(a) (b)

图 10.15 例 10.8 用图

先分析螺绕环内任意一点 P 的磁场，以环心为圆心、过 P 点作一闭合环路 L，半径为 r，绕行方向与所包围电流成右手螺旋关系，如图 10.15(b)所示.则由安培环路定理得

$$\oint_L \boldsymbol{B} \cdot \mathrm{d}\boldsymbol{l} = 2\pi r B = \mu_0 N I$$

计算出 P 点磁感应强度为

$$B = \frac{\mu_0 N I}{2\pi r}$$

如果环管截面半径比环半径小得多，可以认为 $r \approx R$，则上式可以写成

$$B = \frac{\mu_0 N I}{2\pi R} = \mu_0 n I$$

这里 $n = \dfrac{N}{2\pi R}$ 是螺绕环单位长度内的线圈匝数.上述结果与无限长直载流螺线管的磁场类似.

对螺绕环外任意一点的磁场：过所求场点作一圆形闭合环路，并使它与螺绕环共轴.很容易看出，穿过闭合回路的总电流为零，因此根据安培环路定理

$$\oint_L \boldsymbol{B} \cdot \mathrm{d}\boldsymbol{l} = 2\pi r B = 0$$

得

$$B = 0$$

所以，对密绕细螺绕环来说，它的磁场几乎全部集中在螺绕环的内部，外部无磁场；环内的磁场可视为均匀的，方向由右手螺旋法则确定.从物理实质上来说，这样的螺绕环等同于无限长直螺线管.

10.6 磁场对运动电荷和载流导体的作用

10.6.1 磁场对运动电荷的作用

带电粒子运动方向平行(或反平行)磁场方向时,它受到的磁场力为零;当带电粒子运动方向垂直于磁场方向时,它受到的磁场力最强,其值为

$$\boldsymbol{F}_{\mathrm{m}} = q\boldsymbol{v}\boldsymbol{B} \tag{10.43}$$

且 $\boldsymbol{F}_{\mathrm{m}}$ 与粒子运动速度 $\boldsymbol{v}$ 和磁感应强度 $\boldsymbol{B}$ 相互垂直.

一般情况下,当带电粒子的运动方向与磁场方向夹角为 θ,则所受磁场力 $\boldsymbol{F}$ 的大小为

$$F = qvB\sin\theta \tag{10.44}$$

而 $\boldsymbol{F}$ 的方向垂直于 $\boldsymbol{v}$ 和 $\boldsymbol{B}$ 决定的平面,并与 $q\boldsymbol{v}$ 和 $\boldsymbol{B}$ 的方向成右手螺旋关系,即右手四指由 $q\boldsymbol{v}$ 的方向($q>0$ 时即 $\boldsymbol{v}$ 的方向;$q<0$ 时为 $\boldsymbol{v}$ 的反方向)经小于 π 的角度转向 $\boldsymbol{B}$ 的方向时大拇指所指的方向,故其矢量表达式为

$$\boldsymbol{F} = q\boldsymbol{v}\times\boldsymbol{B} \tag{10.45}$$

式(10.45)就是磁场对运动电荷的作用力,即洛伦兹力的公式.

洛伦兹力总是和电荷速度方向垂直,因此磁力只改变电荷的运动方向,而不改变其速度的大小和动能.洛伦兹力对电荷所做的功恒等于零,这是洛伦兹力的一个重要特征.下面分三种情况讨论带电粒子在均匀磁场中的运动:

(1)带电粒子 q 以速率 v_0 沿磁场 $\boldsymbol{B}$ 方向进入均匀磁场.由式(10.45)可知,粒子不受磁场力的作用,它将沿着磁场 $\boldsymbol{B}$ 方向做匀速直线运动.

(2)带电粒子 q 以速率 v_0 沿垂直于磁场 $\boldsymbol{B}$ 方向进入均匀磁场.由式(10.45)可知,粒子受到洛伦兹力的作用,大小为 $F=qv_0B$.因为洛伦兹力始终与速度方向垂直,所以带电粒子的速度大小不变,只改变方向.带电粒子将作半径为 R 的匀速圆周运动,洛伦兹力提供向心力,因此有

$$qv_0B = m\frac{v_0^2}{R} \tag{10.46}$$

由此得带电粒子的轨道半径为

$$R = \frac{mv_0}{qB} \tag{10.47}$$

由式(10.47)可知,对于一定的带电粒子(即 q/m 一定),其轨道半径与带电粒子的运动速度成正比,而与磁感应强度成反比;速度越小,洛伦兹力和轨道半径也越小.

带电粒子运动一周所需的时间(即周期)为

$$T = \frac{2\pi R}{v_0} = 2\pi \frac{m}{qB} \tag{10.48}$$

单位时间内带电粒子的绕行圈数称为回旋频率,它是周期的倒数.

(3)带电粒子 q 以速度 $\boldsymbol{v}_0$ 与磁场 $\boldsymbol{B}$ 成 θ 夹角进入均匀磁场

将速度 $\boldsymbol{v}_0$ 分解成平行于磁场 $\boldsymbol{B}$ 的分量 $\boldsymbol{v}_{//}$ 和垂直于磁场 $\boldsymbol{B}$ 的分量 $\boldsymbol{v}_{\perp}$,有

$$v_{//} = v_0 \cos\theta,\ v_{\perp} = v_0 \sin\theta \tag{10.49}$$

带电粒子同时参与两种运动,一种是平行于磁场的匀速直线运动,速度为 $\boldsymbol{v}_{//}$;另一种是在垂直于磁场方向以速率为 $v_{\perp}$ 作匀速圆周运动,轨道半径 R 为

$$R = \frac{mv_{\perp}}{qB} = \frac{mv \sin\theta}{qB} \tag{10.50}$$

周期 T 为

$$T = \frac{2\pi R}{v_{\perp}} = 2\pi \frac{m}{qB} \tag{10.51}$$

一个周期内,带电粒子沿着磁场方向前进的距离,即螺距 h 为

$$h = Tv_{//} = \frac{2\pi m v_0 \cos\theta}{qB} \tag{10.52}$$

综上所述,带电粒子的合运动是以磁场方向为轴的等螺距的螺旋运动.如图 10.16 所示,一束发散角不大的带电粒子束,当它们在磁场 $\boldsymbol{B}$ 的方向上具有大致相同的速度分量时,它们有相同的螺距 h.经过一个周期它们将重新会聚在另一点,这种发散粒子束会聚到一点的现象与透镜将光束聚焦现象十分相似,因此称为磁聚焦.带电粒子在磁场中作螺旋线运动的轨道半径 R 与磁感应强度成反比,磁场越强,轨道半径 R 越小.在很强的磁场中,每个带电粒子的活动便被约束在一根磁场线附近的很小范围内作螺旋线运动,运动的中心只能沿磁场线作纵向移动,一般不能横越它.因此强磁场可以使带电粒子的横向运动受到很大的限制,这种能约束带电粒子运动的磁作用效应称为磁约束.

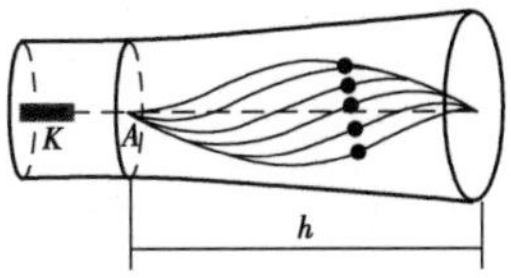

图 10.16　磁聚焦

在既有电场又有磁场的情况下,运动的带电粒子 q 在此区域

内所受到的作用力应是电场力与磁场力的矢量和,即作用在带电粒子上的力应为

$$\boldsymbol{F}=\boldsymbol{F}_{\mathrm{E}}+\boldsymbol{F}_{\mathrm{M}}=q\boldsymbol{E}+q\boldsymbol{v}\times\boldsymbol{B} \tag{10.53}$$

式(10.53)通常也被称为洛伦兹力公式.利用外加的电场和磁场来控制带电粒子流的运动,这在近代科学技术中的应用是极为重要的.

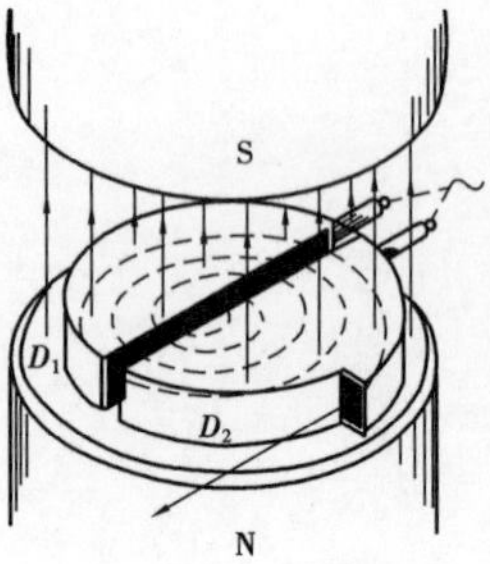

图 10.17 回旋加速器

加速器是提供高能粒子的主要实验装置,加速器输出粒子的能量称为加速器的能量,劳伦斯率先于 1930 年提出了回旋加速器方案.回旋加速器的基本思想是用磁场把带电粒子的运动限制在某一空间范围,再用较小的电场使之多次加速.如图 10.17 所示,将两个空心的半圆形铜盒 D_1、D_2 留有间隙地放在电磁铁的两个磁极之间,盒内空间便充满与盒面垂直的均匀恒定磁场.将两盒分别连接电源两极,间隙处便有电场.由于屏蔽作用,两盒内部电场均为零.带电粒子以某一初速垂直进入第一个半圆形铜盒后,在磁场力作用下作匀速圆周运动,转过半圈后进入间隙,受到间隙处的电场加速然后进入第二个半圆形铜盒.由式(10.50)可知带电粒子以较大半径作匀速圆周运动,转过半圈后再次进入间隙.如果此时电场反向,则带电粒子会再次受到电场加速后返回第一个半圆形铜盒.如此反复,则带电粒子多次受到电场的加速,能量越来越高,直至从铜盒边缘引出.由式(10.51)还可知,在不考虑相对论效应的情况下,带电粒子在铜盒中作半个圆周运动所需要的时间只与带电粒子的电荷 q、质量 m 以及磁感应强度 $\boldsymbol{B}$ 有关,与带电粒子的速度或能量没有关系.

10.6.2 磁场对载流导体的作用

安培最早发现两条静止载流导线之间存在相互作用力,并把每一导线所受的力解释为另一导线对它的磁力.人们把磁场对载流导体的磁力作用称为安培力.安培总结出了载流回路中一段电流元在磁场中受力的基本规律:磁场对电流元 $I\mathrm{d}l$ 的作用力 $\mathrm{d}\boldsymbol{F}$,在数值上等于电流元的大小、电流元所在处磁感应强度 $\boldsymbol{B}$ 的大小,以及电流元与磁感应强度两者方向间夹角 θ 的正弦之乘积,其数学表达式为

$$\mathrm{d}F=I\mathrm{d}lB\sin\theta \tag{10.54}$$

$\mathrm{d}\boldsymbol{F}$ 的方向服从右手螺旋法则,写成矢量形式为

$$\mathrm{d}\boldsymbol{F}=I\mathrm{d}\boldsymbol{l}\times\boldsymbol{B} \tag{10.55}$$

式(10.54)、式(10.55)称为安培定律.

对任意形状的载流导线 L,其在磁场中所受的安培力 $\boldsymbol{F}$ 等于各个电流元所受安培力 $\mathrm{d}\boldsymbol{F}$ 的矢量和,即

$$\boldsymbol{F} = \int_L \mathrm{d}\boldsymbol{F} = \int_L I\mathrm{d}l \times B \tag{10.56}$$

一般情况下,在计算一段载流导线的安培力时,如果各电流元所受磁场力的方向是一致的,则上式积分就转化成标量积分.特别地,对均匀磁场中的一条通有电流 I、长为 L 的直导线,电流方向与磁场 $\boldsymbol{B}$ 方向的夹角为 θ,导线受到的安培力为

$$F = ILB\sin\theta \tag{10.57}$$

当 $\theta=0°$或$180°$时,$F=0$;当 $\theta=90°$时,$F=F_{\max}=ILB$.

后来人们认识到导线中的电流是带电粒子的定向运动,而运动的带电粒子在磁场中要受洛伦兹力,这两者的结合给出了载流导线在磁场中所受磁力(安培力)的本质:在洛伦兹力 $\boldsymbol{F}_m=q\boldsymbol{v}\times\boldsymbol{B}$ 的作用下,导体内做定向运动的电子和导体中晶格处的正离子不断碰撞,从而将动量传给了导体,进而使整个载流导体在磁场中受到磁力的作用,这就是安培力.由此可见,安培力是洛伦兹力的一种宏观表现,因此可以从洛伦兹力公式出发得到静止载流导线的安培力公式(10.54)、(10.55),不过此处不再做相关介绍,读者不妨自行推导.

例 10.9 如图 10.18 所示,在均匀磁场中放置一任意形状的导线,电流为 I,求此段载流导线所受的安培力.

解 在载流导线上任取电流元 $I\mathrm{d}l$,它受到的安培力为

$$\mathrm{d}\boldsymbol{F} = I\mathrm{d}l \times \boldsymbol{B}$$

写成分量的形式,有

$$\mathrm{d}F_x = IB\mathrm{d}l\sin\theta = IB\mathrm{d}y,\ \mathrm{d}F_y = IB\mathrm{d}l\cos\theta = IB\mathrm{d}x$$

因此整个导线受力为

$$F_x = \int \mathrm{d}F_x = \int_0^0 IB\mathrm{d}y = 0,\ F_y = \int \mathrm{d}F_y = \int_0^L IB\mathrm{d}x = IBL$$

相当于载流直导线 OP 在均匀磁场中受的力,方向沿 y 方向.

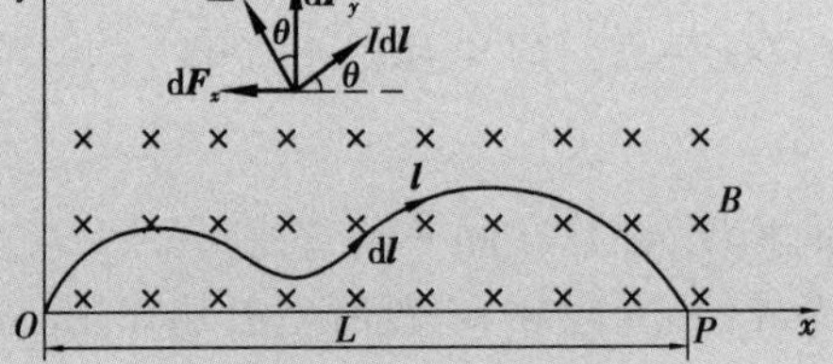

图 10.18 例 10.9 用图

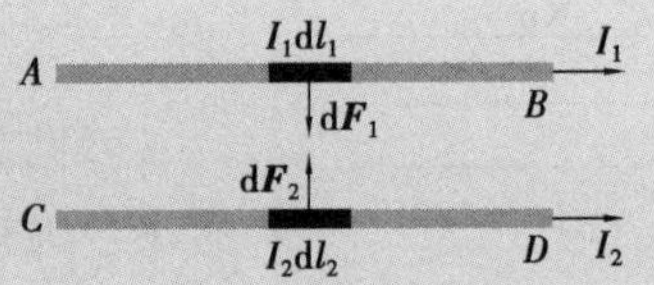

图 10.19 电流单位“安培”的定义

如图 10.19 所示,两平行无限长直导线 AB、CD 相距为 a,分别通有电流 I_1、I_2,它们之间会有相互作用力.导线 CD 的任一电流元 $I_2 \mathrm{d}l_2$ 处于电流 I_1 激发的磁场中,

$$B_1 = \frac{\mu_0 I_1}{2\pi a}$$

电流元 $I_2 \mathrm{d}l_2$ 所受的安培力为

$$\mathrm{d}F_2 = I_2 B_1 \mathrm{d}l = \frac{\mu_0 I_1 I_2}{2\pi a}\mathrm{d}l_2$$

方向垂直于 CD 指向 AB.所以导线 CD 上单位长度所受的安培力为

$$\frac{\mathrm{d}F_2}{\mathrm{d}l_2} = \frac{\mu_0 I_1 I_2}{2\pi a}$$

同理,导线 AB 上单位长度所受的安培力为

$$\frac{\mathrm{d}F_1}{\mathrm{d}l_1} = \frac{\mu_0 I_1 I_2}{2\pi a}$$

方向垂直于 AB 指向 CD.容易看出两导线 AB、CD 之间的作用力是相互吸引力.不难证明,当两导线中通以方向相反的电流时,两导线之间的作用力是相互排斥力.由于两导线间的相互作用力比较容易测量,所以在国际单位制中正是通过两平行载流直导线的作用力来定义电流的单位:在真空中两根截面积可略去的平行长直导线,二者之间相距 1 m,通以流向相同、大小等量的电流时,调节导线中电流的大小,使得两导线间每单位长度的相互吸引力为 2×10^{-7} N/m,则规定此时每根导线中的电流为 1 A,称为 1 安培.根据"安培"的定义,还可以计算出真空磁导率的数值为 $\mu_0 = 4\pi\times10^{-7}$ N/A^2.

10.6.3 磁场对载流线圈的作用

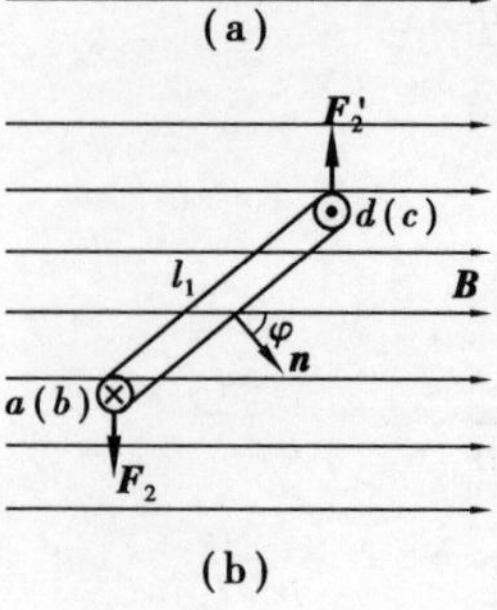

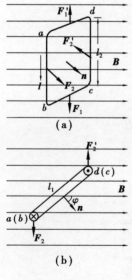

图 10.20 磁场对载流线圈的作用

下面讨论平面载流线圈在磁场中的受力规律.通常载流线圈所在平面有两个可能的法向方向,这里取与电流满足右手螺旋关系的那个方向为线圈的法向方向.

如图 10.20 所示,在均匀磁场 $\boldsymbol{B}$ 中,有一刚性矩形载流线圈 $abcd$,它的边长分别为 l_1 和 l_2,电流为 I.线圈的方向 $\boldsymbol{n}$ 与 $\boldsymbol{B}$ 方向之间的夹角为 φ.由式(10.57)可知,导线 bc、da 所受的安培力的大小分别为

$$F_1 = IBl_1 \sin(90° - \varphi), F_1' = IBl_1 \sin(90° - \varphi) \tag{10.58}$$

可见 $F_1 = F_1'$,方向相反,并且在同一条直线上,所以它们的合力及合力矩都为零.而导线 ab 段和 cd 段所受磁场作用力的大小则分别为

$$F_2 = IBl_2, F_2' = IBl_2 \tag{10.59}$$

可见 $F_2=F_2'$,方向相反,不过它们不在同一直线上,所以它们的合力为零但合力矩不为零,磁场作用在线圈上的磁力矩的大小为

$$M = F_2 l_1 \sin\varphi = IBl_1 l_2 \sin\varphi = IBS\sin\varphi \tag{10.60}$$

式中,$S=l_1 l_2$ 为线圈面积.从磁矩的定义式(10.35)可知线圈的磁矩大小为 $m=IS$,方向为线圈法线方向 $\boldsymbol{n}$.则作用在线圈上的磁力矩的矢量形式为

$$\boldsymbol{M} = \boldsymbol{m} \times \boldsymbol{B} \tag{10.61}$$

如果线圈有 N 匝,那么其所受的磁力矩应为

$$\boldsymbol{M} = N\boldsymbol{m} \times \boldsymbol{B} \tag{10.62}$$

由式(10.61)或式(10.62)可知:

(1)当 $\varphi=0°$时,线圈平面与磁场 $\boldsymbol{B}$ 垂直,$\boldsymbol{M}=0$,线圈不受磁力矩的作用,此时线圈处于稳定平衡状态;

(2)当 $\varphi=90°$时,线圈平面与磁场 $\boldsymbol{B}$ 平行,$M=M_{\max}=IBS$,此时线圈受到的磁力矩最大;

(3)当 $\varphi=180°$时,线圈平面与磁场 $\boldsymbol{B}$ 垂直,但载流线圈的法线方向 $\boldsymbol{n}$ 与磁场 $\boldsymbol{B}$ 的方向相反,$\boldsymbol{M}=0$,线圈不受磁力矩的作用.但如果此时稍有外力干扰,线圈就会向 $\varphi=0°$处转动,此时线圈是处于不稳定平衡状态.

总之,磁场对载流线圈作用的磁力矩,总是使磁矩 $\boldsymbol{m}$ 转到磁场 $\boldsymbol{B}$ 的方向上.以上结论虽然是从矩形线圈这一特例得到的,但可以证明对均匀磁场中任意形状的平面载流线圈均适用.

10.6.4　霍尔效应

如图 10.21 所示,将一块宽度为 b、厚度为 d 的导电板放在磁感应强度为 $\boldsymbol{B}$ 的磁场中,并在导电板中通以纵向电流 I,此时在板的横向两侧面 A、A'之间呈现出一定的电势差 U_H.这一现象称为霍尔效应(Hall effect),所产生的电势差 U_H 称霍尔电压.实验表明,霍尔电压的值为

$$U_H = R_H \frac{IB}{d} \tag{10.63}$$

其中比例系数 R_H 称为霍尔系数.

霍尔效应可以用带电粒子在电磁场中的运动来解释.导体板上的电流是带电粒子的定向运动而成,以带正电粒子为例,则其运动方向与电流方向相同.如图 10.21 所示,设导体板中的载流子为电荷 q,漂移速度为 $\boldsymbol{v}_d$.于是载流子在磁场中要受洛伦兹力 $\boldsymbol{F}_m$

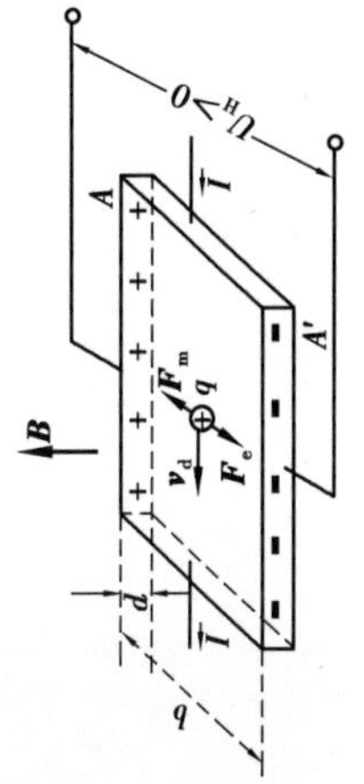

图 10.21　霍尔效应示意图

的作用,其大小为 $F_m = qvB$.在洛伦兹力的作用下,导体板内的载流子将向板 A 移动,从而使 A、A'两侧面上分别有正、负电荷的积累.这样,便在 A、A'之间建立起电场强度为 $\boldsymbol{E}$ 的电场,于是载流子就要受到一个与洛伦兹力方向相反的电场力 $\boldsymbol{F}_e$.随着 A、A'两侧面上电荷的积累,$\boldsymbol{F}_e$ 也不断增大.当电场力增大到正好等于洛伦兹力时,即 $F_e = F_m$,电荷将不再继续积累,达到了动态平衡.这时,导体板 A、A'两侧面之间的横向电场称为霍尔电场 E_H,此时它与霍尔电压 U_H 之间的关系为

$$E_H = \frac{U_H}{b} \tag{10.64}$$

由于动态平衡时电场力与洛伦兹力相等,有

$$qE_H = qv_d B \tag{10.65}$$

于是

$$\frac{U_H}{b} = v_d B \tag{10.66}$$

上式给出了霍尔电压 U_H,磁感应强度 B 以及载流子漂移速度 v_d 之间的关系.考虑到漂移速率 v_d 与电流 I 的关系,有

$$I = qnv_d S = qnv_d bd \tag{10.67}$$

所以可将式(10.66)改写,得霍尔电压为

$$U_H = \frac{IB}{nqd} \tag{10.68}$$

对于一定材料,载流子数密度 n 和电荷 q 都是一定的.式(10.68)与式(10.63)相比较,可得霍尔系数的理论值为

$$R_H = \frac{1}{nq} \tag{10.69}$$

可见霍尔系数 R_H 与载流子数密度 n 成反比.应该注意:从霍尔电压的正负,可以判断载流子带的是正电还是负电;载流子数密度 n 越小,霍尔系数 R_H 越大,霍尔效应越明显.我们知道,在金属导体中,由于自由电子数密度很大,故金属导体的霍尔系数很小,相应的霍尔电压也很弱.在半导体中,载流子数密度要低得多,因此半导体的霍尔系数比金属导体大得多,所以半导体能产生很强的霍尔效应.

霍尔效应目前在科研、生产中已有广泛的应用.例如利用霍尔电势差来测定磁感应强度 $\boldsymbol{B}$、电流、血流等.

另外,我们从式(10.68)中可以看出,在给定电流 I 和导体厚度 d 情况下,霍尔电压随磁感强度 B 的增加而线性地增加.然而,

1980 年德国物理学家克利青(K.Klitzing,1943—),在研究低温和强磁场下半导体的霍尔效应时,发现霍尔电压 U_H 与 B 的关系如图 10.22 所示.从图中可以看出 U_H 与 B 之间的关系不再是线性的,而是出现了一系列的“台阶”.这一效应称为**量子霍尔效应**(quantum Hall effect).相应的霍尔电阻为

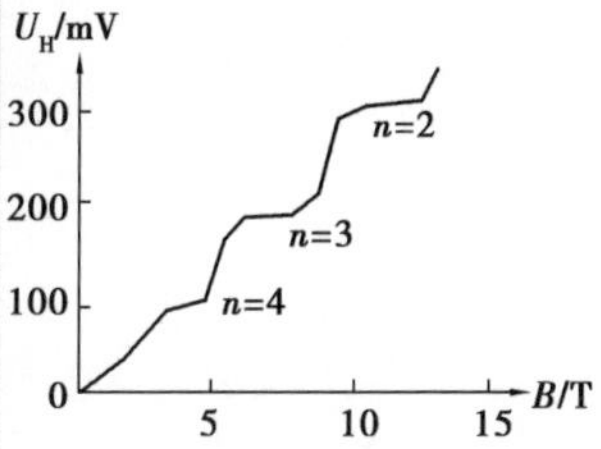

图 10.22　霍尔电压 U_H 与 B 的关系图

$$R'_H = \frac{h}{me^2} \quad (m\text{ 为正整数}) \tag{10.70}$$

式中,h 为普朗克常量,e 为元电荷,它们的值可以由物理常量表查得.按照量子霍尔效应理论,所以霍尔电阻为

$$R_H = \frac{25\ 812.806}{m}\Omega \tag{10.71}$$

$m=1$ 时的霍尔电阻为 25 812.806 Ω.由于量子霍尔效应给电阻提供了一个新的测量基准,其精度可达10^{-10}.所以 1990 年人们把由量子霍尔效应所确定的电阻 25 812.806 Ω 作为标准电阻.为了表彰克利青发现了量子霍尔效应,他于 1985 年获诺贝尔物理学奖.随后,美籍华裔物理学家崔琦(D.C.Tsui, 1939—)等于 1982 年在研究更强磁场中的量子霍尔效应时发现了**分数量子霍尔效应**(fractional quantum Hall effect),并以此获得了 1998 年的诺贝尔物理学奖.

10.7　磁介质的磁化

前面讨论了运动电荷或载流导线在真空中所激发磁场的性质和规律.而在实际应用中,例如变压器、电动机、发电机等的线圈周围总会存在一些其他介质或磁性材料.那么,当有介质存在时,周围的磁场存在哪些规律?这些介质在磁场中的规律和性质又如何呢?

10.7.1　磁化强度

通过前面的讨论,已经知道电流或运动电荷在真空中可以激发磁场,而磁场对处于其中的电流或运动电荷有力的作用.如果将实物物质放在磁场中,组成实物物质的原子核和电子的运动状态会因为磁场的作用而发生或多或少的改变,这些改变或多或少会激发出一个附加磁场,从而改变原来的磁场分布.实物物质在磁场的作用下内部运动状态的变化称为磁化,而处在磁场作用下能被磁化并反过来影响磁场的物质称为磁介质.任何实物在磁场作用

下都或多或少地发生着磁化并反过来影响原来的磁场,因此,任何实物都是磁介质.

1)*磁介质的分类*

上一章中曾介绍过,处于外电场中的电介质会被电场极化,而极化后的电介质会产生附加电场对原电场施加影响.与此类似,当磁场中存在磁介质时,磁场对磁介质也会产生作用,使其磁化.磁化后的磁介质会激发附加磁场,从而对原磁场产生影响.此时,介质内部任何一点处的磁感应强度 $\boldsymbol{B}$ 应该是外磁场 $\boldsymbol{B}_0$ 和附加磁场 $\boldsymbol{B}'$ 的矢量和,即

$$\boldsymbol{B}=\boldsymbol{B}_0+\boldsymbol{B}' \tag{10.72}$$

磁介质对磁场的影响可以通过实验来观察.最简单的方法是对真空中的长直螺线管通以电流 I,测出其内部的磁感应强度的大小 B_0,然后使螺线管内充满各向同性的均匀磁介质,并通以相同的电流 I,再测出此时的磁介质内的磁感应强度的大小 B.实验发现:磁介质内的磁感应强度是真空时的 μ_r 倍,即

$$B=\mu_r B_0 \tag{10.73}$$

式中,μ_r 称为磁介质的相对磁导率.由于磁介质具有不同的磁化特性,所以相对磁导率具有不同的取值.根据相对磁导率 μ_r 的大小,可将磁介质分为四类:

(1)抗磁质:$\mu_r<1$,即 $B<B_0$.附加磁场 $\boldsymbol{B}'$ 与外磁场 $\boldsymbol{B}_0$ 方向相反,磁介质内部的磁场被削弱.铋、金、银、铜、硫、氢、氮等物质都属于抗磁质.

(2)顺磁质:$\mu_r>1$,即 $B>B_0$.附加磁场 $\boldsymbol{B}'$ 与外磁场 $\boldsymbol{B}_0$ 方向相同,磁介质内部的磁场被加强.铝、铬、铀、锰、钛、氧等物质都属于顺磁质.

顺磁质和抗磁质对磁场的影响都极其微弱,它们磁化后的附加磁场 $\boldsymbol{B}'$ 非常弱,通常只有外磁场 $\boldsymbol{B}_0$ 的几万分之一或几十万分之一.$\mu_r\approx 1$,即 $B\approx B_0$.因此,常把它们称为弱磁性物质.

(3)铁磁质:$\mu_r\gg 1$,即 $B\gg B_0$.磁介质内部的磁场被大大加强.铁、钴、镍等物质都属于铁磁质.铁磁质的附加磁场 $\boldsymbol{B}'$ 一般是外磁场 $\boldsymbol{B}_0$ 的几百或几万倍,常把它们称为强磁性物质.

(4)完全抗磁体:$\mu_r=0$,即 $B=0$.磁介质内的磁场等于零.超导体都属于完全抗磁体.

2)*顺磁质与抗磁质的磁化机理*

了解顺磁质和抗磁质的磁化规律,要从物质的微观结构入手.宏观实物物质是由原子分子构成的,原子分子中每一个电子都同

时参与两种运动,即绕原子核的轨道运动和电子自身的自旋运动.轨道运动会使之具有一定的轨道磁矩,而电子自旋运动则相应地具有自旋磁矩.原子核也具有磁矩,但是比电子磁矩要小很多,所以计算原子分子磁矩时通常不考虑原子核的磁矩.一个分子中全部电子的轨道磁矩和自旋磁矩的矢量和称为分子的固有磁矩,简称分子磁矩,用符号 $\boldsymbol{m}$ 表示.分子磁矩可等效于一个圆电流的磁矩,这个圆电流称为分子电流.

抗磁质在没有磁场 $\boldsymbol{B}_0$ 作用时,其分子磁矩 $\boldsymbol{m}$ 为零;顺磁质在没有磁场 $\boldsymbol{B}_0$ 作用时,虽然分子磁矩 $\boldsymbol{m}$ 不为零,但是由于分子的热运动,使各分子磁矩的取向杂乱无章.因此,在无磁场 $\boldsymbol{B}_0$ 时,无论是顺磁质还是抗磁质,宏观上对外都不显现磁性.

当磁介质放入磁场 $\boldsymbol{B}_0$ 中去,磁介质的分子将受到两种作用:

(1)磁场 $\boldsymbol{B}_0$ 将使分子磁矩 $\boldsymbol{m}$ 发生变化,每个分子产生一个与 $\boldsymbol{B}_0$ 反向的附加分子磁矩 $\Delta\boldsymbol{m}$.

(2)分子固有磁矩 $\boldsymbol{m}$ 将受到磁场 $\boldsymbol{B}_0$ 的力矩作用,使各分子磁矩要克服热运动的影响而转向磁场 $\boldsymbol{B}_0$ 的方向排列,这样各分子磁矩将沿磁场 $\boldsymbol{B}_0$ 方向产生一个附加磁场 $\boldsymbol{B}'$.

抗磁质分子中所有电子的轨道磁矩和自旋磁矩的矢量和为零,即分子的固有磁矩 $\boldsymbol{m}$ 为零,加上磁场 $\boldsymbol{B}_0$ 后,分子磁矩的转向效应不存在,所以,磁场引起的附加分子磁矩 $\Delta\boldsymbol{m}$ 是抗磁质磁化的唯一原因.因此,抗磁质产生的附加磁场 $\boldsymbol{B}'$ 总是与磁场 $\boldsymbol{B}_0$ 方向相反,使得原来磁场减弱.这就是产生抗磁性的微观机理.

然而,顺磁质的分子磁矩 $\boldsymbol{m}$ 不为零,没有外磁场时,由于分子的热运动使顺磁质的各分子固有磁矩的取向杂乱无章,它们相互抵消,因此宏观上不显现磁性.加上磁场 $\boldsymbol{B}_0$ 后,各个分子磁矩要转向与磁场 $\boldsymbol{B}_0$ 同向,同时还要产生与抗磁质类似的、与磁场 $\boldsymbol{B}_0$ 反向的附加分子磁矩 $\Delta\boldsymbol{m}$.但由于顺磁质的分子磁矩 $\boldsymbol{m}$ 一般要比附加分子磁矩 $\Delta\boldsymbol{m}$ 大得多,所以,顺磁质产生的附加磁场 $\boldsymbol{B}'$ 主要以所有分子的磁矩转向与磁场 $\boldsymbol{B}_0$ 同向为主.因此,顺磁质产生的附加磁场 $\boldsymbol{B}'$ 使得原来磁场加强.这就是产生顺磁性的微观机理.

3)*磁化强度*

由之前的讨论可知,无论顺磁质还是抗磁质,在没有外磁场 $\boldsymbol{B}_0$ 时,磁介质宏观上的任一小体积内,各分子磁矩的矢量和等于零,因此磁介质在宏观上不产生磁效应.为了表征磁介质磁化的程度,需要引入一个宏观物理量——磁化强度矢量,定义为磁介质中某点附近单位体积内分子磁矩的矢量和,用 $\boldsymbol{M}$ 表示,即

$$M = \frac{\sum m_i}{\Delta V} \tag{10.74}$$

式中，ΔV为磁介质内某点处的一个小体积；$\boldsymbol{m}_i$为ΔV内第i个分子的分子磁矩；$\sum \boldsymbol{m}_i$为ΔV内分子磁矩的矢量和.在实际应用中，ΔV的选取要远大于分子间距并且要远小于磁化强度$\boldsymbol{M}$的非均匀尺度.在国际单位制中，磁化强度的单位为安每米，符号为A/m.

在非磁化的状态下，对于抗磁质，其分子磁矩$\boldsymbol{m}$为零，磁化强度$\boldsymbol{M}=0$；对于顺磁质，虽然分子磁矩$\boldsymbol{m}$不为零，但是方向却是随机取向的，以致其矢量和$\sum \boldsymbol{m}_i=0$，所以磁化强度$\boldsymbol{M}=0$.

在磁化的状态下，ΔV内分子磁矩的矢量和不再等于零.抗磁质中分子附加磁矩越大，其磁化强度也越大；顺磁质中分子的固有磁矩排列得越整齐，其磁化强度也越大.$\boldsymbol{M}$反映介质内某点的磁化强度，其值越大，则与外磁场的相互作用越强，相应物质的磁性越强.同时抗磁质磁化强度$\boldsymbol{M}$与外加磁场$\boldsymbol{B}_0$反向，顺磁质磁化强度$\boldsymbol{M}$与外加磁场$\boldsymbol{B}_0$同向.由此可知，磁化强度矢量是定量描述磁介质磁化强弱和方向的物理量.一般情况下，它是空间坐标的函数.当磁介质被均匀磁化时，磁化强度矢量为恒矢量.

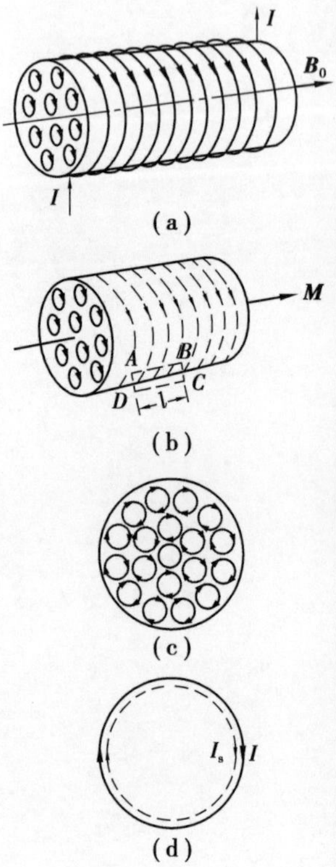

图 10.23　磁化电流

10.7.2　有磁介质时的高斯定理和安培环路定理

1)磁化电流

在磁化状态下，由于分子电流的有序排列，磁介质中将出现宏观电流.以顺磁质为例，如图10.23所示，当介质磁化后，各分子磁矩沿外磁场方向排列，分子电流与分子磁矩的方向成右手螺旋关系.在介质内部，相邻分子电流的方向彼此相反，相互抵消；在介质表面附近的薄层内，分子电流靠近介质内部的部分被抵消，只有在介质截面边缘各点上分子电流的效应未被抵消，它们在宏观上形成了与截面边缘重合的一种看似由一段段分子电流连续接成的等效大圆形电流，这一等效电流称为磁化电流，又称束缚电流.

磁化电流不同于前面学过的传导电流，它实质上是分子电流，受到每个分子的约束，它的产生不伴随电荷的宏观位移.尽管两种电流在产生机制和热效应方面存在区别，但在激发磁场和受磁场作用方面却是完全等效的.

2)有磁介质时的高斯定理

磁介质在外磁场中会发生磁化，同时产生磁化电流I_s，因此

磁介质内部的磁场 $\boldsymbol{B}$ 是外磁场 $\boldsymbol{B}_0$ 和磁化电流 I_s 所激发的磁场 $\boldsymbol{B}'$ 的矢量和.由于磁化电流在激发磁场方面与传导电流相同,它们所激发的磁场均由真空中的毕奥-萨伐尔定律决定,都是涡旋场,因此在有磁介质时磁场中的高斯定理仍然成立,即

$$\oint_S \boldsymbol{B} \cdot d\boldsymbol{S} = 0 \tag{10.75}$$

式(10.75)就是普遍情况下的高斯定理.在真空中,磁场 $\boldsymbol{B}$ 即为外磁场;在磁介质中,磁场 $\boldsymbol{B}$ 是外磁场 $\boldsymbol{B}_0$ 和磁化电流 I_s 所激发的磁场 $\boldsymbol{B}'$ 的矢量和.

3)有磁介质时的安培环路定理

圆柱体磁介质表面上沿柱体母线方向单位长度的磁化电流,称为磁化电流面密度 J_s.在长为 L、横截面为 S 的磁介质里,由于被磁化而具有的磁矩值为 $\sum m = J_s LS$,于是由式(10.74)可得磁化电流面密度和磁化强度之间的关系为

$$J_s = M \tag{10.76}$$

若在如图 10.23(b)所示的圆柱体磁介质内外横跨边缘处选择 $ABCDA$ 矩形环路,并设 $AB=l$,那么磁化强度 $\boldsymbol{M}$ 沿此环路的积分为

$$\oint_l \boldsymbol{M} \cdot \mathrm{d}\boldsymbol{l} = MAB = J_s l \tag{10.77}$$

同时,对 $ABCDA$ 环路来说,由安培环路定理可有

$$\oint_l \boldsymbol{B} \cdot \mathrm{d}\boldsymbol{l} = \mu_0 \sum I_l \tag{10.78}$$

式中,$\sum I_l$ 既包含传导电流 $\sum I$,又包含磁化电流 $\sum I_s = J_s l$,于是可将上式改写为

$$\oint_l \boldsymbol{B} \cdot \mathrm{d}\boldsymbol{l} = \mu_0 \sum I + \mu_0 J_s l \tag{10.79}$$

将式(10.77)与上式结合,有

$$\oint_l \boldsymbol{B} \cdot \mathrm{d}\boldsymbol{l} = \mu_0 \sum I + \mu_0 \oint_l \boldsymbol{M} \cdot \mathrm{d}\boldsymbol{l} \tag{10.80}$$

整理后即

$$\oint_l \left(\frac{\boldsymbol{B}}{\mu_0} - \boldsymbol{M}\right) \cdot \mathrm{d}\boldsymbol{l} = \sum I \tag{10.81}$$

引入辅助矢量 $\boldsymbol{H}$,$\boldsymbol{H}$ 称为磁场强度,其定义为

$$\boldsymbol{H} = \frac{\boldsymbol{B}}{\mu_0} - \boldsymbol{M} \tag{10.82}$$

由此得

$$\oint_l \boldsymbol{H} \cdot \mathrm{d}\boldsymbol{l} = \sum I \tag{10.83}$$

式(10.83)就是有磁介质时的安培环路定理,即磁场强度沿任意闭合回路的线积分(即 $\boldsymbol{H}$ 的环流),等于该回路所包围的传导电流的代数和.由该定理可知,$\boldsymbol{H}$ 的环流与磁化电流无关,因此引入 $\boldsymbol{H}$ 矢量后,在磁场及磁介质的分布具有某些对称性时,可以根据传导电流的分布求出 $\boldsymbol{H}$ 的分布,再由磁感应强度与磁场强度的关系求出 $\boldsymbol{B}$ 的分布.在国际单位制中,磁场强度 $\boldsymbol{H}$ 的单位是安培每米,符号是 A/m.

式(10.82)表明了磁介质中任意一点的磁感应强度 $\boldsymbol{B}$、磁场强度 $\boldsymbol{H}$ 和磁化强度 $\boldsymbol{M}$ 三者之间的普遍关系,不论磁介质是否均匀,甚至对铁磁质都能适用,通常写成

$$\boldsymbol{B} = \mu_0 \boldsymbol{H} + \mu_0 \boldsymbol{M} \tag{10.84}$$

显然,磁化强度 $\boldsymbol{M}$ 不仅和磁介质的性质有关,也和磁介质所在处的磁场有关.实验证明,在弱磁性物质的磁场内,任一点的磁化强度 $\boldsymbol{M}$ 与磁场强度 $\boldsymbol{H}$ 之间有如下关系:

$$\boldsymbol{M} = \chi_m \boldsymbol{H} \tag{10.85}$$

式中,比例系数 χ_m 只与磁介质的性质有关,称为磁介质的磁化率.因为磁化强度 $\boldsymbol{M}$ 与磁场强度 $\boldsymbol{H}$ 单位相同,所以磁介质的磁化率 χ_m 的量纲为 1.

利用式(10.85)可以将式(10.84)改写为

$$\boldsymbol{B} = \mu_0 \boldsymbol{H} + \mu_0 \boldsymbol{M} = \mu_0 (1 + \chi_m) \boldsymbol{H} \tag{10.86}$$

令

$$1 + \chi_m = \mu_r \tag{10.87}$$

因此磁介质中的磁感应强度可以写成

$$\boldsymbol{B} = \mu_0 \mu_r \boldsymbol{H} = \mu \boldsymbol{H} \tag{10.88}$$

式中,$\mu = \mu_0 \mu_r$,称为磁介质的磁导率.

对于真空中的磁场,磁化强度 $\boldsymbol{M} = 0$,磁感应强度 $\boldsymbol{B} = \mu_0 \boldsymbol{H}$,这表明真空相当于相对磁导率 $\mu_r = 1$ 的"磁介质";对于顺磁质,磁化率 $\chi_m > 0$,所以相对磁导率 $\mu_r > 1$;对于抗磁质,磁化率 $\chi_m < 0$,所以相对磁导率 $\mu_r < 1$.

常见物质的相对磁导率和磁化率如表 10.1 所示.

表 10.1　常见物质的相对磁导率和磁化率

物　质	温度(20 ℃)	相对磁导率	磁化率($\times10^{-5}$)
真空		1	0
空气	标准状态	1.000 000 04	0.04
铂	20 ℃	1.000 26	26
铝	20 ℃	1.000 022	2.2
钠	20 ℃	1.000 007 2	0.72
氧	标准状态	1.000 001 9	0.19
汞	20 ℃	0.999 971	−2.9
银	20 ℃	0.999 974	−2.6
铜	20 ℃	0.999 90	−1.0
碳(金刚石)	20 ℃	0.999 979	−2.1
铅	20 ℃	0.999 982	−1.8
岩盐	20 ℃	0.999 986	−1.4

例 10.10　如图 10.24 所示,半径为 R_1 的无限长圆柱体导线外有一层同轴圆筒状均匀磁介质,其相对磁导率为 μ_r,圆筒外半径为 R_2,设电流 I 在导线中均匀流过.试求:

(1)导线内的磁场分布;

(2)磁介质中的磁场分布;

(3)磁介质外面的磁场分布.

取导线的磁导率为 μ_0.

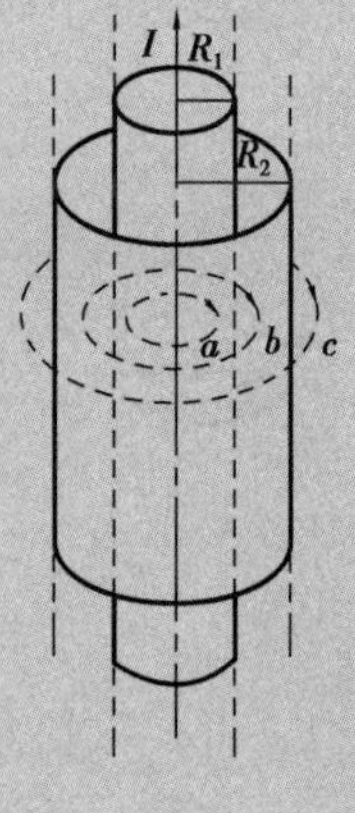

图 10.24　例 10.10 用图

解　圆柱体电流所产生的磁感应强度 $\boldsymbol{B}$ 和磁场强度 $\boldsymbol{H}$ 的分布均具有轴对称性.设 a、b、c 分别为导线内、磁介质中及磁介质外的任一点,它们到圆柱体轴线的垂直距离用 r 表示,取以 r 为半径的圆周的闭合回路,如图 10.24 所示.

(1)对过 a 点的闭合回路,应用磁介质中的安培环路定理,得

$$\oint_l \boldsymbol{H}\cdot \mathrm{d}\boldsymbol{l} = H\oint_l \mathrm{d}l = 2\pi rH = I\frac{\pi r^2}{\pi R_1^2} = I\frac{r^2}{R_1^2}$$

式中,$I\dfrac{\pi r^2}{\pi R_1^2}$是该环路所包围的传导电流,于是

$$H = \frac{Ir}{2\pi R_1^2}$$

再由 $\boldsymbol{B}=\mu\boldsymbol{H}$(导线内的磁导率 $\mu=\mu_0$),得导线内的磁感应强度为

$$B=\frac{\mu_0 Ir}{2\pi R_1^2} \qquad (0<r<R_1)$$

(2)对过 b 点的闭合回路,应用磁介质中的安培环路定理得

$$\oint_l \boldsymbol{H}\cdot \mathrm{d}\boldsymbol{l}=H\oint_l \mathrm{d}l=2\pi rH=I$$

$$H=\frac{I}{2\pi r}$$

由此得磁介质中的磁感应强度为

$$B=\mu_0\mu_r H=\frac{\mu_0\mu_r I}{2\pi r} \qquad (R_1<r<R_2)$$

(3)将磁介质中的安培环路定理应用于过 c 点的闭合回路,仍然有

$$H=\frac{I}{2\pi r}$$

于是得磁介质外面的磁感应强度为

$$B=\mu_0 H=\frac{\mu_0 I}{2\pi r} \qquad (r>R_2)$$

磁感应强度 $\boldsymbol{B}$ 和磁场强度 $\boldsymbol{H}$ 的方向均与电流成右手螺旋关系.

根据以上讨论可见,整个磁场中,磁场强度 $\boldsymbol{H}$ 是连续的,而在不同介质的界面处,磁感应强度 $\boldsymbol{B}$ 是不连续的,存在着突变.

例 10.11　如图 10.25 所示,在密绕螺绕环内充满均匀磁介质,已知螺绕环上线圈总匝数为 N,通有电流 I,环的横截面半径远小于环的平均半径,磁介质的相对磁导率为 μ_r. 求磁介质中的磁感应强度.

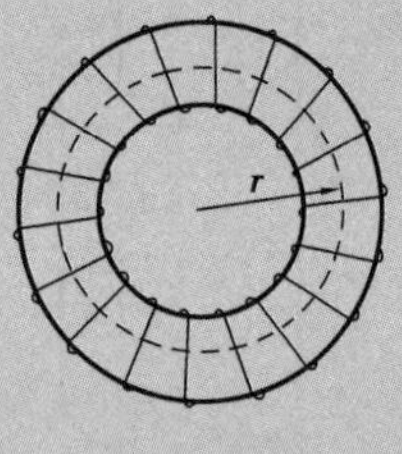

图 10.25　例 10.11 用图

解　由于电流和磁介质的分布对环的中心具有轴对称性,所以与螺绕环共轴的圆周上各点的磁场强度 $\boldsymbol{H}$ 大小相等,方向沿圆周的切线.在环管内取与环共轴的半径为 r 的圆周为安培环路,应用磁介质中的安培环路定理得

$$\oint_l \boldsymbol{H}\cdot \mathrm{d}\boldsymbol{l}=H\oint_l \mathrm{d}l=2\pi rH=NI$$

$$H=\frac{NI}{2\pi r}$$

再由 $\boldsymbol{B}=\mu\boldsymbol{H}$,得环管内的磁感应强度为

$$B=\frac{\mu_0\mu_r NI}{2\pi r}$$

磁感应强度 $\boldsymbol{B}$ 和磁场强度 $\boldsymbol{H}$ 的方向均与电流成右手螺旋关系.

10.7.3 铁磁质

铁磁质对外磁场的影响很大，在实际中经常使用它.例如在电磁铁、电机、变压器和电表的线圈中都要放置铁磁性物质，借以增强磁性以及增强磁场，特别是在信息记录和存储方面有重要意义.铁磁质有如下特性：

(1)它能产生很强的附加磁场.铁磁质的磁导率远大于 1，并且不是常数，甚至是非单值.

(2)存在磁滞现象.即它的磁化过程落后于外加磁场的变化.当外加磁场停止作用后，铁磁质仍保留部分磁性，称为剩磁现象.因此，在电工设备中，如电磁铁、电机、变压器中，铁磁质材料都有极其广泛的应用.

(3)任何铁磁质都有一个临界温度.超过此温度，铁磁质转化为顺磁质.这一现象是由法国物理学家居里发现的，因此人们把这种临界温度称为铁磁质的居里温度或居里点.例如，铁的居里点为 1 043 K.当温度低于居里点时，又由顺磁质转变为铁磁质.

为什么铁磁质不同于其他磁介质，具有如此的特性呢？这与铁磁质独特的微观结构有关.

1) *磁畴*

铁磁质的磁性来源比较复杂.在铁磁质内，相邻原子的电子因自旋而存在很强的交换作用，由于这种作用，铁磁质内部相近原子的磁矩在一些微小的区域内整齐排列，这种区域叫做磁畴，其体积约为 $10^{-12}\ m^3$.由于磁畴中各原子的磁矩排列很整齐，每个磁畴具有很强的磁性，这种磁性是自发磁化产生的.铁磁物质未磁化时，各个磁畴排列的方向是无规则的，整体上不显磁性，如图 10.26(a)所示.当加上外磁场后，各个磁畴在外磁场的作用下趋向于沿外磁场方向作有规则的排列，在不太强的外磁场作用下，铁磁质就能表现出很强的磁性，如图 10.26(b)所示.由于铁磁质中存在杂质和内应力等作用，各个磁畴之间存在着“摩擦”，阻碍每个磁畴在去掉磁场之后，重新回到原来混乱排列的状态，所以，去掉磁场后，铁磁质仍然保留部分磁性，这就是在宏观上的剩磁现象.

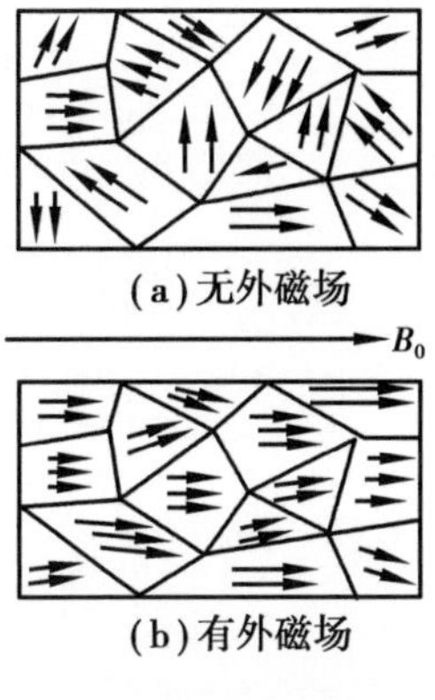

图 10.26 磁畴

当铁磁质达到居里温度时，磁介质中的分子、原子的热运动加剧，铁磁质中自发磁化区域因剧烈的分子热运动而造成破坏，磁畴也就瓦解了，使铁磁质失去磁性，变为顺磁质.利用铁磁质具有居里温度的特点，可将其制作成温控元件，如电饭锅自动控温元件等.

2)磁化曲线

铁磁质磁化过程中,各个磁畴沿外磁场方向作有规则的排列,在逐步增加磁场强度 $\boldsymbol{H}$ 的过程中,磁化强度 $\boldsymbol{M}$ 也随之增加,不过开始时 $\boldsymbol{M}$ 增加较慢,接着便急剧地增大,然后随着磁场强度 $\boldsymbol{H}$ 增加,能够提供转向的磁畴越来越少,铁磁质中的磁化强度 $\boldsymbol{M}$ 增加的速度变慢,最后外磁场再增加,介质内的磁化强度 $\boldsymbol{M}$ 也不会增加,铁磁质达到磁饱和状态.饱和时的磁化强度称为饱和磁化强度 $\boldsymbol{M}_s$,如图 10.27(a)所示.在图 10.27(a)中未达到饱和磁化状态的一段曲线,称为起始磁化曲线.

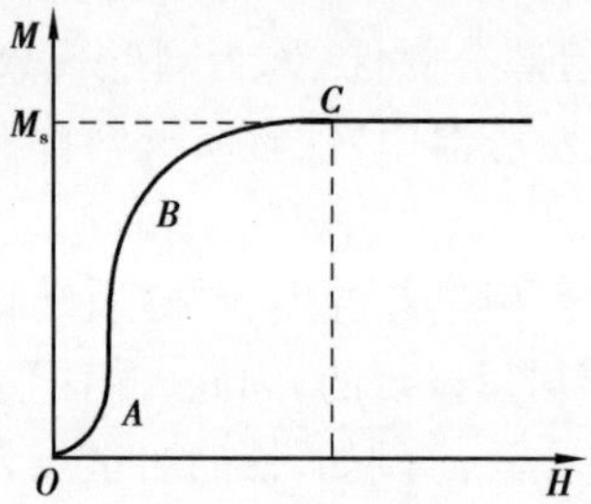

(a) M-H 曲线

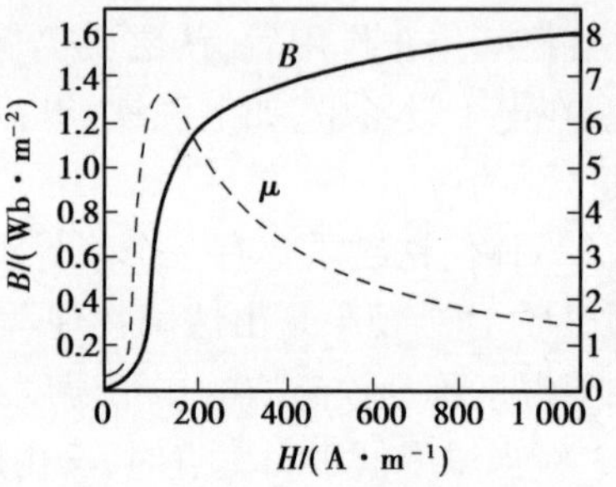

(b) B-H 曲线

图 10.27 磁化曲线

由式 $\boldsymbol{B}=\mu_0\boldsymbol{H}+\mu_0\boldsymbol{M}$ 可以得到 B-H 曲线,如图 10.27(b)所示,它的外形和 M-H 曲线相似,但无水平部分,因为由式 $\boldsymbol{M}=\dfrac{\boldsymbol{B}}{\mu_0}-\boldsymbol{H}$ 可知,当磁化达到饱和状态时,磁化强度 M 虽然保持不变,但 B 仍将随着 H 的增加而略有增大,二者关系为非线性关系.因此铁磁性材料的磁导率的值并不是一个常数,对应于起始磁化曲线上每一个 H 值便有一个相应的 μ 值.图 10.27(b)中的虚线是某铁磁性材料的 μ 与 H 的关系曲线.由图可知,μ 值先随 H 的增加迅速增大,达到极大值后又逐渐减小,当 $H\to\infty$ 时趋近于 1.由 B-H 曲线可知,铁磁质的 μ 值可远大于 μ_0.

3)磁滞回线

在实际应用中,铁磁性材料多处在交变磁场中,这时 H 的大小和方向做周期性的变化,当外磁场变化一个周期时,铁磁质内部的磁场变化曲线如图 10.28 所示.起始磁化曲线为 OA,磁化开始饱和时的磁感应强度值为 B_s.当外磁场减小时,介质中的磁场也要减小,但并不沿起始磁化曲线返回,而是沿着另一条曲线 AB 段下降,对应的磁感应强度比原来的值大.说明铁磁质磁化过程是不可逆的过程.当外磁场减小到零时,磁感应强度并不等于零,而

保留一定的大小 B_r，如图 10.28 所示的线段 OB，这就是铁磁质的剩磁现象.

为了消除剩磁，必须在介质中加上反方向的磁场，当反向磁场 H 等于某一特定值 H_c 时，磁感应强度才等于零，这个 H_c 值称为材料的矫顽力.矫顽力的大小反映了铁磁材料保存剩磁状态的能力.如再增强反方向的磁场，材料又可被反向磁化达到反方向的饱和状态，以后再逐渐减小反方向的磁场至零值时，B 和 H 的关系将沿 DE 线段变化.这时又引入正向磁场，则形成闭合回线.从图 10.28 中可以看出，磁感应强度 B 值的变化总是落后于磁场强度 H 的变化，这种现象称为磁滞，是铁磁质的重要特性之一，因此上述闭合曲线常称为磁滞回线.

研究铁磁质的磁性就必须知道它的磁滞回线，各种不同的铁磁性材料有不同的磁滞回线，磁滞回线的大小和形状显示了磁性材料的特性，从而可以把铁磁性材料分为软磁、硬磁和矩磁材料.

软磁材料（如纯铁、硅钢等）的磁滞回线呈狭长形，如图 10.29 所示.可见，软磁材料的矫顽力小、初始磁导率高，外加很小的磁场就可达到饱和.软磁材料适合于制作交变磁场的器件，如电感线圈、小型变压器、脉冲变压器等的磁芯.

硬磁材料（如碳铁、钨钢等）的磁滞回线宽肥，如图 10.30 所示，它具有较高的剩磁、较高的矫顽力以及高饱和的磁感应强度，磁化后可长久保持很强的磁性，适宜于制成永久磁铁.这类材料主要用于磁路系统中作为永磁体，以产生恒定磁场，如扬声器、助听器、电视聚焦器、各种磁电式仪表等.

矩磁材料（如三氧化二铁、二氧化铬等）的磁滞回线呈矩形，比硬磁材料具有更高的剩磁、更高的矫顽力，如图 10.31 所示.这种磁性材料在信息存储领域内的作用越来越重要，适合于制作磁带、计算机硬盘等，用于记录信息.用于计算机存储信息时可以磁极方向来表示 1 和 0，例如 N 极向上存储的信息为 1；向下表示为 0.根据磁材料的特点，能保证存储信息的安全.

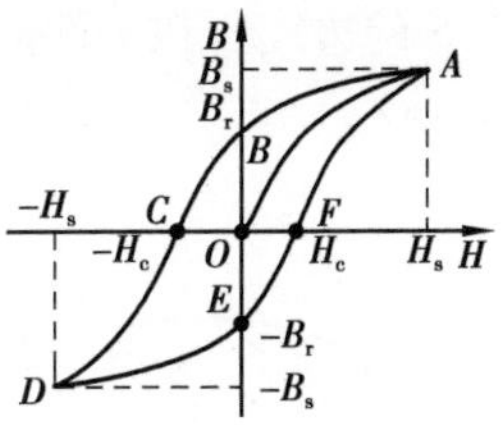

图 10.28　磁滞回线

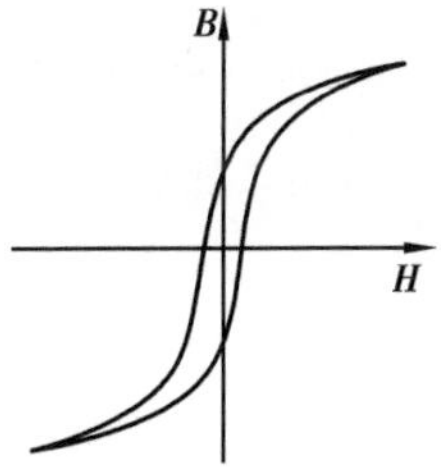

图 10.29　软磁材料

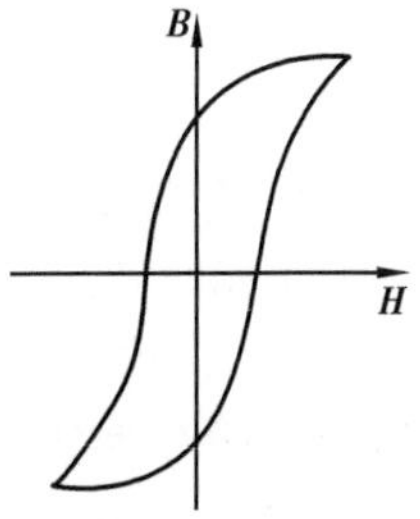

图 10.30　硬磁材料

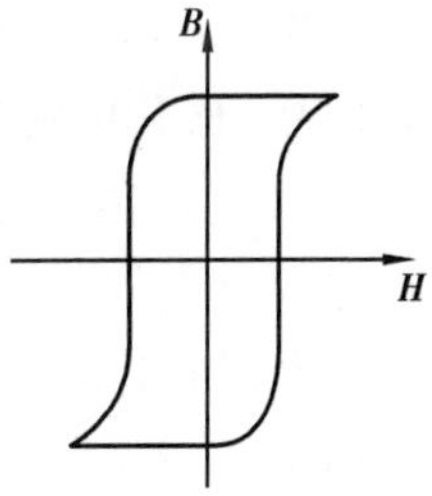

图 10.31　矩磁材料

思考题

10.1　断丝后的白炽灯泡，若设法将灯丝重新搭上后，通常情况下，灯泡总要比原来更亮些，而且寿命一般不长，试解释此现象.

10.2　一电子以速度 $\boldsymbol{v}$ 射入磁感应强度为 $\boldsymbol{B}$ 的均匀磁场中，电子沿什么方向射入受到的磁场力最大？沿什么方向射入不受磁场力的作用？

10.3　如思考题 10.3 图所示，在磁感应强度为 $\boldsymbol{B}$ 的均匀磁场中，作一半径为 r 的半球面

S,S 的边线所在平面的法线方向单位矢量 $\boldsymbol{e}_n$ 与 $\boldsymbol{B}$ 的夹角为 α,则通过半球面 S 的磁通量为多少?

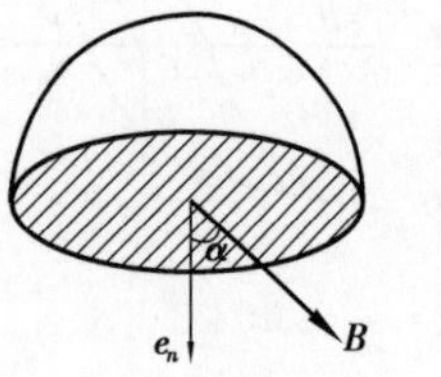

思考题 10.3 图

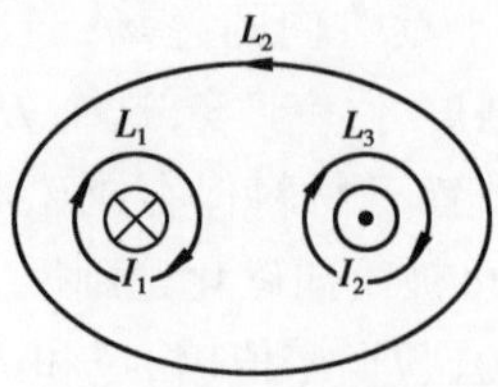

思考题 10.4 图

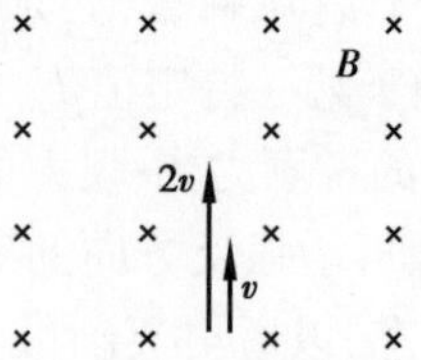

思考题 10.6 图

10.4　如思考题 10.4 图所示,假设图中两导线中的电流 I_1、I_2 相等,对图中所示的三个闭合线 L_1、L_2、L_3 的环路,分别讨论在每个闭合线上各点的磁感应强度 $\boldsymbol{B}$ 是否相等?为什么?

10.5　在下面几种情况下,能否用安培环路定理来求磁感应强度?为什么?

(1)有限长载流直导线产生的磁场;

(2)圆电流产生的磁场;

(3)两无限长同轴载流圆柱面之间的磁场.

10.6　一对正、负电子从同一位置同时射入一均匀磁场中,如思考题 10.6 图所示,已知它们的速率分别为 $2v$ 和 v,且都和磁场垂直,试指出它们的偏转方向,并判断经磁场偏转后哪个电子先回到出发点?

10.7　在均匀磁场中,载流线圈的取向与其所受磁力矩有何关系?在什么情况下,磁力矩最大?什么情况下磁力矩最小?载流线圈处于稳定平衡时,其取向又如何?

10.8　在一均匀磁场中,有两个面积相等、通有相同电流的线圈,一个是三角形,一个是圆形.这两个线圈所受的磁力矩是否相等?所受的最大磁力矩是否相等?所受的磁力的合力是否相等?两线圈的磁矩是否相等?

10.9　磁化电流与传导电流有何不同之处,又有何相同之处?

10.10　在恒定磁场中,若闭合曲线所包围的面积没有任何电流穿过,则该曲线上各点的磁感应强度必为零.在恒定磁场中,若闭合曲线上各点的磁场强度皆为零,则穿过该曲线所包围面积上的传导电流代数和必为零.这两种说法对不对?

10.11　试说明 B 与 H 的联系和区别.

10.12　为什么装指南针的盒子不是用铁,而是用胶木等材料做成的?

10.13　为什么一块磁铁能吸引一块原来并未磁化的铁块?

10.14　有两根铁棒,不论把它们的哪两端相互靠近,发现它们总是相互吸引.你能否得出结论,这两根铁棒中有一根一定是未被磁化的?

10.15　在工厂里搬运烧到赤红的钢锭,为什么不能用电磁铁的起重机?

10.16　下面的几种说法是否正确,试说明理由.

(1)若闭合曲线内不包围传导电流,则曲线上各点的 $\boldsymbol{H}$ 必为零;

(2)若闭合曲线上各点的磁场强度为零,则该曲线所包围的传导电流的代数和为零;

(3)不论抗磁质与顺磁质,磁感应强度 $\boldsymbol{B}$ 总是和磁场强度 $\boldsymbol{H}$ 同方向;

(4)通过以闭合回路 L 为边界的任意曲面的磁通量均相等；

(5)通过以闭合回路 L 为边界的任意曲面的磁场强度通量均相等.

习　题

10.1　如题 10.1 图所示，有一半径为 R 的圆柱形导体，设电流密度为：(1) $J=J_0(1-r/R)$；(2) $J=J_0r/R$. 其中 J_0 为常量，r 为导体内任意点到轴线的距离，试分别计算通过此导体截面的电流(用 J_0 和横截面积 $S=\pi R^2$ 表示).

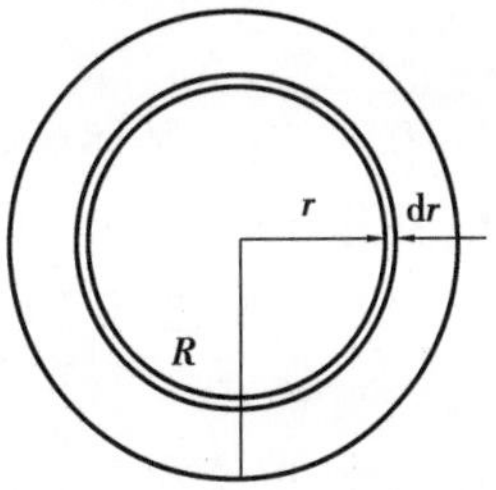

题 10.1 图

10.2　用 X 射线使空气电离时，在平衡情况下，每立方厘米有 1.0×10^7 对离子，已知每个正负离子的电量大小都是 1.6×10^{-19} C. 正离子的平均定向速率为 1.27 cm/s、负离子的平均定向速率为 1.84 cm/s. 求这时空气中电流密度的大小.

10.3　一铜棒的横截面积为 20 mm×80 mm，长为 2.0 m，两端的电势差为 50 mV. 已知铜的电导率 $\gamma=5.7\times10^7$ s/m，铜内自由电子的电荷体密度为 1.36×10^{10} C/m^3. 求：

(1)它的电阻；

(2)电流；

(3)电流密度；

(4)棒内的电场强度；

(5)所消耗的功率；

(6)棒内电子的迁移速度.

10.4　在均匀磁场中有一直电流，当电流沿 x 正方向时受力指向 y 正方向；当电流沿 y 负方向时受力指向 x 正方向. 若电流中电荷的定向运动速度为 $v=7\times10^{-4}$ m/s，单位电荷所受的磁场力为 $F=2.8\times10^{-4}$ N，求磁感应强度的大小和方向.

10.5　设一正电荷在某点的速度 $\boldsymbol{v}$ 与 x 轴平行时不受力，沿 z 轴正向时受到指向 y 轴正向的力，求该点磁感应强度 $\boldsymbol{B}$ 的方向.

10.6　两根长直导线相互平行地放置在真空中，如题 10.6 图所示，已知 P 点到两导线的垂直距离均为 0.5 m，两导线中通以同向的电流 $I_1=I_2=10$ A，试求 P 点的磁感应强度.

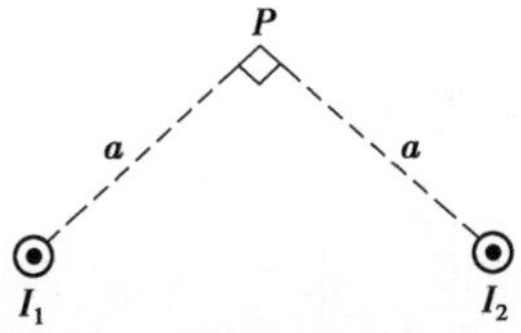

题 10.6 图

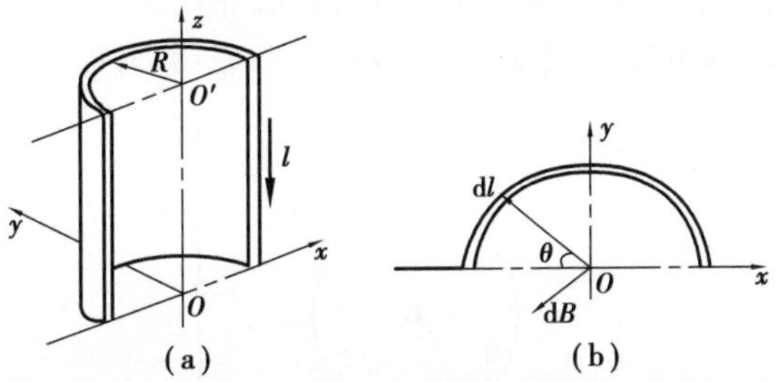

题 10.7 图

10.7　如题 10.7 图所示，一个半径为 R 的无限长半圆柱面导体，沿长度方向的电流 I 在柱面上均匀分布. 求半圆柱面轴线 OO' 上的磁感应强度.

10.8　载流导线 AB(A、B 均延伸到无限远处)弯成如题 10.8 图所示形状,试求在圆心 O 处的磁感应强度.

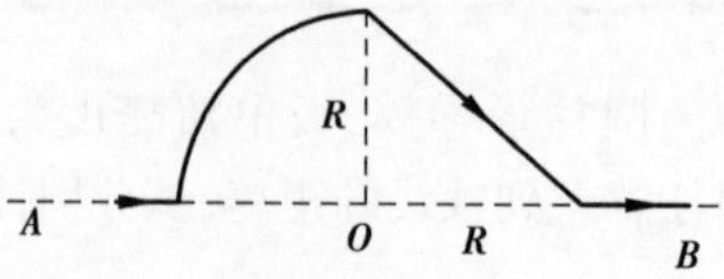

题 10.8 图

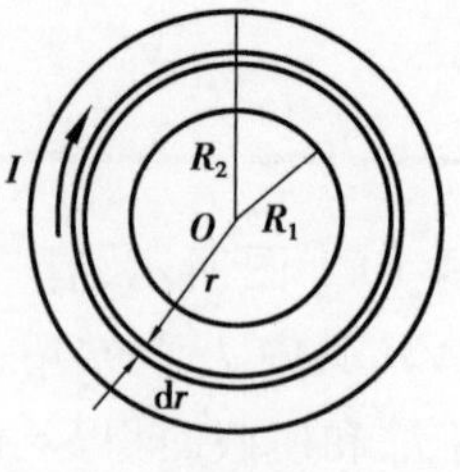

题 10.9 图

10.9　有一圆环形导体,内外半径分别为 R_1 和 R_2,如题 10.9 图所示,在圆环面内有稳定的电流沿半径方向均匀分布,总电流为 I.求圆心 O 点处的磁感应强度.

10.10　如题 10.10 图所示,一边长为 $l=0.15$ m 的立方体,处于均匀磁场

$$\boldsymbol{B}=(6\boldsymbol{i}+3\boldsymbol{j}+1.5\boldsymbol{k})$$

所在区域(单位为 T),试计算:

(1)通过立方体上阴影面积的磁通量;

(2)通过该立方体六个面的总磁通量.

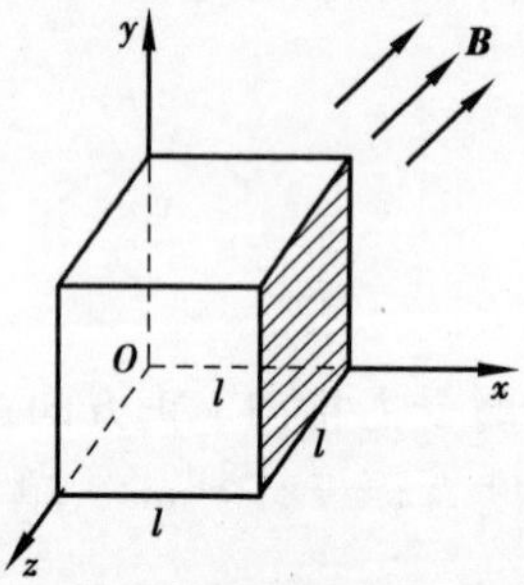

题 10.10 图

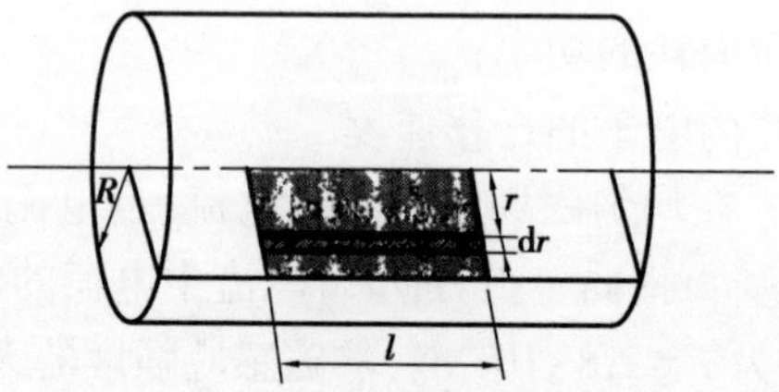

题 10.11 图

10.11　电流 I 均匀地流过半径为 R 的圆柱形长直导线,试求单位长度导线内的磁场通过如题 10.11 图所示剖面的磁通量.

10.12　如题 10.12 图所示,在截面均匀圆环上任意两点用两根长直导线沿半径方向引到很远的电源上,求环中心 O 点的磁感应强度.

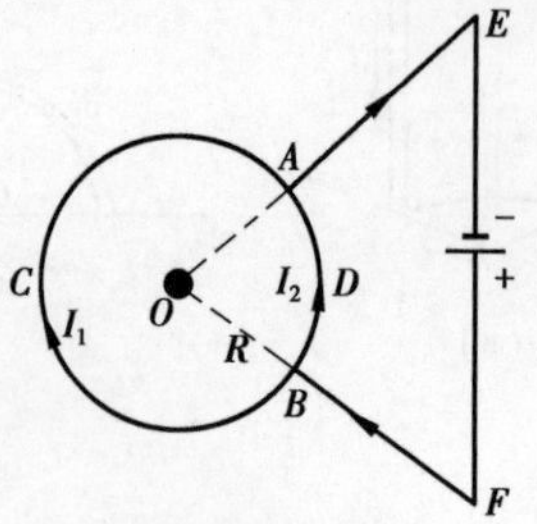

题 10.12 图

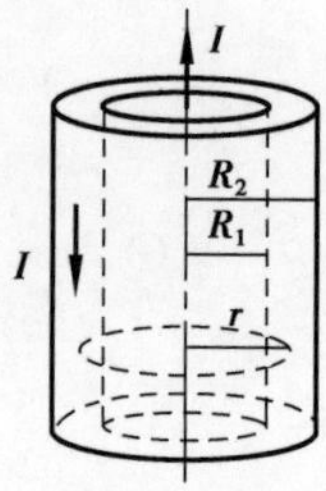

题 10.13 图

10.13　如题 10.13 图所示，在内外半径分别为 R_1 和 R_2 长直圆柱筒形导体轴线上有一长直导线.若长直导线上的电流与导体圆柱筒内的电流的强度都为 I，但方向相反，且电流在圆柱筒截面上均匀分布，求圆柱筒导体内部区域中的磁感应强度.

10.14　一矩形截面的空心环形螺线管，尺寸如题 10.14 图所示，其上均匀绕有 N 匝线圈，线圈中有电流 I，试求：

(1) 环内距轴线为 r 远处的磁感应强度；

(2) 通过螺线管截面的磁通量.

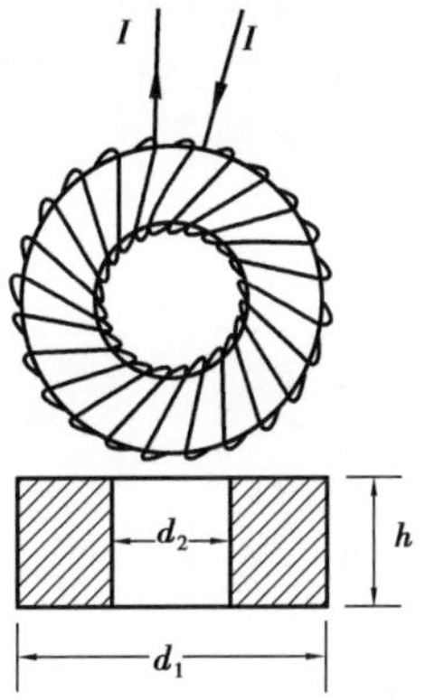

题 10.14 图

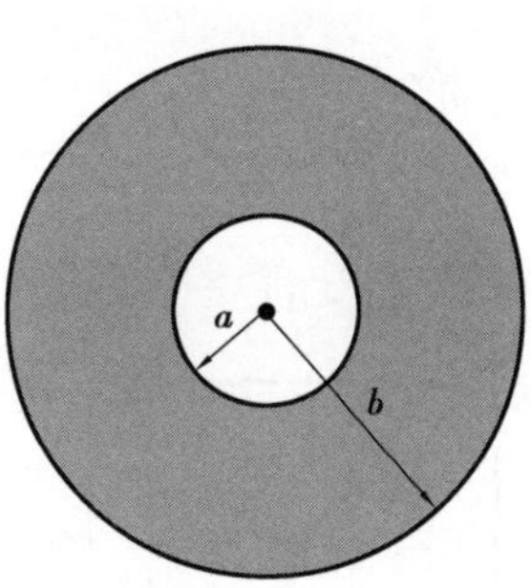

题 10.15 图

10.15　如题 10.15 图所示，一根长直圆管形导体的横截面，内外半径分别为 a、b，导体内载有沿轴线方向的电流 I，且电流 I 均匀地分布在管的横截面上.试证明导体内部与轴线相距 r 处的各点 ($a<r<b$) 磁感应强度大小由下式给出：

$$B = \frac{\mu_0 I(r^2 - a^2)}{2\pi(b^2 - a^2)r}$$

*10.16　一个电子射入 $\boldsymbol{B}=(0.2\boldsymbol{i}+0.5\boldsymbol{j})$ T 的均匀磁场中，当电子速度为 $v=5\times10^6\boldsymbol{j}$ m/s 时，求电子所受的磁场力.

*10.17　均匀磁场和均匀电场同方向，磁感应强度和电场强度分别为 $B=5.0\times10^{-4}$ T，$E=1.0\times10^2$ V/m.一电子以速率 $v=10^5$ m/s 进入该电磁场，求电子刚进入该电磁场时的法向加速度、切向加速度和总加速度：

(1) 若电子的速度与电磁场方向垂直；

(2) 若电子的速度与电磁场同方向.

10.18　一根导体棒质量 $m=0.2$ kg，横放在相距 0.30 m 的两根水平线上，并载有 50 A 的电流，方向如题 10.18 图所示.棒与导线之间的静摩擦因数是 0.60.若要使此棒沿导线滑动，至少要加多大的磁场？磁场的方向如何？

10.19　载有电流 I_1 的长直导线旁，有一边长为 a、载有电流 I_2 的正三角形线圈.线圈的一条边与直导线平行，线圈的中心到直导线的垂直距离为 b，直导线与线圈在同一平面内，如题 10.19 图所示.试求作用在三角形线圈上的力.

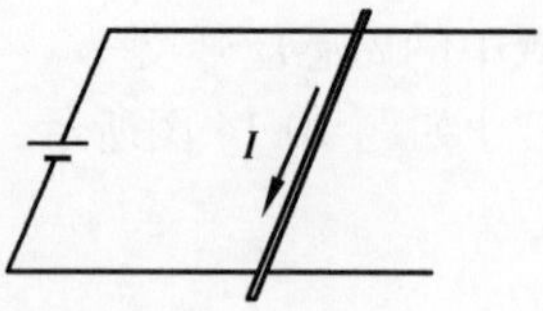

题 10.18 图

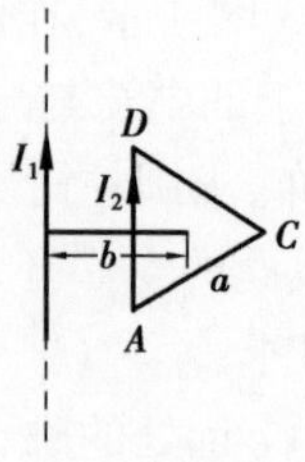

题 10.19 图

10.20　如题 10.20 图所示,在长直导线通有电流 I_1,旁有一个与之共面的载有电流 I_2 的刚性矩形导体框.求:

(1)导体框所受的合力;

(2)在 I_1 的磁场中 AD 和 BC 边上所受的拉力.

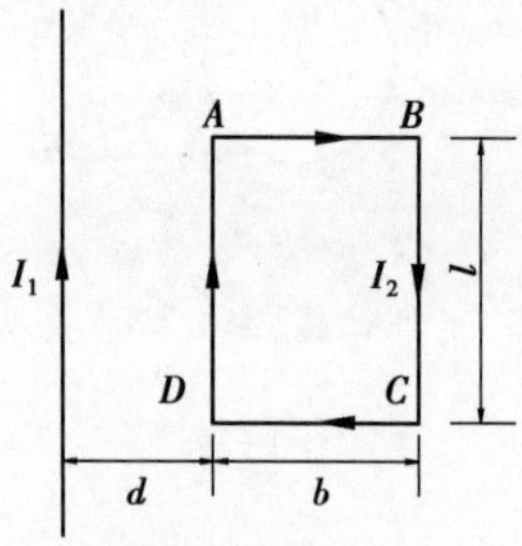

题 10.20 图

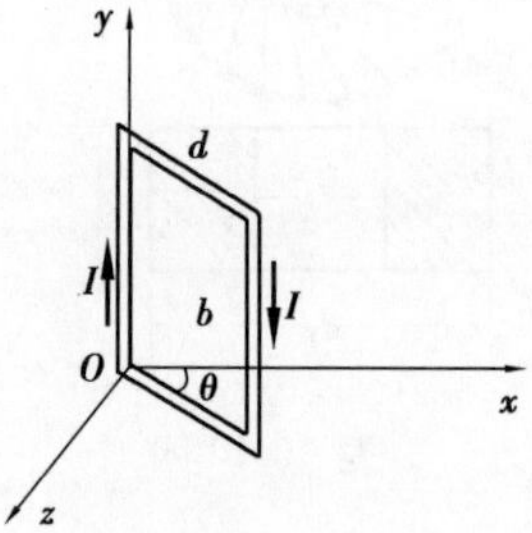

题 10.21 图

10.21　一矩形线圈载有电流 0.10 A,线圈边长分别为 d = 0.05 m、b = 0.10 m,线圈平面与 xy 平面成角 θ = 30°,线圈可绕 y 轴转动,如题 10.21 图所示.今加上 B = 0.50 T 的均匀磁场,磁场方向沿 x 轴,求线圈所受到的磁力矩.

10.22　一半圆形回路,半径 R = 10 cm,通有电流 I = 10 A,放在均匀磁场中,磁场方向与线圈平面平行,如题 10.22 图所示,若磁感应强度大小 $B = 5\times10^{-2}$ T,求线圈所受力矩的大小及方向.

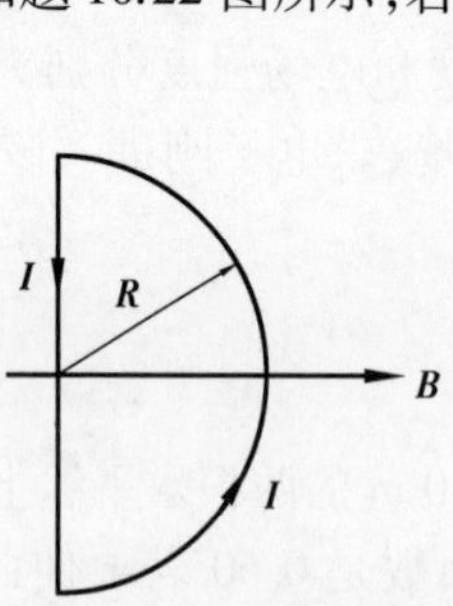

题 10.22 图

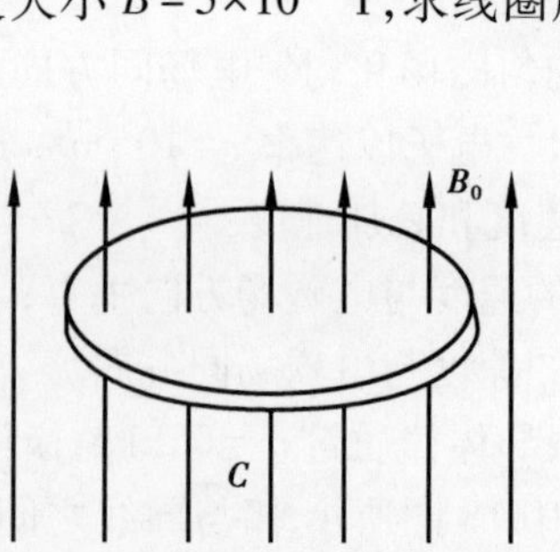

题 10.23 图

*10.23　将一直径为 10 cm 的薄铁圆盘放在 $B_0 = 0.4\times10^{-4}$ T 的均匀磁场中,使磁感应线垂直于盘面,如题 10.23 图所示.已知盘中心处磁感应强度为 B_c = 0.1 T,设盘被均匀磁化,磁化面电流可视为沿圆盘边缘流动的一圆电流.试求:

(1)磁化面电流大小;

(2) 盘的轴线上距盘心 0.4 m 处的磁感应强度.

10.24　一螺绕环的平均半径为 $R=0.08$ m，其上绕有 $N=240$ 匝线圈，电流强度为 $I=0.30$ A时充满管内的铁磁质的相对磁导率 $\mu_r=5\ 000$，问管内的磁场强度和磁感应强度各为多少?

10.25　一无限长圆柱形铜导线外包着一层相对磁导率为 μ_r 的圆筒形磁介质，导线半径为 R_1，磁介质的外半径为 R_2，导线内有电流 I 通过. 设导线的磁导率为 μ_0，试求介质内、外的磁场强度和磁感应强度的分布，并画出 H-r，B-r 曲线.

10.26　在螺绕环上密绕线圈 400 匝，环的平均周长是 40 cm，当导线内通有电流 20 A 时，测得环内磁感应强度大小为 1.0 T. 试求：

(1) 磁场强度；

(2) 磁化强度；

(3) 磁化率；

(4) 磁化面电流和相对磁导率.

10.27　一同轴电缆由半径为 R_1 的铜线和一内半径为 R_2 的铜管构成，铜线与铜管之间填以相对介电常量为 ε_r、相对磁导率为 μ_r 的橡胶. 电缆的横截面如题 10.27 图所示. 如果该电缆传输电能时电流为 I，铜线与铜管间电压为 U，求橡胶内距轴线为 r 的 P 点处的 $\boldsymbol{H}$、$\boldsymbol{B}$、$\boldsymbol{D}$ 和 $\boldsymbol{E}$.

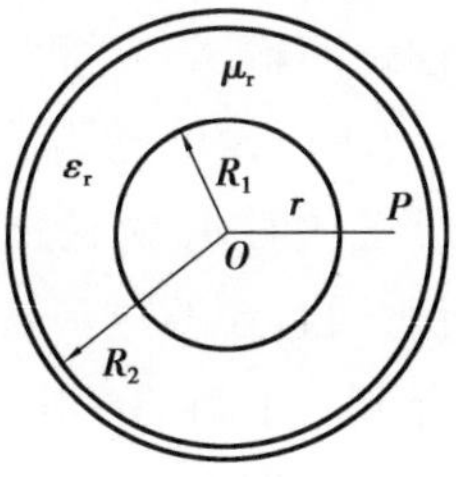

题 10.27 图

第11章　电磁感应

1820年,丹麦物理学家奥斯特发现电流的磁效应,从一个侧面揭示了电现象和磁现象的联系——运动电荷产生磁场.人们不禁开始思考"磁场是否也能够产生电场"?虽然之后多年的探索都归于失败,但是不少科学家仍然继续努力,终于在1831年,由法拉第发现了磁场产生电流的电磁感应现象.这是电磁学的重大发现,它进一步揭示了电与磁之间的联系.

法拉第电磁感应定律的重要意义在于:一方面,依据电磁感应的原理,人们制造出了发电机、变压器等电气设备,电能的大规模生产和远距离输送成为可能;另一方面,电磁感应现象在电工技术、电子技术以及电磁测量等方面都有广泛的应用.人类社会从此迈进了电气化时代.电磁感应现象的发现不仅改变了人类对自然界的认识,而且还通过新技术推进了人类文明.从此之后,电与磁相互融合成一个新的学科——电磁学.在此基础上,麦克斯韦建立了完整的电磁理论.

11.1 电磁感应定律

11.1.1　电磁感应现象

1831年8月29日,M.法拉第在实验中发现,处于随时间变化的电流附近的闭合回路中出现了感应电流.法拉第立即意识到,这是一种非恒定的暂态效应.紧接着他做了一系列实验进行验证并寻找其内在规律,最后得到了电磁感应定律.下面通过几个典型的电磁感应演示实验来说明什么是电磁感应现象,以及产生电磁感应的条件.

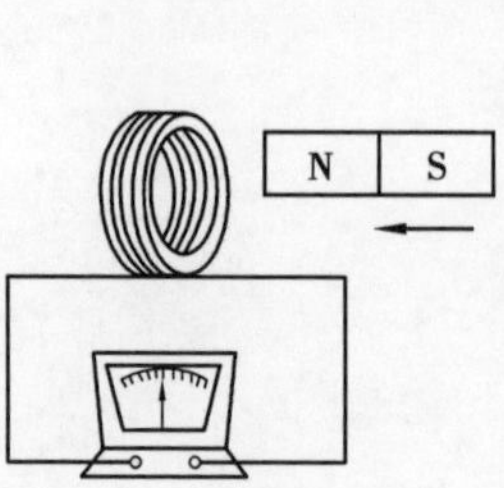

图11.1　闭合回路与磁棒之间的相对运动

(1)闭合导体回路与磁铁棒之间有相对运动时,如图11.1所示,一个线圈与电流计的两端连接成闭合回路,电路内没有电源所以电流计的指针不会偏转.然而当一个条形磁铁棒的任一极(N

极或 S 极）插入线圈时，可以观察到指针发生偏转，即回路中有电流通过.当磁铁棒与线圈相对静止时，无论两者相距多近，电流计指针均不动.当把磁铁棒从线圈中抽出时，电流计的指针又发生偏转，并且此时的偏转方向与插入时相反.进一步的实验表明，起作用的是闭合回路与磁棒之间的相对运动.

因为载流线圈在空间激发出与条形磁铁类似的磁场，所以载流线圈与闭合导体回路间有相对运动时，亦可引起电磁感应现象.

（2）闭合导体回路与载流线圈无相对运动，且载流线圈中电流改变时，同样可引起电磁感应现象.如图 11.2 所示，两个彼此靠得较近但相对静止的线圈 1 和 2，线圈 1 与电流计 G 相连接，线圈 2 与一个电源和变阻器 R 相连接.当线圈 2 中的电路接通、断开的瞬间或改变电阻 R 时，都可以观察到电流计指针发生偏转，即在线圈 1 中出现感应电流.实验表明，只有在线圈 2 中的电流发生变化时，才能在线圈 1 中出现感应电流.

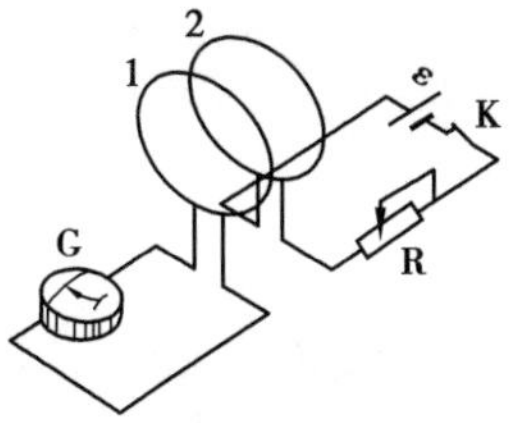

图 11.2　载流线圈中电流改变

如果在图 11.2 的线圈 2 中加一铁磁性材料做芯，重复上述实验过程，将会发现线圈 1 中的电流大大增加，说明上述现象还受到介质的影响.

（3）闭合导体回路在均匀磁场中运动，也能够引起电磁感应现象.如图 11.3 所示，接有电流计的平行导体滑轨放于均匀磁场中，磁感应强度 $\boldsymbol{B}$ 垂直于滑轨平面.当导体棒横跨平行滑轨并向右滑动时，电流计指针发生偏转，且速度越高则偏转越厉害；当导体棒反向运动时，电流计指针反向偏转.此实验中，磁感应强度 $\boldsymbol{B}$ 没有变化，但由于导体棒向右或向左运动，导体框的面积在随时间变化，于是通过导体框的磁通量随时间变化，所以在导体回路中产生了感应电流.导体棒的速度越高，单位时间内通过导体框的磁通量变化越大.从另一个角度来看，感应电流的产生是由于闭合导体的一段导体棒切割磁力线所产生的.

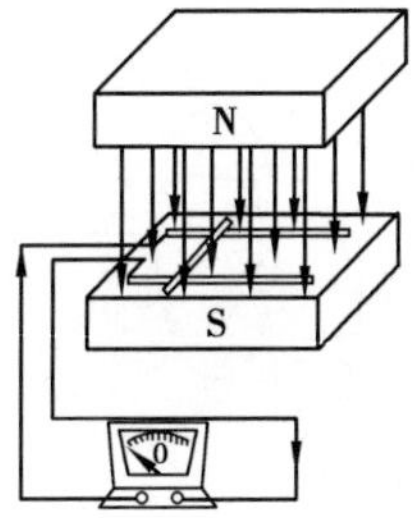

图 11.3　闭合导体回路在均匀磁场中运动

总结以上几个典型现象，可得出如下结论：不管什么原因使穿过闭合导体回路所包围面积的磁通量发生变化（增加或减少），回路中都会出现电流，这种电流称为感应电流.在磁通量增加和减少的两种情况下，回路中感应电流的流向相反.感应电流的大小取决于穿过回路所围面积的磁通量的变化快慢.变化越快，感应电流越大；反之，就越小.在线圈中插入铁芯后，线圈中的感应电流大大增加，这又说明感应电流的产生是因为磁感应强度 $\boldsymbol{B}$ 通量的变化，而不是由于磁场强度 $\boldsymbol{H}$ 通量的变化.

11.1.2 法拉第电磁感应定律

法拉第对电磁感应现象进行了定量研究,总结得出了电磁感应的基本定律.感应电流的存在说明回路中存在电动势,这种电动势称为感应电动势,用 ε_i 表示.由闭合回路中磁通量的变化直接产生的结果应是感应电动势.当通过导体回路的磁通量随时间发生变化时,回路中就有感应电动势产生,从而产生感应电流.这个磁通量的变化可以是由磁场变化引起的,也可以是由于导体在磁场中运动或导体回路中的一部分切割磁力线的运动而产生的.感应电动势比感应电流更能反映电磁感应现象的本质——如果导体回路不闭合就不会有感应电流,但感应电动势仍然存在.所以法拉第用感应电动势来表述电磁感应定律,叙述如下:

当穿过回路的磁通量($\boldsymbol{B}$ 通量)Φ_m 发生变化时,回路中产生的感应电动势 ε_i 与磁通量随时间变化率的负值成正比.如果采用国际单位制,则此定律可表示为

$$\varepsilon_i = -\frac{d\Phi_m}{dt} \tag{11.1}$$

式中的负号反映了感应电动势的方向与磁通量 Φ_m 变化之间的关系.

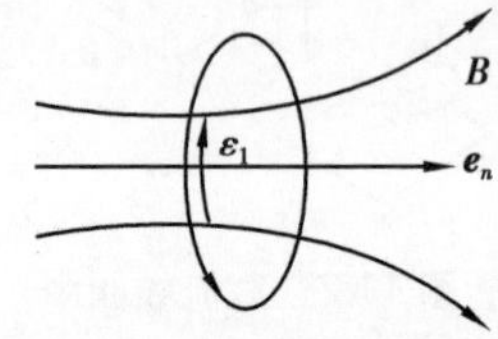

(a) Φ_m为正值,$\frac{d\Phi_m}{dt}>0$

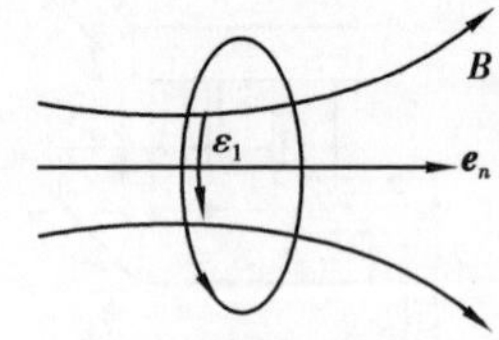

(b) Φ_m为正值,$\frac{d\Phi_m}{dt}<0$

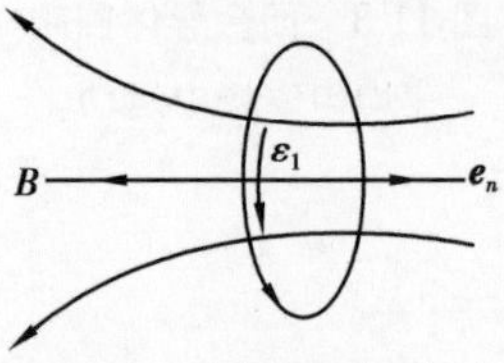

(c) Φ_m为负值,$\frac{d\Phi_m}{dt}<0$

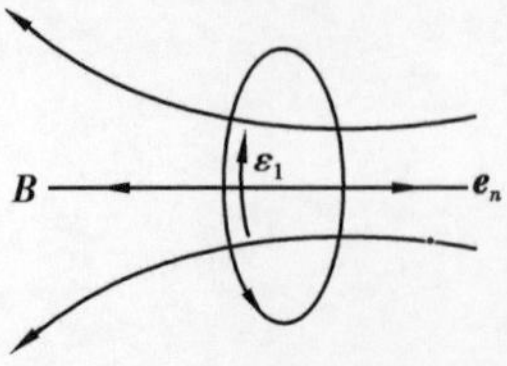

(d) Φ_m为负值,$\frac{d\Phi_m}{dt}>0$

图 11.4 感应电动势方向的判断

感应电动势方向的符号规定如下:在回路上先任意选定一个方向作为回路的绕行正方向,再用右手螺旋法则确定此回路所围面积的正法线单位矢量 $\boldsymbol{e}_n$ 的方向;然后确定通过回路面积的磁通量的正、负,凡穿过回路面积的磁感应强度 $\boldsymbol{B}$ 的方向与正法线方向相同者为正,相反者为负;最后再考虑磁通量 Φ_m 的变化,从式(11.1)来看,感应电动势 ε_i 的正、负只由 $d\Phi_m/dt$ 决定.在图 11.4 中,图(a)、(c)中 $\boldsymbol{B}$ 值增大,图(b)、(d)中 $\boldsymbol{B}$ 值在减小,对图(a)、(b),$\Phi_m>0$;在图(a)中,$d\Phi_m/dt>0$,则 $\varepsilon_i<0$,表示感应电动势的方向和回路上所选定的方向相反;在图(b)中,$d\Phi_m/dt<0$,则 $\varepsilon_i>0$,表示感应电动势的方向和回路上所选定的方向相同.对图(c)和(d)中 $\Phi_m<0$ 的情况,同学们可作同样讨论.

关于法拉第电磁感应定律,应该强调以下几点:

(1)导体回路中产生感应电流的原因,是由于电磁感应在回路中建立了感应电动势,它比感应电流更本质,即使由于回路中的电阻无限大而使电流为零,感应电动势依然存在.

(2)在回路中产生感应电动势的原因是由于通过回路平面的磁通量的变化,而不是磁通量本身,即使通过回路的磁通量很大,

但只要它不随时间变化,回路中依然不会产生感应电动势.

(3)法拉第电磁感应定律中,负号的物理意义在于指明了感应电动势的方向,即之后将要介绍的楞次定律.

当导体回路由 N 匝线圈构成时,在整个线圈中产生的感应电动势应是每匝线圈中产生的感应电动势之和.设穿过各匝线圈的磁通量分别为 $\Phi_{m1},\Phi_{m2},\cdots,\Phi_{mN}$,则线圈中总的感应电动势为

$$\begin{aligned}\varepsilon_i &= -\frac{d}{dt}(\Phi_{m1}+\Phi_{m2}+\cdots+\Phi_{mN}) \\ &= -\frac{d}{dt}\left(\sum_{i=1}^{N}\Phi_{mi}\right) = -\frac{d\Psi}{dt}\end{aligned} \tag{11.2}$$

式中,$\Psi=\sum_{i=1}^{N}\Phi_{mi}$ 是穿过各匝线圈的磁通量的总和,称为穿过线圈的全磁通.当穿过各匝线圈的磁通量相等时,N 匝线圈的全磁通 $\Psi=N\Phi_m$,称为磁通链数,简称磁链.这时

$$\varepsilon_i = -N\frac{d\Phi_m}{dt} \tag{11.3}$$

在国际单位制中,磁通量 Φ_m 的单位为韦伯,感应电动势 ε_i 的单位是伏特(V),因此有 1 V=1 Wb/s.

如果闭合回路的电阻为 R,则通过线圈的感应电流为

$$I_i = \frac{\varepsilon_i}{R} = -\frac{1}{R}\frac{d\Psi}{dt} \tag{11.4}$$

利用电流的定义式 $I=dq/dt$,可由上式计算出从 t_1 到 t_2 这段时间内,通过导线任一横截面的感应电荷量为

$$q = \int_{t_1}^{t_2} I_i dt = -\frac{1}{R}\int_{\Psi_1}^{\Psi_2} d\Psi = \frac{1}{R}(\Psi_1 - \Psi_2) \tag{11.5}$$

式中,Ψ_1 和 Ψ_2 分别是 t_1 和 t_2 时刻穿过导体回路的全磁通.式(11.5)表明:从 t_1 到 t_2 这段时间内,感应电量只与导体回路中全磁通的变化量成正比,而与全磁通变化的快慢无关.实验中通过测量感应电量和回路电阻就可以得到相应的全磁通的变化.这就是地质勘探和地震检测部门中常用到的探测地磁场变化的磁通计的设计原理.

例 11.1　一长直螺线管,半径 $r_1=0.020\ \mathrm{m}$,单位长度的线圈匝数为 $n=10\ 000$,另一绕向与螺线管绕向相同,半径为 $r_2=0.030\ \mathrm{m}$,匝数 $N=100$ 的圆线圈 A 套在螺线管外,如图 11.5 所示.如果螺线管中的电流按0.100 A/s 的变化率增加,求:

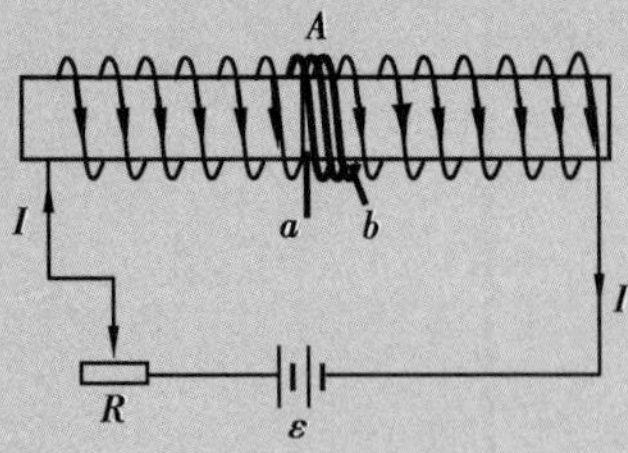

图 11.5　例 11.1 用图

(1)圆线圈 A 内感应电动势的大小和方向;

(2)在圆线圈 A 的 a、b 两端接入一个可测量电量的冲击电流计.若测得感应电量 $q=20.0\times10^{-7}\ \mathrm{C}$,求穿过圆线圈 A 的磁通量的变化值.已知圆线圈 A 的总电阻为 $10\ \Omega$.

解　(1)取圆线圈 A 回路的绕行正方向与长直螺线管内电流的方向相同,则回路 A 的法线 $\boldsymbol{n}$ 的方向与长直螺线管中电流所产生的磁感应强度 $\boldsymbol{B}$ 的方向相同.通过圆线圈 A 每匝的磁通量为

$$\Phi_{\mathrm{m}}=B\cdot S=\mu_0 nI\pi r_1^2$$

根据式(11.3),圆线圈 A 中的感应电动势为

$$\varepsilon_i=-\frac{\mathrm{d}\Psi}{\mathrm{d}t}=-N\frac{\mathrm{d}\Phi_{\mathrm{m}}}{\mathrm{d}t}=-\mu_0 nN\pi r_1^2\frac{\mathrm{d}I}{\mathrm{d}t}$$

将 $\mu_0=4\pi\times10^{-7}\ \mathrm{H/m}$ 和已知条件代入上式得

$$\varepsilon_i=-4\pi\times10^{-7}\times10^4\times100\times3.14\times(0.020)^2\times0.100\ \mathrm{V}\approx-1.58\times10^{-4}\ \mathrm{V}$$

负号说明感应电动势 ε_i 的方向与 A 回路绕行的正方向即长直螺线管中电流的方向相反.

(2)圆线圈 A 的两端 a、b 接入冲击电流计,形成闭合回路.由式(11.5)得感应电量为

$$q=\frac{1}{R}(\Psi_1-\Psi_2)=\frac{N}{R}(\Phi_{\mathrm{m1}}-\Phi_{\mathrm{m2}})$$

式中,Φ_{m1}和 Φ_{m2}分别为 t_1 和 t_2 时刻通过圆线圈 A 每匝的磁通量.由上式可得

$$\Phi_{\mathrm{m1}}-\Phi_{\mathrm{m2}}=\frac{qR}{N}=\frac{20.0\times10^{-7}\times10}{100}\ \mathrm{Wb}=2.0\times10^{-7}\ \mathrm{Wb}$$

如果时刻 t_1 为刚接通长直螺线管电流的时刻,则 $\Phi_{\mathrm{m1}}=0$;t_2 为长直螺线管中电流达到稳定值 I 的时刻,则 t_2 时刻 $\Phi_{\mathrm{m2}}=B\pi r_1^2$.利用以上关系式可得 $B=qR/(N\pi r_1^2)$.因此,用本题中的装置可以测量电流为 I 时,长直螺线管中均匀磁场的磁感应强度.

11.1.3　楞次定律

1834 年,俄国科学家 E.楞次获悉法拉第发现电磁感应现象后,做了许多实验,在进一步概括了大量实验结果的基础上,得出了确定感应电流方向的法则,称为楞次定律,其具体表述为:在发

生电磁感应时，导体闭合回路中产生的感应电流具有确定的方向，总是使感应电流所产生的磁场穿过回路面积的磁通量，去补偿或者反抗引起感应电流的磁通量的变化.

在图 11.6 的实验中，当磁铁棒以 N 极插向线圈或线圈向磁棒的 N 极运动时，通过线圈的磁通量增加，感应电流所激发的磁场方向则要使通过线圈面积的磁通量反抗线圈内磁通量的增加，所以线圈中感应电流所产生的磁感应线的方向与磁铁棒的磁感应线的方向相反.再根据右手螺旋定则，可确定线圈中感应电流的方向.如图 11.6(a)中的箭头所示，当磁铁棒拉离线圈或线圈背离 N 极运动时，通过线圈面积的磁通量减少，感应电流的磁场则要使通过线圈面积的磁通量去补偿线圈内磁通量的减少，因此，它所产生的磁感应线的方向与磁铁棒的磁感应线的方向相同，感应电流的方向应如图 11.6(b)中箭头所示.

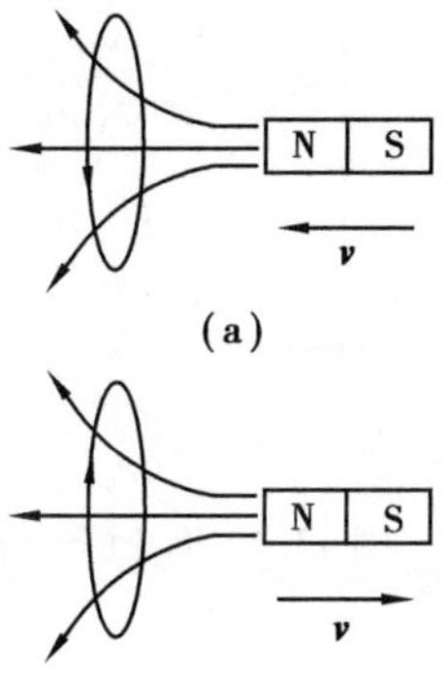

图 11.6　楞次定律

楞次定律实质上是能量守恒定律的一种体现.在上述例子中可以看到，当磁铁棒的 N 极向线圈运动时，线圈中感应电流所激发的磁场分布相当于在线圈朝向磁铁棒一面出现 N 极，它阻碍磁铁棒的相对运动，因此，在磁铁棒向前运动过程中，外力必须克服斥力做功；当磁铁棒背离线圈运动时，则外力必须克服引力做功，在这个过程中，线圈中感应电流的电能将转化为电路中的焦耳-楞次热.反过来，如果设想感应电流的方向不是这样，它的出现不是阻碍磁铁棒的运动而是促使它加速运动，那么只要我们把磁铁棒稍稍推动一下，线圈中出现的感应电流将使它动得更快，于是又增长了感应电流，这个增长又促进相对运动更快，如此不断地相互反复加强，于是只要在最初使磁铁棒的微小移动中做出很小的功，就能获得极大的机械能和电能，这显然是违背能量守恒定律的.

所以，感应电流的方向遵从楞次定律的事实表明，楞次定律本质上就是能量守恒定律在电磁感应现象中的具体表现.因此楞次定律还有另外一种表述方式，即在闭合导体回路中，感应电流总是企图产生一个磁场去阻碍穿过该回路所围面积的磁通的变化.

例 11.2　如图 11.7 所示，一长直电流 I 旁距离为 r 处有一与电流共面的圆线圈，线圈的半径为 R，且 $R \ll r$.就下列两种情况求线圈中的感应电动势.

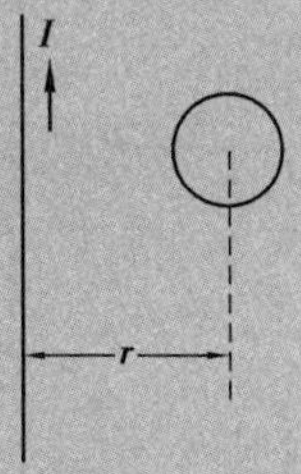

图 11.7　例 11.2 用图

(1) 若电流以速率 $\frac{dI}{dt}$ 增加；

(2) 若线圈以速率 v 向右平移.

解　因为 $R \ll r$，所以线圈所在处磁场可看成均匀的，有

$$B = \frac{\mu_0 I}{2\pi r}$$

且方向垂直线圈平面向里，故穿过线圈平面的磁通量为

$$\Phi_m = BS = \frac{\mu_0 I}{2\pi r} \cdot \pi R^2 = \frac{\mu_0 I R^2}{2r}$$

(1) 按法拉第电磁感应定律，线圈中的感应电动势大小为

$$\varepsilon_i = \left|\frac{d\Phi_m}{dt}\right| = \frac{d}{dt}\left(\frac{\mu_0 I R^2}{2r}\right) = \frac{\mu_0 R^2}{2r}\frac{dI}{dt}$$

由楞次定律可知，感应电动势为逆时针方向.

(2) 按法拉第电磁感应定律

$$\varepsilon_i = \left|\frac{d\Phi_m}{dt}\right| = \left|\frac{d}{dt}\left(\frac{\mu_0 I R^2}{2r}\right)\right| = \frac{1}{2}\mu_0 I R^2 \left|\frac{d}{dt}\left(\frac{1}{r}\right)\right| = \frac{1}{2}\mu_0 I R^2 \cdot \frac{1}{r^2}\frac{dr}{dt}$$

由于 $\frac{dr}{dt} = v$，故

$$\varepsilon_i = \frac{\mu_0 I R^2 v}{2r^2}$$

由楞次定律可知，感应电动势为顺时针方向.

例 11.3　如图 11.8 所示，在均匀磁场 $\boldsymbol{B}$ 中有 N 匝面积为 S 且可绕轴 OO' 转动的线圈并排放在一起.若线圈以恒定角速度 ω 转动，求线圈中产生的感应电动势的大小.

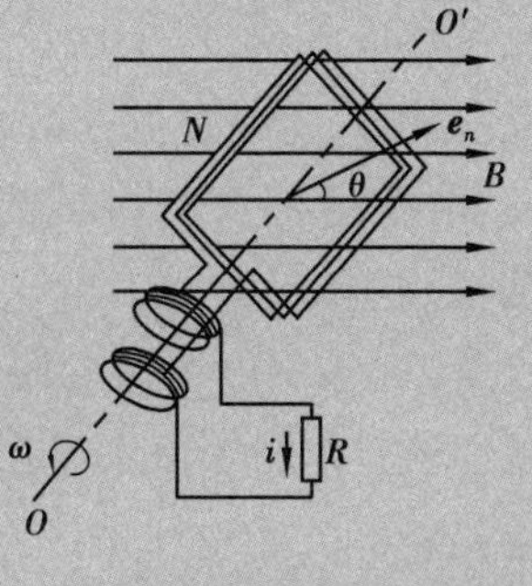

图 11.8　例 11.3 用图

解　假设在 $t=0$ 时刻线圈法向单位矢量 $\boldsymbol{e}_n$ 与磁场方向一致，则在某时刻 t，$\boldsymbol{e}_n$ 与 $\boldsymbol{B}$ 的方向间的夹角为 $\theta = \omega t$.此时穿过 N 匝线圈的磁链为

$$\Psi = N\Phi = NBS\cos\omega t$$

根据式(11.1)，产生的感应电动势为

$$\varepsilon_i = -\frac{d\Psi}{dt} = NBS\omega\sin\omega t$$

令 $NBS\omega = \varepsilon_m$，上式变为

$$\varepsilon_i = \varepsilon_m \sin\omega t = \varepsilon_m \sin 2\pi f t$$

其中 $f=\omega/2\pi$ 为线圈单位时间转动的圈数,即频率.

由以上结果可以清楚地看出,磁场中匀速转动的线圈产生的感应电动势是时间的正弦函数.其中的 ε_m 叫做感应电动势的最大值,也称为振幅,如图 11.9(a)所示.

当外电路中接有电阻 R 时,由欧姆定律可知回路中产生的感应电流为

$$i=\frac{\varepsilon_m}{R}\sin\omega t=I_m\sin\omega t$$

其中 I_m 为感应电流的最大值.

可见,此时产生的感应电流也是时间的正弦函数,如图 11.9(b)所示.这种电流就是我们平时所说的正弦交变电流,简称**交流电**(alternating current).现实中的交流发电机就是基于以上原理制成的.

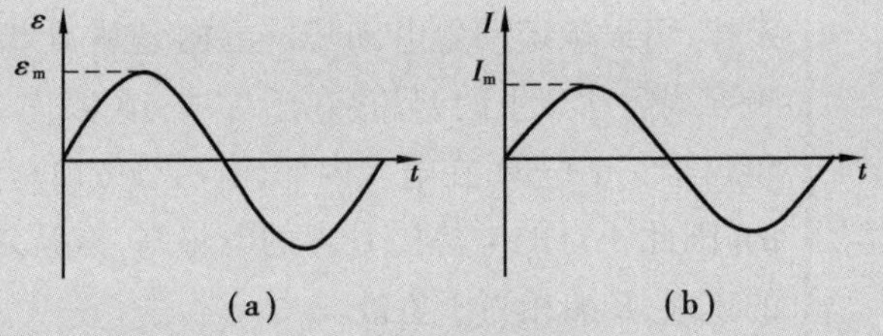

图 11.9　感应电流

11.2　动生电动势和感生电动势

法拉第电磁感应定律表明,只要通过回路的磁通量随时间变化就会在回路中产生感应电动势.而引起磁通量变化的原因本质上可以归纳为两种情况:一种是导体回路或其一部分在磁场中运动,使其回路面积或回路法线与磁感应强度 $\boldsymbol{B}$ 的夹角随时间变化,从而使回路中的磁通量发生变化;另一种是回路不动,而磁感应强度随时间变化,从而使通过回路的磁通量发生变化.通常把由第一种原因而在回路中产生的感应电动势称为动生电动势,由第二种原因而在回路中建立的感应电动势称为感生电动势.下面分别讨论两类感应电动势产生的物理机制,并由电磁感应定律导出相应电动势的表达式.

11.2.1　动生电动势

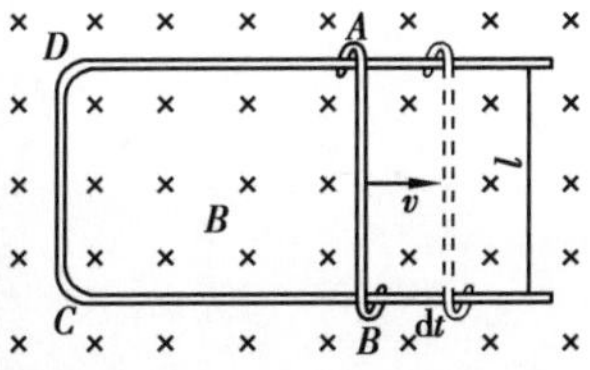

图 11.10　动生电动势

如图 11.10 所示,一个导体回路 $ABCD$ 中长为 l 的导线 AB 在磁感应强度为 $\boldsymbol{B}$ 的磁场中以速度 v 向右做匀速直线运动.假定导

线 AB、磁场 $\boldsymbol{B}$ 以及速度 v 互相垂直,在 $\mathrm{d}t$ 时间内,导线 AB 移动的距离 $\mathrm{d}x=v\mathrm{d}t$,则回路面积增加量为 $\mathrm{d}S=l\mathrm{d}x=lv\mathrm{d}t$.若选取回路绕行方向为顺时针方向,则回路的磁通量增量为

$$\mathrm{d}\Phi_{\mathrm{m}}=\boldsymbol{B}\cdot\mathrm{d}\boldsymbol{S}=Blv\mathrm{d}t \tag{11.6}$$

根据法拉第电磁感应定律,在导线 AB 上产生的动生电动势为

$$\varepsilon_i=-\frac{\mathrm{d}\Phi_{\mathrm{m}}}{\mathrm{d}t}=-Blv \tag{11.7}$$

由于 lv 可以看成导线 AB 单位时间内扫过的面积,因此动生电动势也等于导体在单位时间内切割的磁感应线的条数.由楞次定律,可以确定动生电动势的方向是从 B 指向 A 的.电动势是由于导线运动产生的,只存在于导线 AB 段内,即运动着的导线 AB 相当于一个电源.在电源内部,电动势方向是由低电势指向高电势的,因此 A 点的电势比 B 点的电势高,这就是说,A 端相当于电源的正极,B 端相当于负极.

动生电动势形成的物理机制、所服从的规律,完全可以用洛伦兹力的理论来推出.导线 AB 以速度 $\boldsymbol{v}$ 向右做匀速直线运动,导线内部的电子也获得了向右的定向速度 $\boldsymbol{v}$.每个电子受到的洛伦兹力为

$$\boldsymbol{f}=-e\boldsymbol{v}\times\boldsymbol{B} \tag{11.8}$$

其方向由 A 指向 B.电子在洛伦兹力的作用下沿着导线向 B 端运动.于是在 B 端出现负电荷的积累,A 端由于缺少负电荷而出现正电荷的积累.随着导线 AB 两端正、负电荷的积累,在导线中要激发电场,其方向由 A 指向 B.这时电子还要受到一个指向 A 端的电场力的作用,电场力为

$$\boldsymbol{F}_{\mathrm{e}}=-e\boldsymbol{E} \tag{11.9}$$

当导线 AB 两端的电荷积累到一定程度时,电场力与洛伦兹力达到平衡.此时,导体内的自由电子不再有宏观定向迁移,导线 AB 两端出现确定的电势差,可见导线 AB 相当于一个电源,其电动势就是动生电动势.作用在自由电子上的洛伦兹力,就是提供动生电动势的非静电力.该非静电力所对应的非静电场强为

$$\boldsymbol{E}_{\mathrm{k}}=\frac{\boldsymbol{f}}{-e}=v\times\boldsymbol{B} \tag{11.10}$$

根据电动势的定义式

$$\varepsilon_i = \int_{(\text{经电源})} \boldsymbol{E}_{\text{k}} \cdot \text{d}\boldsymbol{l} \tag{11.11}$$

导线 AB 上的动生电动势为

$$\varepsilon_{AB} = \int_A^B \boldsymbol{E}_{\text{k}} \cdot \text{d}\boldsymbol{l} = \int_A^B (\boldsymbol{v} \times \boldsymbol{B}) \cdot \text{d}\boldsymbol{l} \tag{11.12}$$

根据图 11.10 的情况，由于 $\boldsymbol{v}$ 与 $\boldsymbol{B}$ 垂直，且 $\boldsymbol{v}\times\boldsymbol{B}$ 与 $\text{d}\boldsymbol{l}$ 方向相同，所以可得

$$\varepsilon_{AB} = \int_A^B vB\text{d}l = Blv \tag{11.13}$$

由于洛伦兹力始终与带电粒子的运动方向垂直，所以它对电荷是不做功的.但在上面讨论动生电动势的时候，又认为一段导体在磁场中运动时，由于导体中的载流子获得了一个定向的宏观的运动速度，于是它在磁场中受到洛伦兹力作用，所以动生电动势是非静电力——洛伦兹力移动单位正电荷所做的功.那么这和洛伦兹力不做功的观点是否矛盾呢？

在讨论动生电动势时，我们只考虑了电荷随导体运动的速度 $\boldsymbol{v}$，没有考虑电荷受到洛伦兹力 $\boldsymbol{f}$ 而在导体内部的运动速度 $\boldsymbol{u}$，实际上，载流子的运动速度应为 $\boldsymbol{v}'=\boldsymbol{v}+\boldsymbol{u}$，因此电子所受到的洛伦兹力为

$$\boldsymbol{F} = -e\boldsymbol{v}' \times \boldsymbol{B} = -e(\boldsymbol{v} + \boldsymbol{u}) \times \boldsymbol{B} = -e\boldsymbol{v} \times \boldsymbol{B} - e\boldsymbol{u} \times \boldsymbol{B} = \boldsymbol{f} + \boldsymbol{f}' \tag{11.14}$$

上式中第一项 $\boldsymbol{f}$ 即我们在讨论动生电动势时的非静电力，而第二项 $\boldsymbol{f}'=-e\boldsymbol{u}\times\boldsymbol{B}$ 与 $\boldsymbol{f}$ 垂直，与导体棒的运动速度 $\boldsymbol{v}$ 反向，即 $\boldsymbol{f}'$ 阻碍导体棒向右的运动.欲使导体棒保持速度 $\boldsymbol{v}$ 运动，则外力必须克服 $\boldsymbol{f}'$ 对棒做功.电子定向移动时，力 $\boldsymbol{f}$ 的功率为

$$P_1 = -e(\boldsymbol{v} \times \boldsymbol{B}) \cdot \boldsymbol{u} \tag{11.15}$$

而力 $\boldsymbol{f}'$ 的功率为

$$P_2 = -e(\boldsymbol{u} \times \boldsymbol{B}) \cdot \boldsymbol{v} \tag{11.16}$$

又因为 $(\boldsymbol{v}\times\boldsymbol{B}) \cdot \boldsymbol{u} = -(\boldsymbol{u}\times\boldsymbol{B}) \cdot \boldsymbol{v}$，所以洛伦兹力的总功率

$$\begin{aligned} P = P_1 + P_2 &= -e(\boldsymbol{v} \times \boldsymbol{B}) \cdot \boldsymbol{u} - e(\boldsymbol{u} \times \boldsymbol{B}) \cdot \boldsymbol{v} \\ &= -e(\boldsymbol{v} \times \boldsymbol{B}) \cdot \boldsymbol{u} + e(\boldsymbol{v} \times \boldsymbol{B}) \cdot \boldsymbol{u} = 0 \end{aligned}$$

这就证明了洛伦兹力不做功，$\boldsymbol{f}$ 所做的功正好等于 $\boldsymbol{f}'$ 对导体棒所做的负功，即为外力克服 $\boldsymbol{f}'$ 所做的功.洛伦兹力所做总功为零，实质上表示了能量的转换与守恒，洛伦兹力在这里起了一个能量转换的作用：一方面接受外力的功，同时驱动电荷运动做功.简单地讲就是回路的电能来自外界的机械能，而不是来自磁场的能量，这就是发电机的能量原理.

例 11.4　如图 11.11 所示,长为 L 的铜棒在磁感强度为 $\boldsymbol{B}$ 的均匀磁场中,以角速度 ω 在与磁场方向垂直的平面上绕棒的一端转动,求铜棒两端的感应电动势.

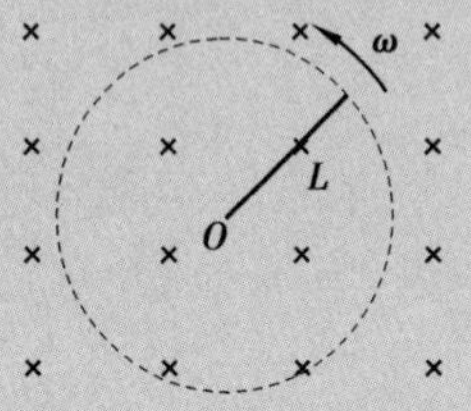

图 11.11　例 11.4 用图

解　在铜棒上离轴为 l 处取一线元 $\mathrm{d}l$,其速度为 $\boldsymbol{v}$,且 $\boldsymbol{v}$、$\boldsymbol{B}$、$\mathrm{d}l$ 三者互相垂直,因此 $\mathrm{d}l$ 上的动生电动势为

$$\mathrm{d}\varepsilon_i = (\boldsymbol{v}\times\boldsymbol{B})\cdot\mathrm{d}l = vB\mathrm{d}l$$

又因为 $v=l\omega$,则整个铜棒上的动生电动势为

$$\varepsilon_i = \int_L \mathrm{d}\varepsilon = \int_0^L vB\mathrm{d}l = \int_0^L B\omega l\mathrm{d}l = \frac{1}{2}B\omega l^2$$

11.2.2　感生电动势

现在讨论当导体回路固定不动,而由于磁场变化引起磁通量的变化,以致在导体回路中产生感生电动势的问题.

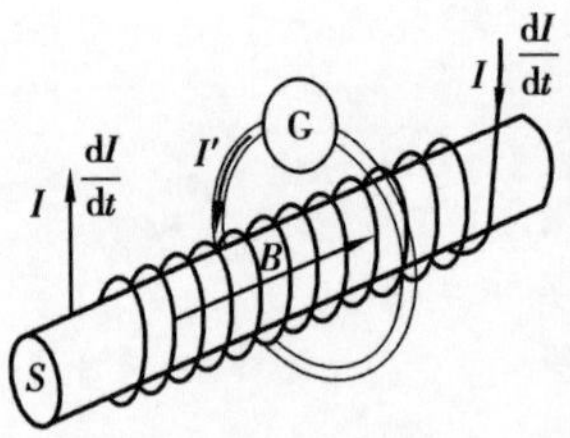

图 11.12　感生电动势

先来看一个例子,如图 11.12 所示,一长直螺线管,截面积为 S,单位长度的线圈匝数为 n.螺线管外套一个闭合线圈,线圈连接一个检流计,当螺线管通以电流 I 时,在螺线管内的磁感应强度为 $B=\mu_0 nI$,因此通过线圈的磁通量为

$$\Phi_{\mathrm{m}} = \int\boldsymbol{B}\cdot\mathrm{d}\boldsymbol{S} = BS = \mu_0 nIS \tag{11.17}$$

如果螺线管内的电流发生变化,那么在线圈中产生的感生电动势大小为

$$\varepsilon_i = \frac{\mathrm{d}\Phi_{\mathrm{m}}}{\mathrm{d}t} = \mu_0 nS\frac{\mathrm{d}I}{\mathrm{d}t} \tag{11.18}$$

如果闭合线圈的电阻为 R,那么闭合线圈的感应电流 $I_i=\dfrac{\varepsilon_i}{R}$.

大家知道,一个电动势的产生必须以非静电力 $\boldsymbol{F}_{\mathrm{k}}$ 或非静电场 $\boldsymbol{E}_{\mathrm{k}}$ 的存在作为条件.动生电动势的非静电力是洛伦兹力,但因为回路不动,感生电动势的非静电力显然不是洛伦兹力.那么,与感生电动势相应的非静电力是什么呢?

既然导体不动而磁场 $\boldsymbol{B}$ 变化时出现感生电动势,可见导体中的电子必然由于 $\boldsymbol{B}$ 的变化而受到一个力.迄今为止,关于电荷所受的力,已经认识了两种:①电荷受到其他静电荷激发的电场对它的库仑力——静电场力;②运动电荷受到磁场对它的洛伦兹力——磁场力的作用.现在又看到,静止电荷在变化磁场中也要受到一个力的作用,但这个力既不是洛伦兹力,也不是库仑力(因为库仑力与磁场无关),而是一种我们尚未认识的力.既然一个任意形状的、由任意金属材料制成的静止线圈内的电子在变化磁场中都要受到这种力,可以推想,取走线圈而在变化的磁场中放一个静止电子(或其他带电粒子),也会受到这样一种力.1861 年,麦克斯韦深入分析和研究了这类电磁感应现象,提出了以下假说:不论有无导体或导体回路,变化的磁场都将在其周围空间产生具有闭合电场线的电场,并称此电场为感生电场或涡旋电场.大量实验都证实了麦克斯韦这一假说的正确性.

当导体回路 L 处在变化的磁场中时,感生电动势就会作用于导体内的载流子,从而在导体中引起感生电动势和感应电流.由电动势的定义,闭合回路的感生电动势为

$$\boldsymbol{\varepsilon}_i = \oint_L \boldsymbol{E}_\mathrm{k} \cdot \mathrm{d}\boldsymbol{l} \tag{11.19}$$

根据法拉第电磁感应定律,有

$$\boldsymbol{\varepsilon}_i = -\frac{\mathrm{d}\Phi_\mathrm{m}}{\mathrm{d}t} = -\frac{\mathrm{d}}{\mathrm{d}t}\int_S \boldsymbol{B} \cdot \mathrm{d}\boldsymbol{S} \tag{11.20}$$

由式(11.19)和式(11.20)可得

$$\oint_L \boldsymbol{E}_\mathrm{k} \cdot \mathrm{d}\boldsymbol{l} = -\int_S \frac{\partial \boldsymbol{B}}{\partial t} \cdot \mathrm{d}\boldsymbol{S} \tag{11.21}$$

这里 S 表示以回路 L 为边界的曲面面积,而右侧的积分式中改用偏导数是因为磁感应强度 $\boldsymbol{B}$ 同时还是空间坐标的函数.式(11.21)表明,感生电场 E_k 沿回路 L 的线积分等于磁感应强度 $\boldsymbol{B}$ 穿过该回路所包围面积的磁通量随时间变化率的负值.当选定积分回路的绕行方向后,面积的法线方向与绕行方向呈右手螺旋关系.

从场的观点来看,场的存在并不取决于空间有无导体回路的存在,变化的磁场总是在空间激发电场,因此,不管闭合回路是否是由导体构成,也不管闭合回路是处在真空或介质中,式(11.21)都是适用的.也就是说,如果有导体回路存在,感生电场的作用是驱使导体中的自由电荷做定向运动,从而显示出感应电流;如果不存在导体回路,就没有感应电流,但是变化的磁场所激发的电场还是客观存在的.这个假说现已被近代的科学实验所证实,例如,电子感应加速器的基本原理就是用变化的磁场所激发的电场来加速电子的,它的出现无疑是为感生电场的客观存在提供了一个令人信服的证据.

从以上讨论知道,自然界存在两种不同形式的电场,即感生电场和静电场.它们有相同点也有不同点,相同点是两者都对带电粒子有力的作用;不同点主要表现在以下几个方面:

(1)感生电场是由变化的磁场激发的;静电场是由静止的电

荷激发的.

(2)感生电场不是保守力场,其环路积分不等于零,因此电场线是环绕变化磁场的一组闭合曲线;静电场是保守力场,其环路积分为零,电场线起始于正电荷,终止于负电荷.

(3)感生电场是无源电场,它的电场线是闭合曲线,无头无尾,所以又被称为涡旋电场.因此感生电场 E_k 对任意闭合曲面的通量必然为零,即

$$\oint_S \boldsymbol{E}_k \cdot d\boldsymbol{S} = 0 \tag{11.22}$$

式(11.22)称为感生电场的高斯定理.而静电场是有源场,它对任意闭合曲面的通量可以不为零.

例 11.5　一半径为 R 的无限长直螺线管中载有变化电流,且磁感应强度以 $\partial B/\partial t$ 恒速增加.图 11.13(a)上部所示为在管内产生的均匀磁场的一个横截面.求:

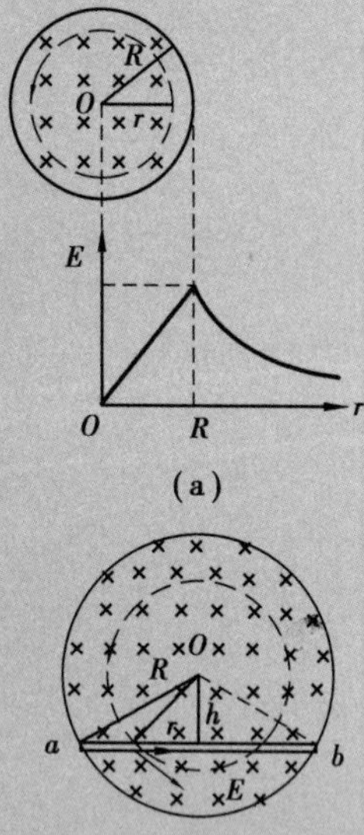

图 11.13　例 11.5 用图

(1)管内外的涡旋电场 E_k,并计算图 11.13(a)中同心圆形回路中的感生电动势;

(2)如图 11.13(b)所示,将长为 l 的金属棒垂直于磁场放置在螺线管内时棒两端的感生电动势的大小及方向.

解　由于 $\partial B/\partial t \neq 0$,在空间将激发涡旋电场,根据磁场分布的轴对称性及涡旋电场的场线是闭合曲线这两个特点,可以断定涡旋电场的场线是在垂直轴线的平面内、以轴为圆心的一系列同心圆.

(1)在管内,即 $r<R$ 的区域,取以 r 为半径的圆形闭合路径,按逆时针方向进行积分(因 B 增加,ε_i 沿逆时针),则由式(11.21)经计算得

$$\varepsilon_i = E_k \times 2\pi r = \frac{\partial B}{\partial t}\pi r^2$$

故管内感生电场 E_k 的大小及同心圆形回路中的感应电动势 ε_i 分别为

$$E_k = \frac{r}{2}\frac{\partial B}{\partial t}, \quad \varepsilon_i = \frac{\partial B}{\partial t}\pi r^2$$

任一点 E_k 的方向沿圆周的切线,指向为逆时针.

在管外,即 $r>R$ 的区域,各处 $B=0$,$\dfrac{\partial B}{\partial t}=0$,故

$$\varepsilon_i = E_k \times 2\pi r = \frac{\partial B}{\partial t}\pi R^2$$

因此有

$$\varepsilon_i = \frac{1}{2}\frac{R^2}{r}\frac{\partial B}{\partial t}$$

$\boldsymbol{E}_{\text{k}}$ 的方向与 ε_i 的方向也都沿逆时针方向. $\boldsymbol{E}_{\text{k}}$ 随 r 的变化规律,由图 11.13(a)中的 E_{k}-r 曲线给出.

(2)解法一 用 $\varepsilon_{ab} = \int_a^b \boldsymbol{E}_{\text{k}} \cdot \mathrm{d}\boldsymbol{l}$ 求解

$\boldsymbol{E}_{\text{k}}$ 线是一簇沿逆时针方向的同心圆. 沿金属棒 ab 取线元 $\mathrm{d}\boldsymbol{l}$, $\boldsymbol{E}_{\text{k}}$ 与 $\mathrm{d}\boldsymbol{l}$ 的夹角为 α,则有

$$\varepsilon_{ab} = \int_a^b \boldsymbol{E}_{\text{k}} \cdot \mathrm{d}\boldsymbol{l} = \int_a^b E_{\text{k}} \cos\alpha \mathrm{d}l$$

在 $r<R$ 区域内, $E_{\text{k}} = \frac{r}{2}\frac{\partial B}{\partial t}$,又因 $\cos\alpha = \frac{h}{r}$,所以有

$$\varepsilon_{ab} = \frac{h}{2}\frac{\partial B}{\partial t}\int_a^b \mathrm{d}l = \frac{1}{2}hl\frac{\partial B}{\partial t} = \frac{l}{2}\left[R^2 - \left(\frac{l}{2}\right)^2\right]^{1/2}\frac{\partial B}{\partial t}$$

因为 $\varepsilon_{ab}>0$,所以感生电动势的方向由 a 指向 b,即 b 点的电势比 a 点的高.

解法二 用法拉第电磁感应定律求解

作辅助线 aob,如图 11.13(b)所示. 因 $\boldsymbol{E}_{\text{k}}$ 沿同心圆周的切向,故沿 oa 及 bo 的线积分为零,即 aob 段的感生电动势为零,所以闭合曲线 $aoba$ 的感生电动势等于 ab 段的感生电动势. $aoba$ 所围面积为

$$S = \frac{1}{2}hl$$

磁通量为

$$\Phi_{\text{m}} = \frac{1}{2}hlB$$

由法拉第电磁感应定律知 $aoba$ 的感生电动势的大小为

$$|\varepsilon_{ab}| = \left|\frac{\mathrm{d}\Phi_{\text{m}}}{\mathrm{d}t}\right| = \frac{1}{2}hl\frac{\partial B}{\partial t}$$

而这也是 ab 的感生电动势,与解法一的结果相同.

前面讨论了法拉第电磁感应定律,随时间变化的磁场可以在其周围空间激发变化的涡旋电场. 所以,当把块状的金属置于随时间变化的磁场中时,金属中的载流子将在涡旋电场的作用下运动而形成感应电流,这种感应电流的运动形式与河流中的涡旋相似,自成闭合回路,因此称为涡电流.

根据楞次定律,感应电流的效果总是反抗引起感应电流的原因. 由此分析得到,如果涡电流是由金属在非均匀磁场中运动产生的,那么它与磁场的相互作用将阻碍金属的运动. 一些灵敏度

高的天平运用这种制动效果来减少左右摇摆的次数.磁悬浮列车的内置电磁铁在铁轨中激发涡电流,涡电流产生的磁场反过来对磁悬浮列车有个制动力.这就是磁悬浮列车一部分制动力的原理.

因为金属的电阻很小,所以不大的感应电动势便可产生较强的涡电流,从而可以在金属内产生大量的焦耳热,这就是感应加热的原理.家用电磁炉就是利用感应加热来烹调食物的.它的核心是一个高频载流线圈,高频电流产生高频变化的磁场,于是铁锅中产生涡电流,通过电流的热效应来加热食物.同样,钢铁厂的电磁感应炉用相同的原理来熔化金属.

然而,感应加热很多时候也会产生危害.例如变压器的铁芯产生涡电流不仅损耗一部分电能,而且使得变压器温度升高变得不能正常工作.为了减小涡电流,一般变压器的铁芯不采用整块材料,而是先压成薄片或细条,再在表面涂上绝缘材料,然后再叠合成铁芯.这样,涡电流只能在薄片的横截面上流动.由于增大了电阻,就减小了涡电流.

11.3 自感和互感

11.3.1 自感

当一个线圈中的电流发生变化时,它所激发的磁场穿过线圈自身平面的磁通量也随之发生变化,从而使线圈产生感应电动势,这种因线圈中的电流发生变化而在线圈自身引起感应电动势的现象,称为自感,所产生的感应电动势称为自感电动势.

设线圈中通有电流 I,在线圈的形状、大小保持不变,周围没有铁磁物质的情况下,穿过线圈的全磁通与电流 I 成正比,即

$$\Psi = LI \tag{11.23}$$

式中,L 为比例常数,称为自感系数,简称自感.

实验表明,自感 L 与回路的形状、大小、位置、匝数以及周围磁介质及其分布有关,而与回路中的电流无关.

当电流 I 随时间变化时,在线圈中产生的自感电动势为

$$\varepsilon_L = -\frac{\mathrm{d}\Psi}{\mathrm{d}t} = -\frac{\mathrm{d}(LI)}{\mathrm{d}t} = -L\frac{\mathrm{d}I}{\mathrm{d}t} \tag{11.24}$$

式(11.24)表明:回路中的自感在量值上等于电流随时间变化率为一个单位时,在回路中产生的自感电动势.式中负号表明自感电

动势 ε_L 产生的感应电流的方向总是反抗回路中电流的变化.当线圈中的电流减小时,即 $\mathrm{d}I/\mathrm{d}t<0$ 时,根据楞次定律,自感电动势反抗这种变化,与电流同方向;反之,当电流增大时,自感电动势与电流反方向.对于不同的回路,在电流变化率相同的条件下,回路的自感系数 L 越大,产生的自感电动势越大,电流越不容易变化.换句话说,自感系数越大的回路,保持其回路中电流不变的能力越强.自感系数的这一特性与力学中的质量相似,所以常说自感系数 L 是回路的"电磁惯性"的量度.

自感系数的国际制单位是亨利,符号为 H,在某一回路中,当电流强度的改变为 1 A/s,产生的自感电动势为 1 V 时,这一回路的自感系数即为 1 H."亨利"这个单位相当大,所以实用中常用毫亨(mH)和微亨(μH)这两个辅助单位.换算关系如下:

$$1\ \mathrm{H} = 10^3\ \mathrm{mH} = 10^6\ \mu\mathrm{H}$$

自感是许多电器元件的重要参数之一.自感现象在电工、无线电技术中有十分广泛的应用.荧光灯的镇流器就是一个有铁芯的自感线圈,它的作用有二:一是在荧光灯打开时,利用电路中电流的突然变化产生一个很高的电压,使灯管中的气体电离而导电、发光;二是利用自感电动势限制荧光灯电流的变化.在电子电路中广泛使用自感线圈,比如用它与电容器组成谐振电路等各种电路来完成特定的任务.

自感现象有时也会带来危害.大型电动机、发电机、电磁铁等,它们的绕组都具有很大的自感,在电路接通和断开时,开关处可出现强烈的电弧,甚至烧毁开关、造成火灾并危及人身安全.为了避免事故,必须使用特殊开关.

例 11.6　设一空心密绕长直螺线管,单位长度的匝数为 n、长为 l、半径为 R,且 $l\gg R$.求螺线管的自感 L.

解　设螺线管中通有电流 I,对于长直螺线管,管内各处的磁场可近似地看作是均匀的,且磁感应强度的大小为

$$B=\mu_0 nI$$

每匝线圈的磁通量 Φ_m 为

$$\Phi_\mathrm{m}=BS=\mu_0 n\pi R^2 I$$

螺线管的磁通链数为

$$\Psi=N\Phi_\mathrm{m}=\mu_0 n^2 l\pi R^2 I$$

结合式(11.23),得

$$L=\frac{\Psi}{I}=\mu_0 n^2 l\pi R^2=\mu_0 n^2 V$$

式中,$V=\pi R^2 l$ 是螺线管的体积.可见 L 与 I 无关,仅由 n,V 决定.若采用较细的导线绕制螺线管,可增大单位长度的匝数 n,使自感 L 变大.另外,若在螺线管中加入磁介质,可使 L 值增大 μ_r 倍.若用铁磁质作为铁芯时,由于铁磁质的磁导率 μ 与 I 有关,此时 L 值与 I 有关.

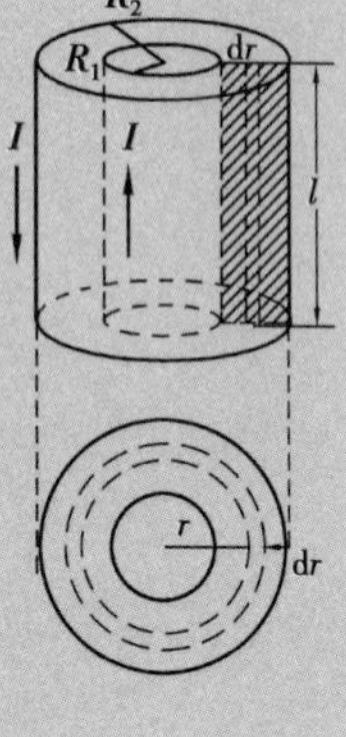

图 11.14 例 11.7 用图

例 11.7 图 11.14 是一段同轴电缆,它由两个半径分别为 R_1 和 R_2 的无限长同轴导体圆柱面组成,两圆柱面上的电流大小相等、方向相反,两导体面间介质的磁导率为 μ.求电缆单位长度上的自感.

解 由安培环路定理可求出内柱面内部和外柱面外部的磁场均为零,两导体面间的磁感应强度为

$$B=\frac{\mu I}{2\pi r}$$

要求得自感,需先计算穿过两柱面间横截面的磁通量.由于本例为非均匀磁场,B 为 r 的函数,故取面元 $\mathrm{d}S=l\mathrm{d}r$,由于 $\mathrm{d}r$ 很小,在 $\mathrm{d}S$ 内 B 可认为是均匀的,所以

$$\mathrm{d}\Phi_m=B\mathrm{d}S=Bl\mathrm{d}r$$

$$\Phi_m=\int B\mathrm{d}S=\int_{R_1}^{R_2}\frac{\mu I}{2\pi r}l\mathrm{d}r=\frac{\mu l}{2\pi}I\ln\frac{R_2}{R_1}$$

所以长为 l 的一段电缆的自感为

$$L=\frac{\Phi_m}{I}=\frac{\mu l}{2\pi}\ln\frac{R_2}{R_1}$$

单位长度上的自感为

$$\frac{L}{l}=\frac{\mu}{2\pi}\ln\frac{R_2}{R_1}$$

11.3.2 互感

当一个线圈中的电流发生变化时,将在周围空间产生变化的磁场,从而在它附近的另一个线圈中产生感应电动势和感应电流,这种现象称为互感,所产生的感应电动势称为互感电动势.

一个线圈中的互感电动势的大小不仅与另一个线圈中电流改变的快慢有关,而且与两个线圈的结构及它们之间的相对位置有关.

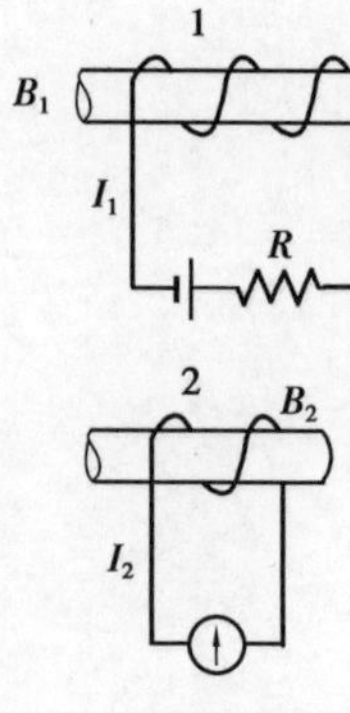

图 11.15 两个线圈的互感

如图 11.15 所示,两个相邻的线圈回路 1 和 2,分别通有电流 I_1 和 I_2.根据毕奥-萨伐尔定律知,电流 I_1 产生的磁场 B 正比于 I_1,而它穿过线圈 2 的全磁通 Ψ_{21} 也正比于 I_1,即

$$\Psi_{21}=M_{21}I_1 \tag{11.25a}$$

同理,电流 I_2 产生的磁场通过线圈 1 的全磁通 Ψ_{12} 为

$$\Psi_{12}=M_{12}I_2 \tag{11.25b}$$

式中，M_{12} 和 M_{21} 为比例系数.它们与两个耦合回路的形状、大小、匝数、相对位置以及周围的磁介质情况有关.理论和实验都可以证明，对于给定的一对导体回路，有

$$M_{12}=M_{21}=M \tag{11.26}$$

M 值称为两个回路之间的互感系数，简称互感.在国际单位制中，M 的单位也是亨利(H)、毫亨(mH)和微亨(μH).互感一般用实验测得，对一些比较简单的情况也可以计算得到.

根据法拉第电磁感应定律，在互感系数 M 一定的条件下，回路中的互感电动势为

$$\begin{aligned}\varepsilon_{21}&=-\frac{\mathrm{d}\Psi_{21}}{\mathrm{d}t}=-\frac{\mathrm{d}(MI_1)}{\mathrm{d}t}=-M\frac{\mathrm{d}I_1}{\mathrm{d}t}\\ \varepsilon_{12}&=-\frac{\mathrm{d}\Psi_{12}}{\mathrm{d}t}=-\frac{\mathrm{d}(MI_2)}{\mathrm{d}t}=-M\frac{\mathrm{d}I_2}{\mathrm{d}t}\end{aligned} \tag{11.27}$$

式中，负号表示在一个回路中引起的互感电动势，要反抗另一个回路中的电流变化.当一个回路中的电流随时间变化率一定时，互感越大，则在另一个回路中引起的互感电动势也越大.反之，互感电动势则越小.所以互感是反映两个线圈耦合强弱的物理量.

利用互感可以将一个回路中的电能转换到另一个回路，变压器和互感器都是以此为工作原理的.变压器中有两个匝数不同的线圈，由于互感，当一个线圈两端加上交流电压时，另一个线圈两端将感应出数值不同的电压.互感现象在某些情况下也会带来不利的影响.在电子仪器中，元件之间不希望存在的互感耦合会使仪器工作质量下降甚至无法工作.在这种情况下就要设法减少互感耦合，例如把容易产生不利影响的互感耦合元件远离或调整方向以及采用"磁场屏蔽"措施等.

例 11.8 如图 11.16 所示，为两个同轴螺线管 1 和螺线管 2，同绕在一个半径为 R 的长磁介质棒上.它们的绕向相同，螺线管 1 和螺线管 2 的长分别为 l_1 和 l_2，单位长度上的匝数分别为 n_1 和 n_2，且 $l_1 \gg R$，$l_2 \gg R$.

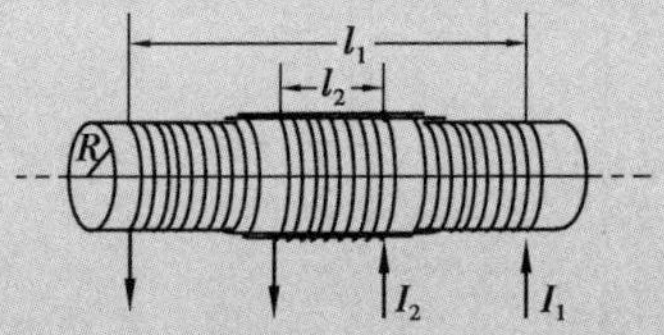

图 11.16 例 11.8 用图

(1) 试由此特例证明 $M_{12}=M_{21}=M$；

(2) 求两个线圈的自感 L_1 和 L_2 与互感 M 之间的关系.

解　(1)设螺线管1中通有电流 I_1,它产生的磁场的磁感应强度大小为

$$B_1=\mu_0 n_1 I_1$$

电流 I_1 产生的磁场穿过螺线管2每一匝的磁通量为

$$\Phi_{21}=B_1S_2=\mu n_1 I_1 \pi R^2$$

因此有

$$\Psi_{21}=n_2 l_2 \Phi_{21}=\mu n_1 n_2 l_2 \pi R^2 I_1$$

结合式(11.25a)可得

$$M_{21}=\frac{\Psi_{21}}{I_1}=\mu n_1 n_2 l_2 \pi R^2=\mu n_1 n_2 V_2$$

式中,$V_2=l_2\pi R^2$ 是螺线管2的体积.

设螺线管2中通有电流 I_2,它产生的磁感应强度大小为

$$B_2=\mu n_2 I_2$$

电流 I_2 产生的磁场穿过螺线管1每一匝的磁通量为

$$\Phi_{12}=B_2S_1=\mu n_2 I_2 \pi R^2$$

由于在长直螺线管的端口以外,B 很快衰减到零,因此螺线管1中只有 $n_1 l_2$ 匝线圈穿过 Φ_{12} 的磁通量,故 I_2 的磁场在螺线管1中产生的总磁通为

$$\Psi_{12}=n_1 l_2 \Phi_{12}=\mu n_1 n_2 l_2 \pi R^2 I_2$$

由式(11.25b)可得

$$M_{12}=\frac{\Psi_{12}}{I_2}=\mu n_1 n_2 l_2 \pi R^2=\mu n_1 n_2 V_2$$

两次计算的互感相等,即证明了

$$M_{12}=M_{21}=M$$

(2)已计算出长螺线管的自感为 $L=\mu n^2 V$,所以

$$L_1=\mu n_1^2 V_1=\mu n_1^2 l_1 \pi R^2;L_2=\mu n_2^2 V_2=\mu n_2^2 l_2 \pi R^2$$

由此可见

$$M=(l_2/l_1)^{1/2}\,(L_1L_2)^{1/2}$$

更普遍的形式为

$$M=k\,(L_1L_2)^{1/2}$$

式中,k 称为耦合系数,由两个线圈的相对位置决定,它的取值为 $0\leqslant k\leqslant 1$.$k\ll 1$ 时,称为松耦合;当两个线圈垂直放置时,$k\approx 0$.

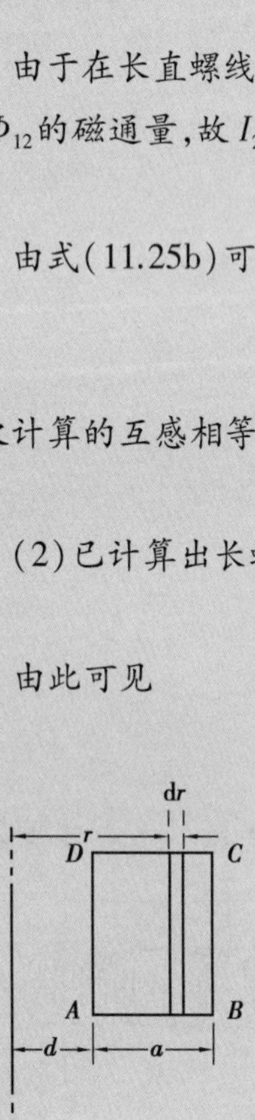

图 11.17　例 11.9 用图

例 11.9　一矩形线圈 $ABCD$,长为 l,宽为 a,匝数为 N,放在一长直导线旁边与之共面,如图 11.17 所示.这长直导线是一闭合回路的一部分,其他部分离线圈很远,未在图中画出.当矩形线圈中通有电流 $i=I_0\cos\omega t$ 时,求长直导线中的互感电动势.

解　因互感电动势 $\varepsilon_M=-M\dfrac{\mathrm{d}I}{\mathrm{d}t}$,欲求长直导线中的互感电动势 ε_M,需先求矩形线圈对长直导线的互感 M,但此值难以直接计算,由于 $M_{12}=M_{21}=M$,故可计算长直导线对矩形线圈的互感.

假设在长直导线中通有一电流 I,此电流的磁场在矩形线圈中产生的全磁通为

$$\Psi = N\int \boldsymbol{B}\cdot \mathrm{d}\boldsymbol{S} = N\int_d^{d+a}\frac{\mu_0 I}{2\pi r}l\mathrm{d}r = \frac{\mu_0 NIl}{2\pi}\ln\frac{d+a}{d}$$

长直导线与矩形线圈之间的互感为

$$M = \frac{\Psi}{I} = \frac{\mu_0 Nl}{2\pi}\ln\frac{d+a}{d}$$

矩形线圈中的电流 $i=I_0\cos\omega t$ 在长直导线中产生的互感电动势则为

$$\varepsilon_M = -\frac{\mu_0 Nl}{2\pi}\ln\frac{d+a}{d}\frac{\mathrm{d}}{\mathrm{d}t}(I_0\cos\omega t) = \frac{\mu_0 NlI_0\omega}{2\pi}\ln\frac{d+a}{d}\sin\omega t$$

11.3.3　磁场的能量

1) 自感磁能

如图 11.18 所示为一个含有自感为 L 的线圈的电路.当电源接通后,线圈中的电流将从零开始增加.这一电流的变化在线圈中要产生自感电动势,自感电动势与电流的方向相反,起着阻碍电流增大的作用.因此回路中电流不能立即达到稳定值,而需要一个逐步增大的过程.在整个过程中,电源提供的能量不仅消耗在电阻 R 上,产生焦耳热,而且还要克服自感电动势做功,转化为磁场的能量,在线圈中建立起磁场.

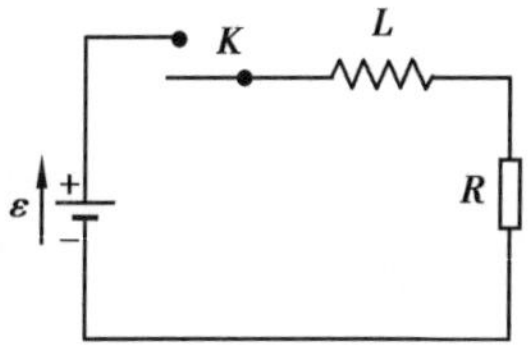

图 11.18　含有自感的电路

当某一时刻回路中的电流强度为 i 时,线圈中的自感电动势为

$$\varepsilon_L = -L\frac{\mathrm{d}i}{\mathrm{d}t} \tag{11.28}$$

在 $\mathrm{d}t$ 时间内电源电动势反抗自感电动势所做的功为

$$\mathrm{d}A = -\varepsilon_L i\mathrm{d}t = Li\mathrm{d}i \tag{11.29}$$

当电流从零增加到稳定值 I 时,电源反抗自感电动势所做的功为

$$A = \int_0^I -Li\mathrm{d}i = \frac{1}{2}LI^2 \tag{11.30}$$

这部分功就转化为储存在线圈中的能量 W_m,即

$$W_m = \frac{1}{2}LI^2 \tag{11.31}$$

自感为 L 的载流线圈所具有的磁场能量,称为自感磁能.当撤去电源后,这部分能量又全部被释放出来,转换成其他形式的能量.

2)磁场的能量

与电场能量一样,磁场的能量也是定域在磁场中.因此可以用磁场来表示磁场的能量.为简单起见,假设一无限长密绕螺线管内充满磁导率为 μ 的均匀介质,单位长度的匝数为 n,电流为 I_0,则管内的磁感应强度为

$$B = \mu n I_0 \tag{11.32}$$

管外磁场为零.根据例题 11.6 已知螺线管的自感系数为

$$L = \mu n^2 V \tag{11.33}$$

式中,V 是螺线管的体积,也是磁场的体积,因此,式(11.31)又可写成

$$W_m = \frac{1}{2}LI_0^2 = \frac{1}{2}\mu n^2 V I_0^2 = \frac{1}{2}\frac{B^2}{\mu}V \tag{11.34}$$

由于长直螺线管内为均匀磁场,所以上式两边除以磁场体积 V,便可得单位体积内磁场的能量,称为磁能密度,用 w_m 表示

$$w_m = \frac{W_m}{V} = \frac{1}{2}\frac{B^2}{\mu} \tag{11.35}$$

由于 $B=\mu H$,磁能密度也可以写成

$$w_m = \frac{1}{2}\mu H^2 = \frac{1}{2}BH = \frac{1}{2}\boldsymbol{B}\cdot\boldsymbol{H} \tag{11.36}$$

式(11.36)虽然是由长直螺线管这一特例推导出来的,但可以证明它适用于各种磁场.对磁场中的任一体积元 $\mathrm{d}V$,其包含的磁能为

$$\mathrm{d}W = w_m \mathrm{d}V \tag{11.37}$$

对磁场占据的整个空间积分,便得到该磁场的总能量

$$W_m = \int \mathrm{d}W = \int w_m \mathrm{d}V = \frac{1}{2}\int \boldsymbol{B}\cdot\boldsymbol{H}\mathrm{d}V \tag{11.38}$$

11.4 电磁场

11.4.1 位移电流

在恒定电路中传导电流是处处连续的，在这种电流产生的恒定磁场中，安培环路定理可以写成

$$\oint_L \boldsymbol{H} \cdot \mathrm{d}\boldsymbol{l} = \sum_i I_i = \int_S \boldsymbol{J}_c \cdot \mathrm{d}\boldsymbol{S} \tag{11.39}$$

式中，$\sum_i I_i$ 是穿过以 L 回路为边界的任意曲面 S 的传导电流.

然而，如图 11.19 所示，在接有电容器的电路中，情况就不同了. 对于以 L 为周界的曲面 S_1，由于穿过它的电流为 I，所以有

$$\oint_L \boldsymbol{H} \cdot \mathrm{d}\boldsymbol{l} = I \tag{11.40}$$

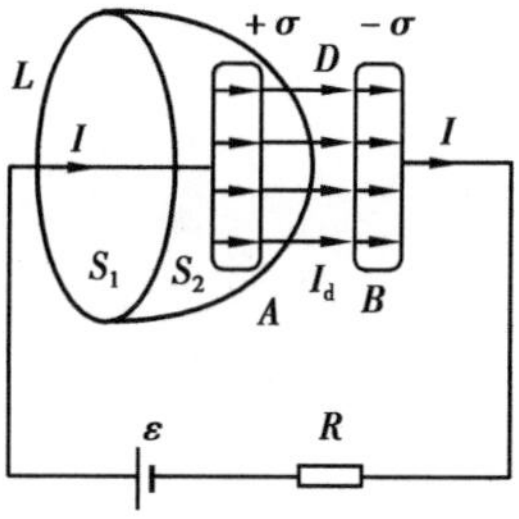

图 11.19　位移电流

而对于仍然以 L 为周界的曲面 S_2，它延展到了电容器两极板之间，又不与导线相交，由于不论是充电还是放电，穿过该曲面的传导电流都为零，所以有

$$\oint_L \boldsymbol{H} \cdot \mathrm{d}\boldsymbol{l} = 0 \tag{11.41}$$

显然，这两个结论是相互矛盾的. 在电容器充放电的过程中，对整个电路来说，传导电流是不连续的. 安培环路定理在非恒定磁场中出现了矛盾的情况，必须加以修正. 可以选择的修正方案有两种：①放弃传导电流连续性；②放弃电荷守恒定律. 电荷守恒定律是普适规律，而传导电流的连续性是在恒定条件下实验总结出来的特殊规律. 因此，麦克斯韦选择放弃传导电流的连续性，而提出位移电流假设来解决这一矛盾.

通过对电容器充放电过程的分析可以发现，虽然传导电流在电容器两个极板之间中断了，但与此同时，两个极板之间却出现了变化的电场. 电容器极板上自由电荷 q 随时间变化形成传导电流的同时，极板间的电场 E、电位移矢量 D 也在随时间变化着. 由于

$$\oint_S \boldsymbol{J} \cdot \mathrm{d}\boldsymbol{S} = -\frac{\mathrm{d}q}{\mathrm{d}t} \tag{11.42}$$

式中，积分曲面 S 是由 S_1 和 S_2 构成的闭合曲面；$\mathrm{d}\boldsymbol{S}$ 指向曲面外法线方向；$\oint_S \boldsymbol{J} \cdot \mathrm{d}\boldsymbol{S}$ 是流经闭合曲面的传导电流；$\frac{\mathrm{d}q}{\mathrm{d}t}$是 S 中单位时

间内电量的增量.由高斯定理可知

$$q = \oint_S \boldsymbol{D} \cdot \mathrm{d}\boldsymbol{S} \tag{11.43}$$

将上式对时间求导

$$\frac{\mathrm{d}q}{\mathrm{d}t} = \frac{\mathrm{d}}{\mathrm{d}t}\oint_S \boldsymbol{D} \cdot \mathrm{d}\boldsymbol{S} = \oint_S \frac{\partial \boldsymbol{D}}{\partial t} \cdot \mathrm{d}\boldsymbol{S} \tag{11.44}$$

于是得

$$\oint_S \boldsymbol{J} \cdot \mathrm{d}\boldsymbol{S} = -\oint_S \frac{\partial \boldsymbol{D}}{\partial t} \cdot \mathrm{d}\boldsymbol{S} \tag{11.45}$$

$\oint_S \frac{\partial \boldsymbol{D}}{\partial t} \cdot \mathrm{d}\boldsymbol{S}$ 是穿过闭合曲面 S 的电位移通量的时间变化率,其地位与传导电流相当,对式(11.45)整理后得

$$\oint_S \left(\boldsymbol{J} + \frac{\partial \boldsymbol{D}}{\partial t}\right) \cdot \mathrm{d}\boldsymbol{S} = 0 \tag{11.46}$$

由于$\frac{\partial \boldsymbol{D}}{\partial t}$和 $\boldsymbol{J}$ 具有相同的量纲,据此,麦克斯韦提出:变化的电场可以等效为一种电流,称为位移电流.定义

$$J_{\mathrm{d}} = \frac{\partial D}{\partial t} \tag{11.47}$$

为位移电流密度,即电场中某点的位移电流密度等于该点电位移矢量随时间的变化率,而

$$I_{\mathrm{d}} = \int \boldsymbol{J}_{\mathrm{d}} \cdot \mathrm{d}\boldsymbol{S} = \int \frac{\partial \boldsymbol{D}}{\partial t} \cdot \mathrm{d}\boldsymbol{S} \tag{11.48}$$

为位移电流,即通过电场中某截面的位移电流等于位移电流密度在该截面上的通量,或者说,位移电流在数值上等于穿过任一曲面的电位移通量的时间变化率.

按照麦克斯韦的假设,在含有电容器的电路中,电容器极板表面中断的传导电流 I,可以由位移电流 I_{d} 替代,二者合在一起维持了电路中电流的连续性.麦克斯韦认为,传导电流 I 和位移电流 I_{d} 可以共存,两者之和称为全电流,即

$$I_{\text{全}} = I + I_{\mathrm{d}} \tag{11.49}$$

而 $\boldsymbol{J}_{\text{全}} = \boldsymbol{J} + \frac{\partial \boldsymbol{D}}{\partial t}$称为全电流密度.

引入了位移电流后,麦克斯韦把从恒定电流的磁场中总结出来的安培环路定理推广到非恒定电流情况下更一般的形式,即

$$\oint_L \boldsymbol{H} \cdot \mathrm{d}\boldsymbol{l} = I + I_{\mathrm{d}} = I + \int \frac{\partial \boldsymbol{D}}{\partial t} \cdot \mathrm{d}\boldsymbol{S} \tag{11.50}$$

式(11.50)表明,磁场强度 $\boldsymbol{H}$ 沿任意闭合回路的线积分等于穿过此闭合回路所包围曲面的全电流,这就是全电流的安培环路定理.

虽然位移电流和传导电流在激发磁场方面是等效的,但它们却是两个不同的概念.传导电流是大量自由电荷的宏观定向运动,而位移电流的实质却是关于电场的变化率.传导电流通过电阻时会产生焦耳热,而位移电流没有热效应.

位移电流的引入深刻揭露了电场和磁场的内在联系和依存关系,反映了自然现象的对称性.法拉第电磁感应定律说明变化的磁场能激发涡旋电场,位移电流的论点说明变化的电场能激发涡旋磁场,两种变化的场永远互相联系着,形成了统一的电磁场.麦克斯韦提出的位移电流的概念,已为无线电波的发现和它在实际中的广泛应用所证实,它和变化磁场激发电场的概念都是麦克斯韦电磁场理论中很重要的基本概念.根据位移电流的定义,在电场中每一点只要有电位移的变化,就有相应的位移电流密度存在,因此不仅在电介质中,就是在导体中,甚至在真空中也可以产生位移电流,但在通常情况下,电介质中的电流主要是位移电流,传导电流可以略去不计;而在导体中的电流,主要是传导电流,位移电流可以略去不计.至于在高频电流的场合,导体内的位移电流和传导电流同样起作用,这时就不可略去其中任何一个了.

例 11.10　如图 11.20 所示,半径为 R 的两块圆板,构成平板电容器.现均匀充电,使电容器两极板间的电场变化率为 $\mathrm{d}E/\mathrm{d}t$(常量),求极板间的位移电流以及距轴线 r 处的磁感应强度.

解　穿过两极板间任一曲面的电位移通量为

$$\Phi_D = SD = \pi R^2 \varepsilon_0 E$$

电容器两极板间的位移电流为

$$I_\mathrm{d} = \frac{\mathrm{d}\Phi_D}{\mathrm{d}t} = \pi R^2 \varepsilon_0 \frac{\mathrm{d}E}{\mathrm{d}t}$$

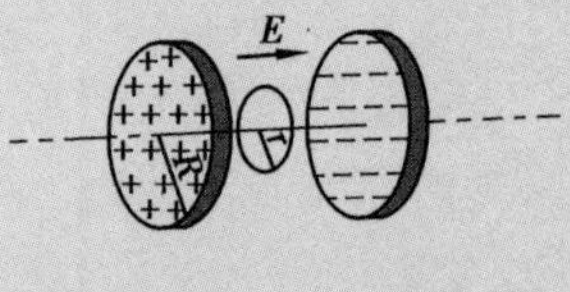

图 11.20　例 11.10 用图

选半径为 r 同轴圆周为闭合路径 L,由全电流安培环路定理式(11.50)得

$$\oint_L \boldsymbol{H} \cdot \mathrm{d}\boldsymbol{l} = 2\pi r H = \int_S \frac{\partial \boldsymbol{D}}{\partial t} \cdot \mathrm{d}\boldsymbol{S}$$

又因为

$$H = \frac{B}{\mu_0}, \quad \boldsymbol{D} = \varepsilon_0 \boldsymbol{E}$$

当 $r < R$ 时，$\frac{B}{\mu_0}\cdot 2\pi r = \varepsilon_0\int_S \frac{\partial \boldsymbol{E}}{\partial t}\cdot \mathrm{d}\boldsymbol{S} = \varepsilon_0 \frac{\mathrm{d}E}{\mathrm{d}t}\pi r^2$，磁场感应强度 $B_r = \frac{\mu_0\varepsilon_0}{2} r \frac{\mathrm{d}E}{\mathrm{d}t}$；

当 $r > R$ 时，$\frac{B}{\mu_0}\cdot 2\pi r = \varepsilon_0\int_S \frac{\partial \boldsymbol{E}}{\partial t}\cdot \mathrm{d}\boldsymbol{S} = \varepsilon_0 \frac{\mathrm{d}\boldsymbol{E}}{\mathrm{d}t}\pi R^2$，磁场感应强度 $B_r = \frac{\mu_0\varepsilon_0}{2r} R^2 \frac{\mathrm{d}\boldsymbol{E}}{\mathrm{d}t}$.

需要注意的是，上述计算得到的磁感应强度都是由传导电流和位移电流共同产生的.

11.4.2 麦克斯韦方程组

在前面的章节中，已经分别研究了静电场和恒定磁场的基本性质以及它们所遵循的规律，也研究过电磁感应的宏观表现. 在19世纪中期，麦克斯韦在这些已有规律的基础上，提出了“感生电场”和“位移电流”的假设，确立了电荷、电流和电场、磁场之间的普遍关系，建立了统一的电磁场理论.

麦克斯韦通过总结发现：①除静止电荷激发无旋电场外，变化的磁场还将激发涡旋电场；②变化的电场和传导电流一样激发涡旋磁场，这就是说，变化的电场和磁场不是彼此孤立的，它们相互联系、相互激发组成一个统一的电磁场. 下面根据麦克斯韦的这些基本概念，首先介绍由他总结出来的麦克斯韦电磁场方程组的积分形式.

$$\oint_S \boldsymbol{D}\cdot \mathrm{d}\boldsymbol{S} = \sum q = \int_V \rho \mathrm{d}V \tag{11.51a}$$

$$\oint_S \boldsymbol{B}\cdot \mathrm{d}\boldsymbol{S} = 0 \tag{11.51b}$$

$$\oint_L \boldsymbol{E}\cdot \mathrm{d}l = -\int_S \frac{\partial \boldsymbol{B}}{\partial t}\cdot \mathrm{d}\boldsymbol{S} \tag{11.51c}$$

$$\oint_L \boldsymbol{H}\cdot \mathrm{d}l = I + I_\mathrm{d} = I + \int_S \frac{\partial \boldsymbol{D}}{\partial t}\cdot \mathrm{d}\boldsymbol{S} \tag{11.51d}$$

式(11.51a)是电场中的高斯定理. 式中的 $\boldsymbol{D}$ 是由电荷和变化磁场共同激发的电场的电位移矢量. 由于感生电场的电位移线为闭合曲线，因此总的电位移通量只与自由电荷有关.

式(11.51b)是磁场中的高斯定理. 式中的 $\boldsymbol{B}$ 是由传导电流和位移电流共同激发的磁场. 因为两者激发的磁场均是涡旋场，所以通过闭合曲面的磁通量为零.

式(11.51c)是推广后的电场的环路定理. 式中的 $\boldsymbol{E}$ 是静电场和感应电场的矢量和. 由于静电场是保守场，其环路积分为零，因此电场强度的环路积分只与变化的磁场有关.

式(11.51d)是全电流安培环路定理,它表明传导电流和位移电流均能激发磁场.

上述麦克斯韦方程组描述的是在某有限区域内以积分形式联系各点的电磁场量和电荷、电流之间的依存关系,而不能直接表示某一点上各电磁场量和该点电荷、电流之间的相互联系.但在实际应用中,更重要的是要知道场中某些点的场量.因此麦克斯韦方程组的微分形式应用范围更加广泛.经过数学变换后可以得到麦克斯韦方程组的微分形式

$$\nabla \cdot \boldsymbol{D} = \rho \tag{11.52a}$$

$$\nabla \cdot \boldsymbol{B} = 0 \tag{11.52b}$$

$$\nabla \times \boldsymbol{E} = -\frac{\partial \boldsymbol{B}}{\partial t} \tag{11.52c}$$

$$\nabla \times \boldsymbol{H} = \boldsymbol{J} + \frac{\partial \boldsymbol{D}}{\partial t} \tag{11.52d}$$

麦克斯韦方程组是一个完整统一且普遍适用的电磁学理论体系.麦克斯韦方程组的建立对于物理学与整个科学是一个具有里程碑意义的贡献.这个方程组内也蕴含着狭义相对论,为狭义相对论的产生奠定了理论基础,成为狭义相对论产生的必要前提.

在有介质时,麦克斯韦方程组尚不够完备,还需要补充三个描述介质性质的方程,称为介质性能方程.对各向同性的介质来说,这三个方程是

$$\boldsymbol{D} = \varepsilon \boldsymbol{E} \tag{11.53}$$

$$\boldsymbol{B} = \mu \boldsymbol{H} \tag{11.54}$$

$$\boldsymbol{J} = \gamma \boldsymbol{E} \tag{11.55}$$

上面三式中的 ε、μ、γ 分别是介质的电容率、磁导率和电导率.

11.4.3　电磁场的物质性

在前面讨论静电场和恒定磁场时,总是把电磁场和场源(电荷和电流)合在一起研究,因为在这些情况中电磁场和场源是有机联系在一起的,没有场源时电磁场也就不存在.但在场随时间变化的情况中,电磁场一经产生,即使场源消失,它也可以继续存在,这时变化的电场和变化的磁场相互转化,并以一定的速度按照一定的规律在空间传播,这说明电磁场具有完全独立存在的性质,反映了电磁场具有一切物质的基本特性.

前面的章节中已分别介绍了电场的能量密度$\frac{1}{2}\boldsymbol{D}\cdot\boldsymbol{E}$和磁场的能量密度$\frac{1}{2}\boldsymbol{B}\cdot\boldsymbol{H}$,对于一般情况下的电磁场来说,既有电场能量,又有磁场能量,其电磁场能量密度为

$$w = w_{\mathrm{e}} + w_{\mathrm{m}} = \frac{1}{2}(\boldsymbol{D}\cdot\boldsymbol{E}+\boldsymbol{B}\cdot\boldsymbol{H}) \tag{11.56}$$

根据相对论质能关系,可以得到单位体积的电磁场的质量为

$$m = \frac{w}{c^2} = \frac{1}{2c^2}(\boldsymbol{D}\cdot\boldsymbol{E}+\boldsymbol{B}\cdot\boldsymbol{H}) \tag{11.57}$$

根据相对论能量与动量的关系式,单位体积内电磁场的动量称为动量密度$\boldsymbol{g}$,即

$$\boldsymbol{g} = \frac{w}{c} = \frac{1}{2c}(\boldsymbol{D}\cdot\boldsymbol{E}+\boldsymbol{B}\cdot\boldsymbol{H}) \tag{11.58}$$

大量实验证明,电磁场有质量和动量,是一种物质的表现形态.另外,电磁场与实物之间可以相互转化,例如同步辐射光源、正负电子对湮没等,这些都说明了电磁场的物质性.

但电磁场这种物质形态,和由分子、原子组成的实物又有一些区别:实物有不可入性,而在同一空间内却可以有多种电磁场同时存在;实物可有不同的运动速度,速度又与参考系的选择有关,而电磁波在真空中传播的速度都是光速c,且与参考系无关;实物由离散的粒子组成,电磁场则是连续的,并以波的形式传播.总之,电磁场和实物一样都是物质存在的形态,它们从不同的方面反映了客观世界.

随时间变化的电场和磁场互相激发,互相依存,构成统一的电磁场,并以波的形式传播,那么如果在不同参考系里去观察同一电磁场,会发生什么情形呢?下面举两个简单的并且极为常见的例子.

(1)一个运动电荷的周围,既有电场,也有磁场,但如果观察者随着运动电荷一起运动,那么在他看来,电荷仍然是静止的,因此只存在静电场.

(2)前面曾把电磁感应现象分成了感生和动生两种,然而在不同的参考系中的观察者,对电磁感应现象的产生,可能给予不同的解释,而且由于磁场的磁感应强度和参考系有关,感应电动势的值在不同参考系中也可能不同,只有在低速运动时,不同参考系中的观察者测得的感应电动势的值才是一样的,因此上述分法在一定程度上只具有相对意义.例如将磁铁插入线圈,一个相对

于线圈静止的观察者看来，线圈中的感生电动势完全是由于（磁铁运动引起了）穿过线圈的磁通量变化产生的，线圈中的电动势是感生的，线圈中存在有感生电场，感生电动势的值 $\varepsilon_i = \oint_L \boldsymbol{E} \cdot \mathrm{d}\boldsymbol{l} = -\dfrac{\mathrm{d}\Phi_{\mathrm{m}}}{\mathrm{d}t}$.但一个和磁铁一起运动的观察者认为磁场没有变，电磁感应现象是线圈在磁场中运动引起的，因此并不存在什么电场，电动势是动生电动势，其值为 $\varepsilon_i = \oint(\boldsymbol{v} \times \boldsymbol{B}) \cdot \mathrm{d}\boldsymbol{l} = -\dfrac{\mathrm{d}\Phi_{\mathrm{m}}}{\mathrm{d}t}$.于是就出现了这样一种情况，同一个电磁感应现象，由于运动的相对性，在不同的参考系中的观察者作出了不同解释，虽然感应电动势的值可能不变，但 $\boldsymbol{B}$、$\boldsymbol{v}$、$\boldsymbol{E}$ 却有了不同的量值.

出现以上情况并不奇怪，它恰恰反映了电磁场的统一性和相对性.电场和磁场是同一电磁场的两个不同方面，同一电磁场在不同参考系中，电场和磁场的量值会有所不同，在给定参考系内，电场和磁场反映出各自不同的性质，当参考系改变时，电场和磁场可以互相转化.根据爱因斯坦狭义相对论的相对性原理，所有的惯性参考系都是等价的.对同一物理规律的表述，在不同参考系中都应具有相同的形式.研究表明，麦克斯韦方程组在任何惯性系中都具有相同的形式，因此描述电磁场的物理规律，必须是在洛伦兹变换下保持不变.这就是电磁场的统一性和相对性.

11.4.4　电磁波的产生及基本性质

1864 年 12 月 8 日，麦克斯韦在英国皇家学会报告了他的论文“电磁场的动力学原理”，他从麦克斯韦方程组出发，导出了电磁场的波动方程，于是他预言了电场和磁场相互激发并以波的形式在空间传播，从而形成电磁波，并且得到电磁波的传播速度与当时已知的真空中的光速相等的结论，于是麦克斯韦预言：光是按照电磁定律经过场传播的电磁扰动，即光就是电磁波.他的预言完全凭借理论推断，当时并没有得到实验的支持.直到 1887 年，德国物理学家赫兹才从实验上证实了电磁波的存在.麦克斯韦把光现象与电磁现象联系起来，使人们对光的本质有了更加深入的认识.

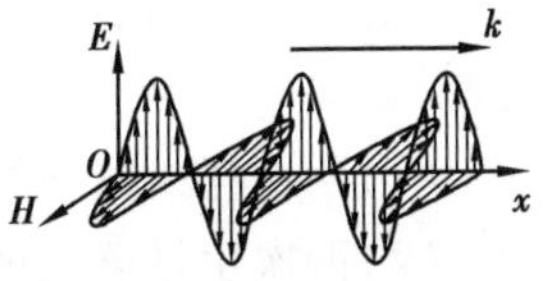

图 11.21　真空中的电磁波

自由空间传播的电磁波如图 11.21 所示，它具有下列主要性质：

（1）电磁波是横波.电场 $\boldsymbol{E}$、磁场 $\boldsymbol{B}$ 和传播方向 k（$\boldsymbol{k}$ 称为波矢量，$k=\omega/c$）三者相互垂直，构成右手系；传播速率为常量 $u=$

$\frac{1}{\sqrt{\varepsilon_0\mu_0}}$,$u$ 具有不变性,这就是光速不变性.

(2)电场 $\boldsymbol{E}$ 和磁场 $\boldsymbol{B}$ 的相位相同,它们的变化完全同步,同时变大同时变小,它们的大小符合关系式

$$E = uB \tag{11.59}$$

(3)电磁场可以脱离场源(电荷与运动电荷)存在和传播,具有独立存在的物质性.

(4)电磁波的传播伴随着能量的传递,电磁波的能量包含电场能量和磁场能量.因此电磁波的能量密度为

$$w = w_e + w_m = \frac{1}{2}(\boldsymbol{D}\cdot\boldsymbol{E} + \boldsymbol{B}\cdot\boldsymbol{H}) = \frac{1}{2}\varepsilon_0 E^2 + \frac{1}{2}\mu_0 H^2 \tag{11.60}$$

电磁波的能流密度又称为坡印廷矢量,用 $\boldsymbol{S}$ 表示.它的方向沿着电磁波传播的方向,大小为

$$S = wu \tag{11.61}$$

考虑到 $\boldsymbol{S}$ 的方向,坡印廷矢量也可以表示为

$$\boldsymbol{S} = \boldsymbol{E}\times\boldsymbol{H} \tag{11.62}$$

自赫兹从实验上证实了电磁波的存在以后,人们进行了许多实验,不仅进一步证明了光是一种电磁波,光在真空中的传播速度 c 就是电磁波在真空中的传播速度;而且发现了不同频率和波长的电磁波,如无线电波、红外光、可见光、紫外光、X 射线和 γ 射线等,这些电磁波按频率或波长的顺序排列起来构成电磁波谱.真空中的波长 λ 和频率 ν 的关系为

$$c = \lambda\nu \tag{11.63}$$

思考题

11.1 感应电动势的大小由什么因素决定?

11.2 将一磁铁插入一个由导线组成的闭合电路线圈中,一次迅速插入,另一次缓慢插入.

(1)两次插入时在线圈中的感应电荷量是否相同?

(2)两次手推磁铁的力所做的功是否相同?

11.3 在电磁感应定律 $\varepsilon_i = -\frac{\mathrm{d}\Psi}{\mathrm{d}t}$ 中,负号的意义是什么?如何根据负号来确定感应电动势的方向?

11.4 将尺寸完全相同的铜环和木环适当放置,使通过两环中的磁通量的变化率相等.

问在两环中是否产生相同的感应电场和感应电流？

11.5　一条形磁铁在空中竖直下落，途中穿过一闭合金属环，环中会因此产生感应电流，试分析在此过程中磁铁受力情况和加速度的变化.

11.6　试讨论动生电动势与感生电动势的共同点和不同点.

11.7　变压器的铁芯为什么总做成片状的，而且涂上绝缘漆相互隔开？铁片放置的方向应和线圈中磁场的方向有什么关系？

11.8　熔化金属的一种方法是用“高频炉”.它的主要部件是一个铜制线圈，线圈中有一坩埚，将待熔的金属块置于锅内.当线圈中通以高频交流电时，锅内金属就可以被熔化.这是什么缘故？

11.9　有人说：“因为自感 $L=\Phi_m/I$，所以通过线圈中的电流强度越大，自感系数越小.”这种说法对吗？

11.10　一个线圈自感的大小由哪些因素决定？怎样绕制一个自感为零的线圈？

11.11　两个线圈之间的互感大小由哪些因素决定？怎样放置可使两线圈间的互感最大？

*11.12　你能举出证明麦克斯韦的两个基本假设是正确的事实吗？

*11.13　说明位移电流和传导电流的不同含义.

*11.14　为什么说电磁波是横波？

*11.15　什么是坡印亭矢量？它和电场、磁场有什么关系？

习　题

11.1　一横截面积为 $S=20\ \text{cm}^2$ 的空心螺绕环，每厘米长度上绕有 50 匝，环外绕有 $N=5$ 匝的副线圈，副线圈与电流计 G 串联，构成一个电阻为 $R=2.0\ \Omega$ 的闭合回路.若螺绕环中的电流每秒减少 20 A，求副线圈中的感应电动势和感应电流.

11.2　如题 11.2 图所示，一很长的直导线有交变电流 $i=10\sin\omega t$，它旁边有一长方形线圈 $ABCD$，长为 l，宽为 $(b-a)$，线圈和导线在一平面内.求：

(1) 穿过回路 $ABCD$ 的磁通量 Φ_m；

(2) 回路 $ABCD$ 的感应电动势 ε_i.

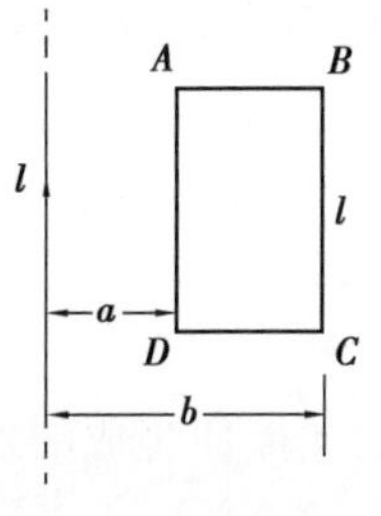

题 11.2 图

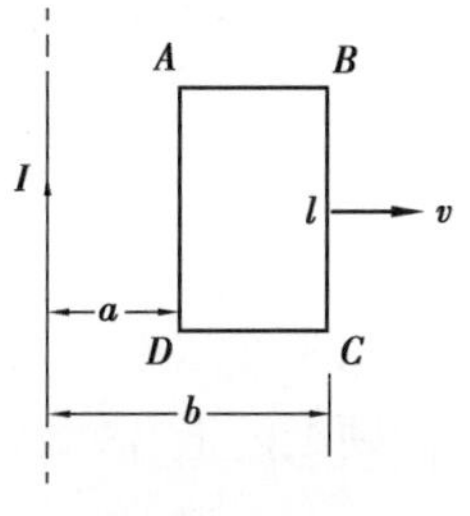

题 11.3 图

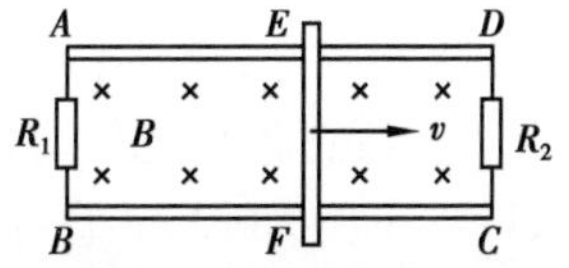

题 11.4 图

11.3　一长直导线载有 5.0 A 直流电流，旁边有一个与它共面的矩形线圈，长 $l=20$ cm，如题 11.3 图所示，$a=10$ cm，$b=20$ cm；线圈共有 $N=1\ 000$ 匝，以 $v=3.0$ m/s 的速度离开直导线.求线圈里的感应电动势的大小和方向.

11.4 如题11.4图所示,两平行金属导轨有一滑动金属杆 EF,EF 段的电阻为 R,导轨两端的电阻为 R_1、R_2,均匀磁场 B 垂直通过导轨所在的平面,若 EF 的运动速率为 v,求金属杆的电流 I_{EF}(略去导轨电阻、摩擦、回路自感).

11.5 如题11.5图所示,金属杆 AB 以匀速率 $v=2.0$ m/s 平行于一长直导线运动,此导线通有电流 $I=40$ A.试求杆中的动生电动势,并指出哪端电势高?

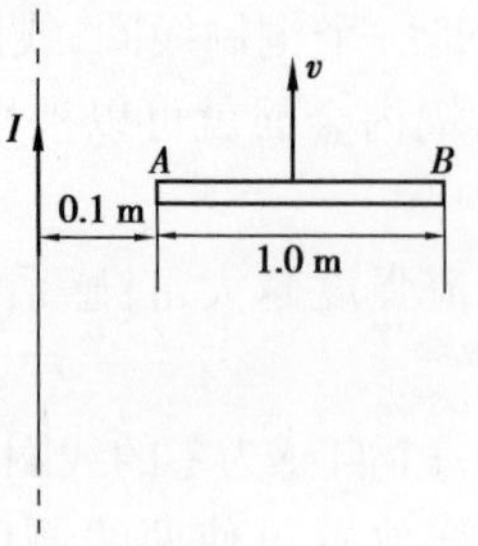

题11.5图

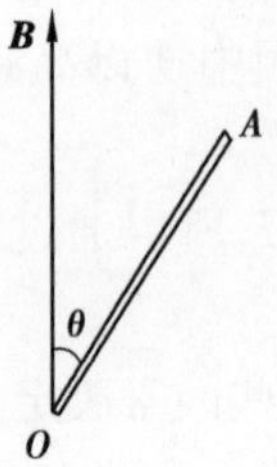

题11.6图

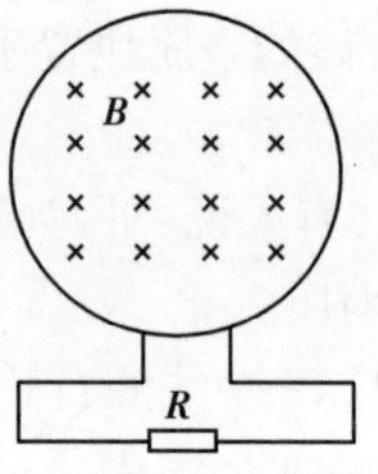

题11.7图

11.6 长为 a 的金属棒 OA 相对于均匀磁场 B 的方位角为 θ,棒以角速度 ω 绕通过棒的一端 O 且与磁场方向平行的轴转动,如题11.6图所示.求:

(1)金属棒上的电动势 ε;

(2)A 点与 O 点上电势的高低及电势差 $V_A - V_O$.

11.7 如题11.7图所示,通过回路的磁感线与线圈平面垂直,若磁通量按如下规律变化:

$$\Phi_m = 6t^2 + 9t + 8$$

式中,Φ_m的单位是 mWb;t 以 s 为单位.则当 $t=2$ s 时,试求:

(1)回路中的感应电动势是多少?

(2)电阻 R 上的电流大小和方向如何?设 $R=2\ \Omega$.

11.8 一螺线管横截面的半径为 a,中心线的半径为 $R(R \gg a)$,其上由表面绝缘的导线均匀地密绕两个线圈,各为 N_1 匝和 N_2 匝,求两线圈的互感 M.

11.9 设一螺线管长 $l=0.5$ m,线圈的面积为 $S=10\ \text{cm}^2$,总匝数为 $N=3\ 000$,试求这一螺线管的自感(线圈内是空气).

11.10 一个线圈的自感 $L=30$ H,电阻 $R=15.0\ \Omega$,接在12 V的电源上,电源的内阻可略去不计.求:

(1)当电流为0.50 A时,供给线圈的功率是多少?这时线圈上产生的热功率是多少?线圈磁能的增加率是多少?

(2)当电流达到稳定值时,有多少能量储于线圈中?

11.11 在长为0.2 m、直径为0.5 cm的硬纸筒上,需绕多少匝线圈,才能使绕成的螺线管的自感约为 2.0×10^{-3} H.

11.12 两共轴螺线管,长 $l=1.0$ m,截面积 $S=10\ \text{cm}^2$,匝数 $N_1=1\ 000$,$N_2=200$.计算这两线圈的互感.若线圈1内的电流变化率为10 A/s,求线圈2内感应电动势的大小(设管内充满空气).

11.13　一圆环形线圈 a 由 50 匝细线绕成，截面积为 4 cm^2，放在另一个匝数等于 100 匝，半径为 20 cm 的圆环形线圈 b 的中心，两线圈同轴.求：

(1)两线圈的互感；

(2)当线圈 a 中的电流以 50 A/s 的变化率减少时，线圈 b 内磁通量的变化率；

(3)线圈 b 的感生电动势.

*11.14　实验室中一般可获得的强磁场约为 2 T，强电场约为 10^6 V/m.求相应的磁场能量密度和电场能量密度多大？哪种场更有利于储存能量？

*11.15　在半径为 R 的长直螺线管的中段内，磁场沿轴向均匀分布，磁感应强度 B 的大小以恒定的变化率 $\mathrm{d}B/\mathrm{d}t$ 增加着，求距离中心 O 为 $r(r>R)$ 处的涡旋电场的场强大小.

*11.16　求证：平行板电容器两极之间的位移电流大小为 $I_d=C\mathrm{d}U/\mathrm{d}t$，其中 C 为电容器的电容，U 为电容器两极板之间的电压.

*11.17　半径为 R 的圆形平行平板电容器，电荷 $q=q_0\sin\omega t$ 均匀分布在极板上，略去边缘效应，求两板间的位移电流密度和位移电流.

*11.18　一平面电磁波在真空中传播，电场强度振幅为 $E_0=100\times10^{-6}$ V/m，求磁场强度振幅及电磁波的强度.

第 12 章　光　学

光是一种十分重要的自然现象,与人类的生存生活息息相关,因此,光是人类最早的研究的物理现象之一。光学为物理学中发展较早的一个分支,主要研究光的行为和性质,以及光与物质相互作用的性质和规律。

物理学把光学分为几何光学和物理光学。几何光学以光的基本实验定律为基础,借助于几何学的方法来研究光在透明介质中的传播规律,主要研究光的一些现象、性质和应用,不涉及光的本性。物理光学以光的波动性和粒子性为基础,主要研究光的各种现象的实质,洞悉光的属性,并进行有效的利用。其中,以光的波动性为基础的物理光学称为波动光学,主要包括光的干涉、衍射和偏振;以光的粒子性为基础的物理光学称为量子光学,主要研究光与物质相互作用的微观机制、规律及其应用。

时至今日,人类已经在生产实践中积累了相当丰富的光学理论知识,并在社会生活和科学技术的各个领域得到了很好的应用。本章主要研究几何光学和波动光学。

12.1　几何光学的基本定律

任何一个发光体都是一个光源.当发光体本身的尺寸与光的传播距离相比可以略去不计时,该发光体称为发光点或点光源.在几何光学中,发光点是抽象出来的一种理想化模型,它是一个既无体积又无大小的几何点,任何被成像的物体都可以认为是由无数个这样的发光点组成的.

几何光学用一条表示光的传播方向的几何线来代表光,并称这条线为光线.光线也是一种理想模型,它实际上是不存在的.但是,利用光线可以把光学中复杂的成像问题归结为简单的几何运算,可大大简化问题的处理过程。

光是横波,在各向同性介质中,其电场的振动方向和传播方向垂直,因此可以认为波阵面的法线就是几何光学中的光线,与波阵面对应的法线束称为光束.平面波对应于平行光束,球面波对应于会聚或发散光束.

几何光学的理论基础,是由实际观察和直接实验得到的几个基本定律,即光的直线传播定律、光的独立传播定律及光的反射和折射定律.下面将分别予以说明.

12.1.1 光的直线传播定律

在均匀介质中,光沿直线传播,这就是光的直线传播定律.光在传播过程中与其他光束相遇时,各光束都各自独立传播,不改变其性质和传播方向,这就是光的独立传播定律.

光的直线传播定律是几何光学的重要基础,利用它可以解释很多自然现象,如影子的形成、日食、月食、小孔成像等.当然,该定律只有在光的传播路径上没有限制时,才能成立,否则将因光的衍射现象而遭到破坏.

注意:光只在均匀介质中沿直线传播,在非均匀介质中传播时将因折射率的不同产生折射而发生弯曲。炎热的夏天在公路上开车行驶,有时会看到远处路面上有"一洼水",但当车行驶至该处时,却发现路面上并没有水,这是公路上的"海市蜃楼"现象.产生这种现象是由于光在通过路面附近密度不均匀的空气时发生了折射.

12.1.2 光的反射定律

虽然光在均匀介质中是沿直线传播的,但遇到均匀且各向同性的两种不同介质的分界面时,入射光线的方向会发生改变.一部分光返回原介质中传播,成为反射光线;另一部分光进入另一种介质中传播,成为折射光线.如图 12.1 所示,AB、BC 和 BD 分别为入射光线、反射光线和折射光线.入射光线与分界面的法线 BN 构成的平面称为入射面.入射光线、反射光线和折射光线与法线所构成的夹角 i、i'和 r 分别称为入射角、反射角和折射角.

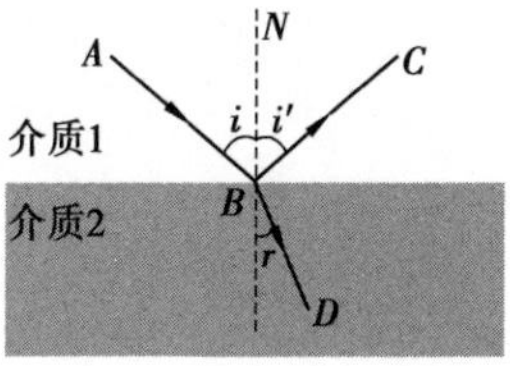

图 12.1 光的反射和折射

实验表明,反射光线与入射光线、法线在同一平面内,且反射光线和入射光线分居在法线的两侧,反射角等于入射角,即

$$i' = i \tag{12.1}$$

这就是**光的反射定律**.

如果两种介质的分界面是光滑的,则平行光束经分界面反射后,反射光束中的各条光线相互平行,沿同一方向射出,这种反射称为**镜面反射**,如图 12.2(a)所示;如果界面粗糙,则平行光线经界面反射后,反射光束中的各条光线可以有各种不同的方向,这

种反射称为漫反射,如图 12.2(b)所示.注意:无论是镜面反射,还是漫反射都遵循光的反射定律.

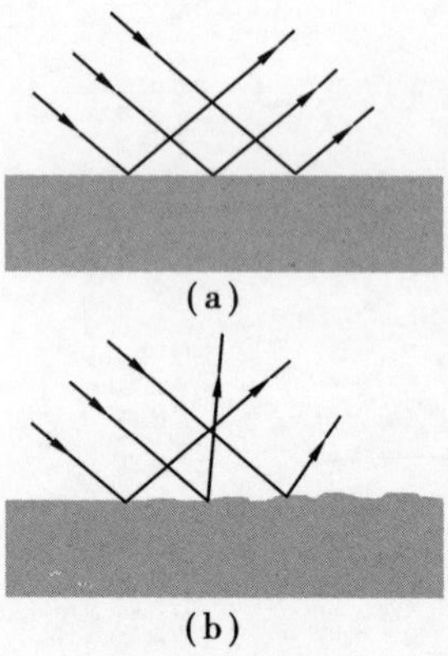
图 12.2 镜面反射和漫反射

12.1.3 光的折射定律

光在传播过程中遇到两种不同介质的分界面时,除了一部分光被反射外,其余的一部分光会进入另一种介质继续传播,且传播方向在界面处发生偏折,这一现象称为折射,如图 12.1 所示.折射实验以及折射定律的表述最早是在菲涅尔的遗稿中发现的,所以直到现在人们常称折射定律为菲涅尔定律,表述为:

(1)折射光线总是位于入射平面内,并且与入射光线分居法线的两侧;

(2)入射角 i 的正弦与折射角 r 的正弦之比,是一个取决于两种介质光学性质及光的波长的恒量,它与入射角无关,即

$$\frac{\sin i}{\sin r}=n_{21} \tag{12.2}$$

恒量 n_{21} 称为第二种介质相对于第一种介质的折射率,简称相对折射率.

如果光从真空中进入某种介质,并设光在真空中和在介质中的速度分别为 c 和 v,则该介质相对于真空的折射率

$$n=\frac{c}{v} \tag{12.3}$$

称为绝对折射率,简称折射率.两种介质进行比较时,折射率较大的称为光密介质,折射率较小的称为光疏介质。介质的折射率与介质的电磁特性、光的波长有关,与入射角度无关,通常由实验测定。同一媒质对不同波长的光,具有不同的折射率,因此白光经过棱镜后被分解为各种不同颜色的光,这种现象称为光的色散.手册中提供的折射率数据通常是对波长为 589.3 nm 的钠黄光而言。表 12.1 为几种常见物质的折射率。

表 12.1 常见物质的折射率

介 质	折射率	介 质	折射率
真空	1	聚苯乙烯	1.550
空气	1.003	翡翠	1.570
水(20°)	1.333	重火石玻璃	1.650
普通酒精	1.360	红宝石	1.770
糖溶液(30%)	1.380	特重火石玻璃	1.890

续表

介 质	折射率	介 质	折射率
熔化的石英	1.460	水晶	2.000
糖溶液(80%)	1.490	钻石	2.417
玻璃	1.500	氧化铜	2.705
氯化钠	1.530	碘晶体	3.340

工程光学中常把空气折射率当作1,而其他介质的折射率就是对空气的相对折射率。

实验表明,两种介质的相对折射率等于各自的折射率之比,即

$$n_{21} = \frac{n_2}{n_1} \tag{12.4}$$

将式(12.4)代入式(12.2)中,则有

$$n_1 \sin i = n_2 \sin r \tag{12.5}$$

式(12.5)是折射定律的另一种常用形式,称为菲涅尔定律.

光在两种介质的分界面上反射和折射时,如果光线逆着原来的反射光线或折射光线的方向入射到界面上,必然会逆着原来入射方向反射或折射出去,即当光线反向传播时,总是沿原来正向传播的同一路径逆向传播,这种性质称为光路可逆性或**光路可逆原理**.光路可逆性可用反射定律或折射定律证明,应用光路可逆性可使许多复杂的光学问题简单化.

12.1.4 费马原理

费马原理是光学中最基础的原理,利用光程的概念来描述光线传输行为,把几何光学的三大实验定律归结于一个统一的基本原理。费马原理的直观表达为:光从空间的一点到另一点的实际路径是沿着光程为极值的路径传播的。费马原理又称"平稳时间原理",即光沿着所需时间平稳的路径传播,这个"平稳"可以是极大值、极小值甚至拐点.

一般表达式为:

$$\int_A^B n\mathrm{d}r = \text{极值} \tag{12.6}$$

费马原理比上述实验定律具有更高的概括性,用微分或变分法可以推导出光的直线传播定律和反射、折射定律。直线是两点

间最短的线,如果光从均匀介质中的 A 点传播到 B 点,那么光的直线传播定律是费马原理的简单推论.

费马原理只涉及了光的传播路径,并未涉及光的传播方向,因此也包含了光的可逆性.

12.2 光在平面上的反射和折射

几何光学以光学的基本定律为依据,主要研究光学仪器成像的规律.一个平面是最简单的光学系统,下面先从它入手来研究光学系统的成像问题.

12.2.1 光在平面上的反射成像

光源发出的光可以用无数光线表示,这个光线的集合称为光束.在均匀介质中,同一点发出或者可以汇聚于同一点的光束称为同心光束,又称单心光束.同心光束的波面是球面,点光源发出的为同心光束。

点光源 S 发出的同心光束照射在平面分界面时,反射光束的方向会发生改变,但其反向延长线仍可以相交于一点 S',光束仍保持同心性不变。汇聚点 S'称为点光源 S 的像.若 S'是实际光线汇聚,则称为实像;若 S'是实际光线的反向延长线汇聚的,则称为虚像。在光学成像系统中,实像位置放置接收屏,可以在屏上得到真实的像,而在虚像位置放置接收屏是得不到像的,因为虚像不是实际光线的汇聚,但人眼可以直接观察到虚像.对眼睛来说,实像和虚像都不过是进入瞳孔的发散光束的顶点,因此无法用眼睛直接分辨光束的顶点是否有实际光线通过.

物上的每一点发出的都是同心光束,像点都是由同心光束汇聚得到的.物点与像点一一对应.由若干反射面和折射面组成的光学系统称为光具组,物体经过光具组成像,光线射入光具组的一侧空间称为物方空间,光线射出的一侧空间称为像方空间,需注意的是:虚物所在的空间不是物方空间,虚像所在的空间不是像方空间。

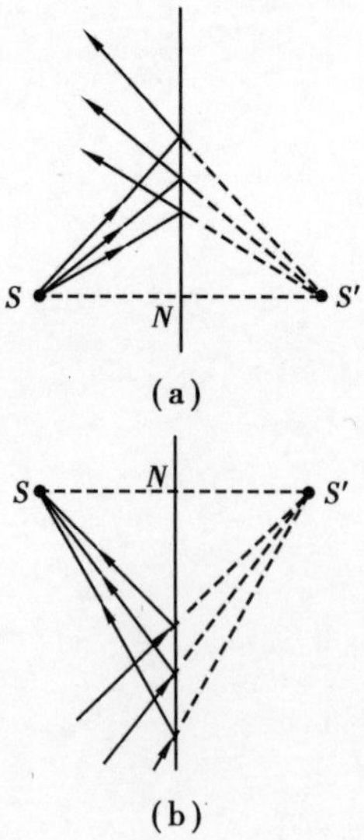

图 12.3 平面反射成像

如图 12.3(a)所示,从任一发光点 S 发出的光束,被平面镜反射后,其反射光线的反向延长线交于 S'点.由于实际光线并没有通过 S'点,所以 S'点是 S 点的虚像.虚像位于平面后,并在 S 点向平面所作的法线 SN 上,且有 $SN=S'N$,即 S'点和 S 点到反射面的距离相等,或者说二者成镜面对称.若被成像的点是虚发光点,则有平面反射可以产生实像,如图 12.3(b)所示.

由上述分析可知，平面反射镜是一个简单的、不改变光束同心性的光学系统，能获得清晰的像。它所成的像与物的大小相等，且像与物对称于镜面.

12.2.2 光在平面上的折射成像

与平面反射成像不同，折射光的折射角与入射角为非线性变化，折射光线的反向延长线一般不会相交于一点，如图 12.4 所示。

光束的同心性被破坏了，因此不能形成清晰的像，这种现象称为像散.然而，生活经验告诉我们，如果水中有一发光点，在水面上可以看到比较清晰的像，这是因为人眼的瞳孔只让折射光中极细的一束进入人们的眼内，此时相应的 i 和 r 必然很小，因此有

$$\sin i \approx \tan i = \frac{x}{p},\ \sin r \approx \tan r = \frac{x}{P'}$$

把它们代入式(12.5)可得

$$p' = p\frac{n_2}{n_1} \tag{12.7}$$

式(12.7)表明，在小光束范围内所有折射光线的反向延长线近似交于同一点 S'，S'与入射角无关，S'是一个像点.因为 S'是发散光线反向延长线的交点，所以 S'为虚像.由于 $n_1>n_2$，故像距 p' 小于物距 p.p'称为视深度.用于矫正视力的近视镜与远视镜也是依据此原理。

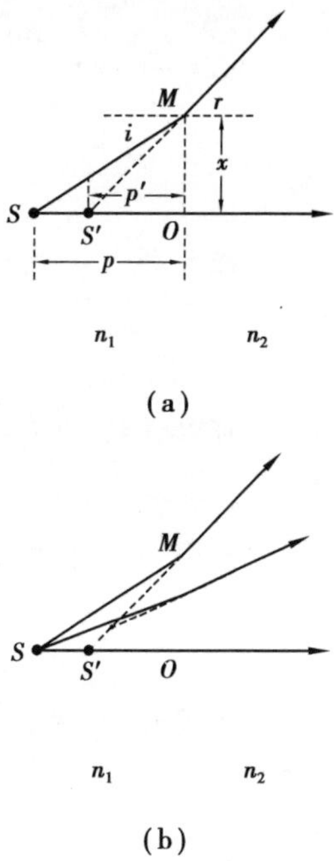

图 12.4 平面折射成像
重新插入图片

例 12.1 如图 12.5 所示，单色光入射一折射棱角 A 为 60°的玻璃三棱镜，玻璃的折射率为 1.6.若入射角为 i_1，求出射光线和入射光线之间的夹角(偏向角).

解 从图 12.5 中可以看出：

$$\delta = (i_1 - i_2) + (i_4 - i_3)$$

又因 $$i_2 + i_3 = A$$

故有 $$\delta = i_1 + i_4 - A$$

根据折射定律可知： $\sin i_1 = n\sin i_2$，$n\sin i_3 = \sin i_4$

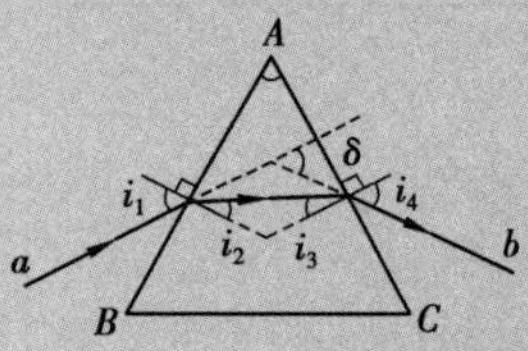

图 12.5 例 12.1 用图

所以

$$i_2 = \arcsin\left(\frac{\sin i_1}{n}\right),\quad i_4 = \arcsin(n\sin i_3)$$

把 $i_3=A-i_2$ 代入上式，可得

$$i_4 = \arcsin[n\sin(A - i_2)]$$

把 $i_2=\arcsin\left(\frac{\sin i_1}{n}\right)$ 代入上式,可得

$$i_4=\arcsin\left\{n\sin\left[A-\arcsin\left(\frac{\sin i_1}{n}\right)\right]\right\}$$

把 i_4 代入 $\delta=i_1+i_4-A$,可得

$$\delta=i_1-A+\arcsin\left\{n\sin\left[A-\arcsin\left(\frac{\sin i_1}{n}\right)\right]\right\}$$

可以证明,当 $i_1=i_4$ 时,偏向角达到最小值,因此将 $i_1=i_4$ 代入上式,即得最小偏向角为

$$\delta_{\min}=2i_1-A \tag{12.8}$$

最小偏向角对应的入射角为

$$i_1=\frac{\delta_{\min}+A}{2}$$

又因 $i_1=i_4$ 时,折射角为

$$i_2=i_3=\frac{A}{2}$$

所以,利用特殊的入射角和最小偏向角可以计算棱镜的折射率,即

$$n=\frac{\sin i_1}{\sin i_2}=\sin\frac{\delta_{\min}+A}{2}\Big/\sin\frac{A}{2} \tag{12.9}$$

因此,只要测出最小偏向角就可以确定棱柱形透明介质的折射率.这里之所以用最小偏向角而不用任意偏向角,是因为它在实验中最容易精确测量.

12.2.3 全反射

图 12.6 光的全反射

如图 12.6 所示,当光从光密介质入射到光疏介质时,即 $n_1>n_2$ 时,由折射定律可知,折射角 r 大于入射角 i.当入射角达到或超过某一角度 i_C时,折射光消失,入射光线全部返回光密介质,这种现象称为光的全反射.

i_C称为全反射临界角,大小取决于光密介质和光疏介质的折射率之比,即

$$i_C=\arcsin\frac{n_2}{n_1} \tag{12.10}$$

当光线由光疏介质射到光密介质时,因为折射角 r 小于入射角 i,即光线向靠近法线的方向折射,故此时不会发生全反射.所以产生全反射的条件是:①光必须由光密介质射向光疏介质;②入射角必须大于临界角.光密介质和光疏介质是相对的,两介质相比,折射率较小的,就为光疏介质,折射率较大的,就为光密介质.

例如,水的折射率大于空气的折射率,所以相对空气而言,水就是光密介质;而玻璃的折射率比水的折射率大,所以相对于玻璃而言,水就是光疏介质.

光的全反射是光在介质中传播时的一种特殊现象,在生活中比较常见,海面上出现的上蜃景,夏日晴朗的午后远处路面出现的下蜃景(水面),阳光照耀下格外明亮的露珠等都是全反射现象。在现实生活中,全反射有着广泛的应用,例如光纤.光纤是光导纤维的简称,是指能够传播光的圆柱形玻璃或塑料纤维,它是利用全反射现象而使光线沿着弯曲路径传播的光学元件.光纤的典型结构是多层同轴圆柱体,如图 12.7 所示,自内向外为纤芯、包层和涂覆层.核心部分是纤芯和包层,在石英系光纤中,纤芯是由高纯度 SiO_2(石英玻璃)和少量掺杂剂构成,掺杂剂用来提高纤芯的折射率。纤芯的直径一般为 2~50 μm,实用的光纤是比人的头发丝稍粗的玻璃丝,是光波的主要传输通道;包层的折射率略小于纤芯.工程中一般将多条光纤固定在一起构成光缆。光纤已广泛应用于通信、照明、医疗等领域.光纤照明是指利用光纤导体的传输,将光传导到指定的区域.光纤在医疗上的应用主要是利用光纤制成的内窥镜,可以帮助医生检查胃、食道、十二指肠等的疾病.光纤在通信领域的普遍应用使光纤通信成为现代通信主要支柱之一,光纤通信是利用光波作载波,以光纤作为传输媒质将信息从一处传至另一处的通信方式.光纤以其传输频带宽、抗干扰性高、信号衰减小、资源丰富、安全性高等优点,而远优于电缆、微波通信的传输,已成为世界通信中主要传输方式.正是由于光纤有着极为广泛的应用,因此,被誉为"光纤之父"的高锟获得了 2009 年度的诺贝尔物理学奖.

全反射棱镜是全反射现象的另一个重要应用.如图 12.8 所示,利用全反射棱镜来改变光的方向,比一般的平面镜能量损失要小很多(对玻璃棱镜来说约 4%).因为垂直入射时反射损失最小,因此光学仪器中常用全反射棱镜来改变光线的传播方向.图 12.9 是利用全反射棱镜获取指纹图像的原理图.当手指按在斜边的反射面上时,指纹的突出部分与反射面接触而破坏了全反射条件,因此相应位置的反射光较弱,而指纹凹槽部分未与反射面接触,因此反射光较强.故摄像机可以清晰地记录反射面上明暗相间的指纹图像.

另外,潜望镜、望远镜、汽车雨量传感器、汽车的"尾灯"、高精度的钻石切割等也都是利用全反射原理设计制造的.

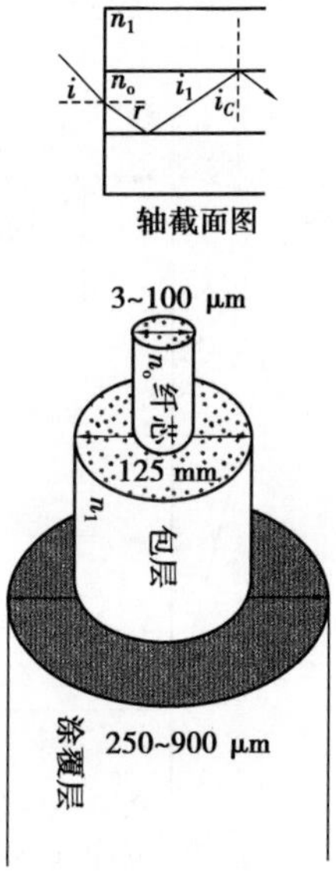

图 12.7　光纤结构示意图

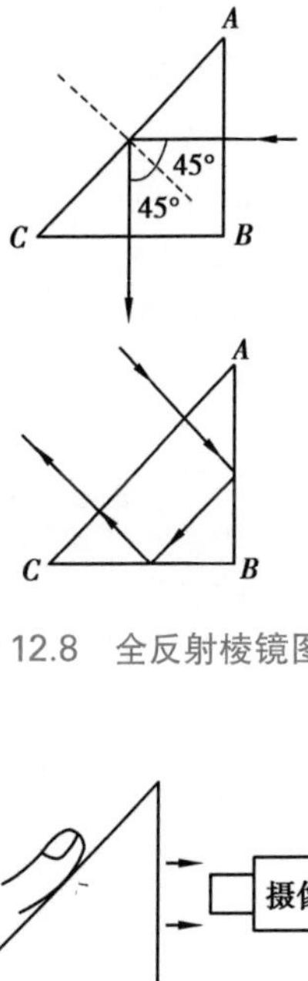

图 12.8　全反射棱镜图

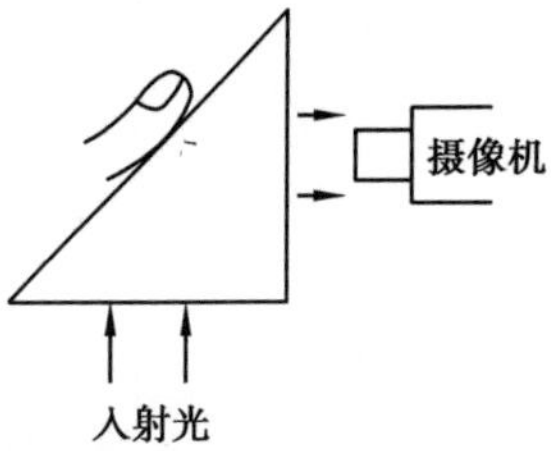

图 12.9　指纹获取原理

12.3 光在球面上的反射和折射

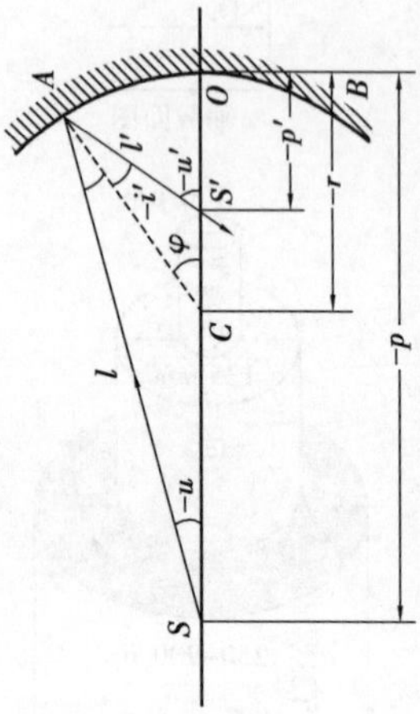

图 12.10　球面反射

单独的球面不仅是一个简单的光学系统，而且是组成光学仪器的基本元件.研究光经过球面的反射和折射，是研究一般光学系统成像的基础.研究光线经过球面反射和折射后的光路，必须先规定符号法则并给出一些概念，以方便今后的讨论.

如图 12.10 所示，发光点位于 S 处，通常把发光点与球面的曲率中心 C 的连线称为主光轴，简称主轴.主轴和球面的交点 O 称为顶点.通过主光轴的截面称为主截面，靠近主光轴的光线称为近轴光线.

为了使以后导出的公式具有普适性，必须先约定各分量的正负号规则.本书作如下规定：

(1)线段.线段的长度都是从顶点算起，凡是光线和主轴的交点在顶点右方的线段，其长度的数值为正，反之为负.物点或像点到主轴的线段，在主轴上方的其长度的数值为正，反之为负.折射面之间的线段用 d 表示，并规定以前一球面的顶点为原点，顺光线方向为正，逆光线方向为负.

(2)角量.一律以锐角来衡量，且规定光轴为起始边，由光轴转向光线时，沿顺时针转动，则该角度为正，反之为负.光线与法线的夹角即入射角 i 和折射角 r，规定以光线为起始边，由光线顺时针转向法线时该角度为正，反之为负.

(3)在图中出现的长度和角度只用正值.如图 12.11 所示，在图中用 p 表示线段 SO 时，则该线段的几何长度应用 $-p$ 表示.

12.3.1　光在球面上的反射成像

如图 12.10 所示，从点光源 S 发出的光线从左向右入射到半径为 r、曲率中心为 C、顶点为 O 的球面反射镜 AOB 内反射面上，光线 SA 经球面反射后，与主轴交于 S'.由几何关系和反射定律可以得到

$$\frac{r-p}{l}-\frac{p'-r}{l'}=0 \tag{12.11}$$

由式(12.11)可知，若 p 一定，可以算出任一反射光线和主轴的交点到顶点 O 的距离 p'.而 p' 随入射光线的倾斜角 φ 的变化而呈非线性变化.也就是说，从物点发出的同心光束经球面反射后，将产生像散.

在近轴条件下图 12.10 中的 φ 很小这样的光线与主光轴靠得很近，称为近轴光线，式(12.11)可化简为

$$\frac{1}{p'}+\frac{1}{p}=\frac{2}{r} \tag{12.12}$$

式中,p'为像距;p 为物距;r 为球面反射镜的半径. 由式(12.12)可以看出,在近轴条件下,对于一个给定的物点,仅有一个像点与之对应,这个像点是一个理想像点,称为高斯像点.

上述关于凹球面的反射公式也适用于凸球面反射,而且在近轴光线条件下,不论 p 值的大小如何都适用,但必须注意 p、p'和 r 3 个值的符号遵从符号法则.

当 $p\to-\infty$ 时,$p'=r/2$. 即平行主光轴的光束经球面反射后,将在光轴上会聚成一点,该像点称为反射球面的**焦点**,顶点到焦点的距离称为**焦距**,以 f'表示. 由式(12.12)可得

$$f'=\frac{r}{2} \tag{12.13}$$

把它代入式(12.12)可得

$$\frac{1}{p'}+\frac{1}{p}=\frac{1}{f'} \tag{12.14}$$

这就是在近轴条件下的**球面反射成像公式**. 球面反射成像公式对凹球面反射镜和凸球面反射镜都是成立的,它是一个普遍适用的物像公式.

12.3.2 光在球面上的折射成像

在讨论了球面反射成像后,下面探讨光在球面上的折射成像. 如图 12.11 所示, AOB 是折射率分别为 n 和 n'的两种介质的球面界面,r 为球面的半径,C 为球心,O 为球面顶点,OC 的延长线为球面的主轴. 设 $n'>n$,光线从点光源 S 发出,经球面 A 点折射后与主轴相交于 S'.

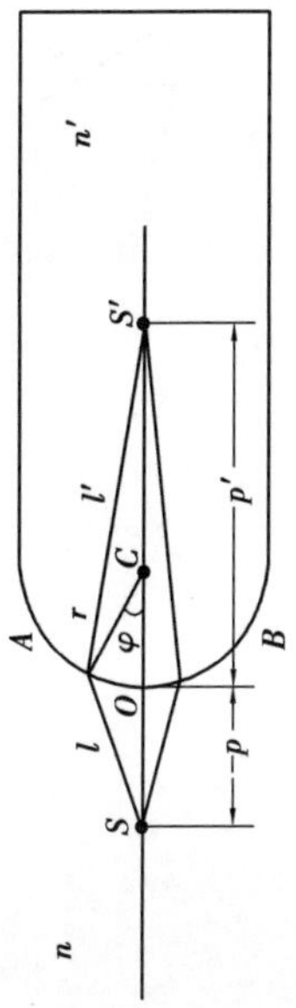

图 12.11 球面折射

在近轴条件下,采用与球面反射同样的分析方法,可得

$$\frac{n'}{p'}-\frac{n}{p}=\frac{n'-n}{r} \tag{12.15}$$

这就是**球面折射的物像关系公式**.

球面折射的物像关系公式虽是用凸折射球面导出的,同样适用于凹折射球面,但需注意符号法则.

1)光焦度

物像公式中右边的量$(n'-n)/r$ 仅由两种介质的折射率和分界面的曲率半径决定. 对于给定的两种介质和界面,它是一个与物和像的位置无关的常数,称为**光焦度**. 它是光学系统会聚或发散光束本领的量度,用 Φ 来表示,即

$$\Phi = \frac{n' - n}{r} \tag{12.16}$$

光焦度的单位是 1/m,称为屈光度,用 D 表示,表征球面的光学特性.例如对于 $n=1, n'=1.5, r=250$ mm 的球面,其光焦度等于 2 屈光度,记作 $\Phi=2D$.Φ 越大折射球面对光线的折射越厉害.$\Phi>0$ 表示折射球面对平行于主轴的平行光束起会聚作用;$\Phi<0$ 表示折射球面对平行于主轴的平行光束起发散作用.对于平面折射的情况,$\Phi=0$,即平面折射系统对垂直入射的平行光束无折射作用.

2)物方焦距和像方焦距

如果 S 和 S'其中一点为物点,则另一点为其相应的像点.物点和像点的这种关系称为共轭,相应的点称为共轭点,相应的光线称为共轭光线.物像共轭是光路可逆原理的必然结果.

折射球面有两对十分重要的共轭点,一对是物方焦点和无穷远处的实像点,另一对是无穷远处的实物点和像方焦点.

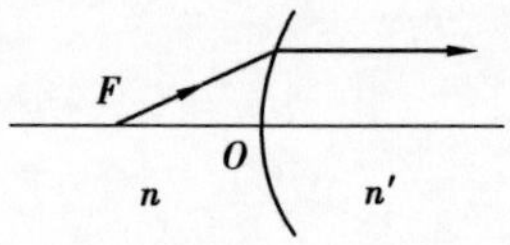

图 12.12 物方焦距

(1)物方焦点和物方焦距.如图 12.12 所示,如果把物点放在主轴上某一点时,发出的光经球面折射后将产生平行于主轴的平行光束,这一物点所在的点称为物方焦点或第一焦点,以 F 表示该点,过 F 点且垂直于主轴的平面,称为物方焦平面.从球面顶点到物方焦点的距离称为物方焦距,用 f 表示,其值为

$$f = -\frac{n}{n'-n}r = -\frac{n}{\Phi} \tag{12.17}$$

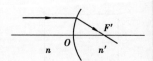

图 12.13 像方焦距

(2)像方焦点和像方焦距.如图 12.13 所示,平行于主光轴的入射光线,经球面折射后,与主光轴的交点称为像方焦点或第二焦点,以 F'表示该点,过 F'点且垂直于主轴的平面,称为像方焦平面.从球面顶点到像方焦点的距离称为像方焦距.以 f'表示,其值为

$$f' = \frac{n'}{n'-n}r = \frac{n'}{\Phi} \tag{12.18}$$

物方焦距与像方焦距的关系:

$$\frac{f'}{f} = -\frac{n'}{n} \tag{12.19}$$

即物方和像方焦距之比等于物方和像方介质的折射率之比.

以折射面的特征量 f 和 f'表示近轴球面折射公式,可得

$$\frac{f'}{p'} + \frac{f}{p} = 1 \tag{12.20}$$

式(12.21)称为高斯公式.高斯公式对其他光学系统的成像也是成立的.它是一个普遍适用的物像公式.

例 12.2 如图 12.14 所示，一折射率为 1.6 的玻璃棒置于空气中，其一端呈半球形，半球的曲率半径为 2 cm. 若在离球面顶点 5 cm 处的轴上有一物体，试求像的位置及其虚实.

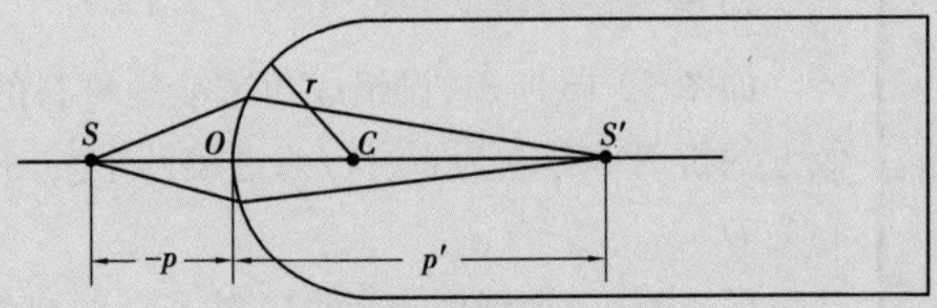

图 12.14 例 12.2 用图

解 已知 $n=1, n'=1.6, r=2$ cm, $p=-5$ cm. 由单球面折射成像公式，可得

$$\frac{1.6}{p'}-\frac{1}{5}=\frac{1.6-1}{2}=0.3$$

即

$$p'=16\ \text{cm}$$

由于 p' 为正值，故所成的像为实像，像到 O 点的距离为 16 cm.

12.4 薄透镜

透镜是生活中常见的光学器件，很多的光学仪器核心部件就是透镜. 透明介质(通常是玻璃)经加工成为折射面，由两个折射面组成的光具组称为透镜. 折射面可以是球面，也可以是平面. 按形式来分，透镜可以分为两大类、六种形状. 第一类透镜的中央比边沿厚，称为凸透镜或正透镜，它包括双凸、平凸和月凸三种形状，分别如图 12.15(a)、(b)和(c)所示. 这类透镜通常对光束起会聚作用，故又称会聚透镜. 第二类透镜的中央比边沿薄，称为凹透镜或负透镜，它包括双凹、平凹和月凹三种形状，分别如图 12.15(d)、(e)和(f)所示. 这类透镜通常对光束起发散作用，故又称发散透镜.

通过透镜两个球面曲率中心的直线称为透镜的主轴. 透镜两表面在其主轴上的间隔称为透镜的厚度. 若透镜的厚度与其焦距相比可以略去不计，则该透镜称为薄透镜. 在研究薄透镜成像问题时，可令透镜的厚度 $d=0$，即两球面的顶点 O_1 和 O_2 重合在一点 O，称为薄透镜的光心. 本节主要研究薄透镜的成像.

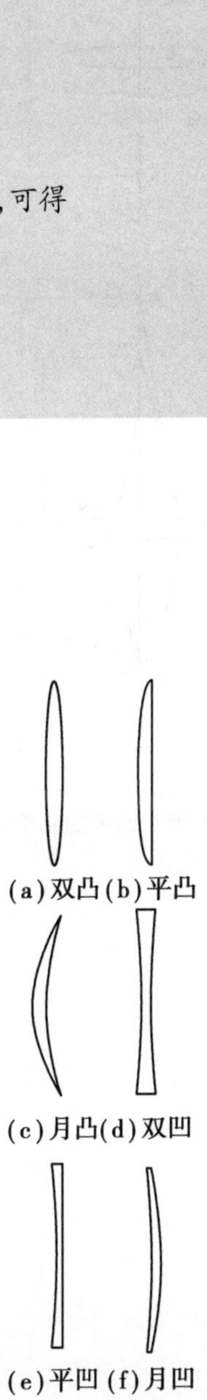

图 12.15 各种形状的透镜

12.4.1 薄透镜的成像公式

1)薄透镜的物像公式

如图 12.16 所示,设组成薄透镜的材料的折射率为 n,物方和像方的折射率分别为 n_1 和 n_2,透镜两个表面的半径为 r_1 和 r_2,光心为 O.

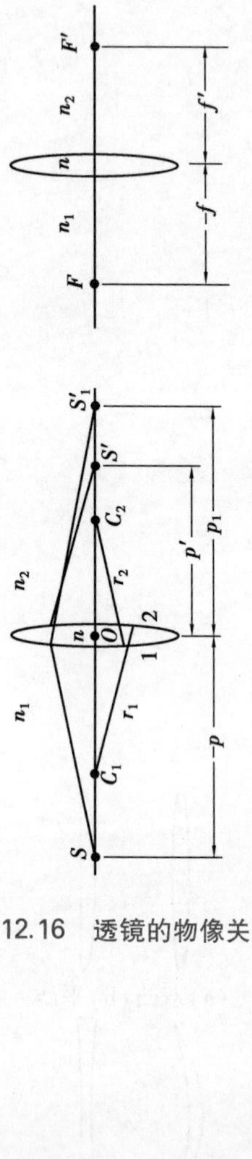

图 12.16 透镜的物像关系

S'_1 为第一个球面(球面 1)对 S 点的成像.然后 S'_1 再经第二个球面成像于 S'.于是 S'为 S 点最终成像.透镜可看作两个单折射球面共轴系统.把球面折射成像公式(12.16)相继地应用于透镜的两个表面,即球面 1 和球面 2,可得

$$\frac{n_2}{p'}-\frac{n_1}{p}=\frac{n-n_1}{r_1}+\frac{n_2-n}{r_2} \tag{12.21}$$

式(12.21)就是近轴条件下薄透镜的物像公式.

2)薄透镜的光焦度与焦距

由式(12.22)可得薄透镜的总光焦度为

$$\Phi=\Phi_1+\Phi_2=\frac{n-n_1}{r_1}+\frac{n_2-n}{r_2} \tag{12.22}$$

可见,薄透镜的总光焦度等于两个单折射球面的光焦度之和.

根据焦距的定义,可得物方焦距 f 为

$$f=-\frac{n_1}{\Phi}=\frac{-n_1}{\dfrac{n-n_1}{r_1}+\dfrac{n_2-n}{r_2}} \tag{12.23}$$

像方焦距 f' 为

$$f'=\frac{n_2}{\Phi}=\frac{n_2}{\dfrac{n-n_1}{r_1}+\dfrac{n_2-n}{r_2}} \tag{12.24}$$

由式(12.23)和式(12.24)可知:

(1)薄透镜的总光焦度不仅与透镜本身有关,还与透镜两侧的介质密切相关.因此,在判断透镜是会聚透镜还是发散透镜时,不能单看透镜的形状,还要看透镜两侧的介质,即要根据薄透镜的总光焦度决定薄透镜的作用.若 $\Phi>0$,则 $f'>0$,这类透镜称为会聚透镜,具有一对实焦点;反之,若 $\Phi<0$,则 $f'<0$,这类透镜称为发散透镜,有一对虚焦点.透镜的焦距 f 越小,其光焦度的数值

越大,对光的会聚(或发散)作用越大.因此,光焦度的大小直接反映透镜对光的会聚(或发散)能力的大小.过两个焦点 F、F'分别作垂直于主轴的平面,在近轴条件下,这两个平面分别称为物方焦平面和像方焦平面.

(2)当薄透镜两边的折射率不同时,两个焦点分别在透镜两侧,且不对称.如果把薄透镜放在同一种介质中,即 $n_1=n_2=n'$,则有

$$f=-f'=\frac{-n'}{(n-n')\left(\frac{1}{r_1}-\frac{1}{r_2}\right)} \tag{12.25}$$

此时,薄透镜的两个焦距大小相等、符号相反,且对称地分布在透镜的两侧.

通常情况下,薄透镜置于空气中,即 $n'=1$,此时

$$f=-f'=\frac{-1}{(n-1)\left(\frac{1}{r_1}-\frac{1}{r_2}\right)} \tag{12.26}$$

式(12.26)给出了薄透镜的焦距与折射率、曲率半径的关系,故称为磨镜者公式.把焦距公式(12.23)和式(12.24)代入式(12.21),并进行整理可得

$$\frac{f'}{p'}+\frac{f}{p}=1 \tag{12.27}$$

这就是薄透镜的高斯公式.

例 12.3 有一等曲率半径的薄双凸透镜,其折射率为 1.5,在空气中的焦距为 15 cm.试求:(1)将其置于空气中时,其曲率半径应为多大?(2)若将另一个薄双凸透镜处于左边为空气,右边为水(折射率为 4/3)的条件下,并保持透镜与空气接触界面的曲率半径与上相同,若仍要保持其焦距为 15 cm,则和水接触的球面的曲率半径应为多大?

解 (1)已知 $f'=15$ cm、$n=1.5$、$r_1=-r_2$,根据薄透镜的焦距公式

$$\frac{1}{f'}=-\frac{1}{f}=(n-1)\left(\frac{1}{r_1}-\frac{1}{r_2}\right) \quad 得 \quad \frac{1}{15}=(1.5-1)\left(\frac{1}{r_1}-\frac{1}{-r_1}\right)$$

即

$$r_1=15\ \text{cm},r_2=-15\ \text{cm}$$

(2)将 $f'=15$ cm、$n=1.5$、$n_1=1$、$n_2=4/3$、$r_1=15$ cm 代入

$$f'=\frac{n_2}{\frac{n-n_1}{r_1}+\frac{n_2-n}{r_2}}$$

得

$$15=\frac{4/3}{\dfrac{1.5-1}{15}+\dfrac{4/3-1}{r_2}}$$

即和水接触的球面的曲率半径为 $r_2=6$ cm.

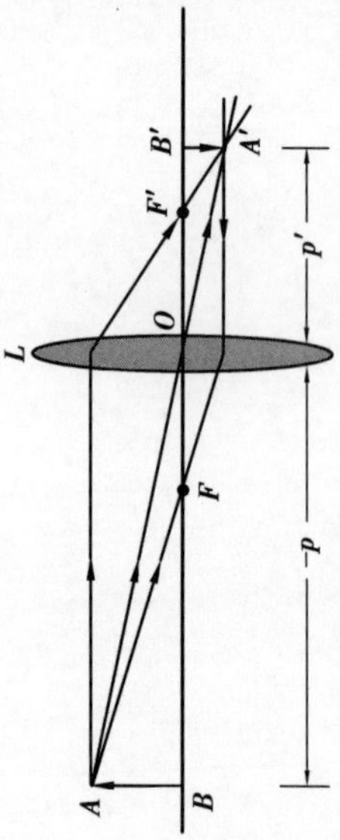

图 12.17 薄透镜成像的物像关系

12.4.2 薄透镜的横向放大率

如图 12.17 所示，利用作图法可以确定薄透镜成像的物像关系.像 $A'B'$ 与物体 AB 分居透镜的两侧，像到透镜的距离为 p'.由于 $A'B'$ 是穿过透镜的光线的实际交点，眼睛迎着光线看去，它也是实际光线的发出点，所以 $A'B'$ 是 AB 的实像，而且是倒立的.

利用图 12.17 中 $\triangle ABO$ 和 $\triangle A'B'O$ 相似，可以求得像高度的放大倍数，也就是像的横向放大率 β 为

$$\beta=\frac{A'B'}{AB}=\frac{p'}{p} \tag{12.28}$$

*12.4.3 薄透镜的作图求像法

除了利用物像关系求像的位置和大小之外，还可以利用作图法求像.为简便起见，可分别用两端带有箭头的直线段表示薄凸透镜和薄凹透镜.在近轴条件下，利用作图法求像时，首先要确定几条特殊的光线，如图 12.18 所示：

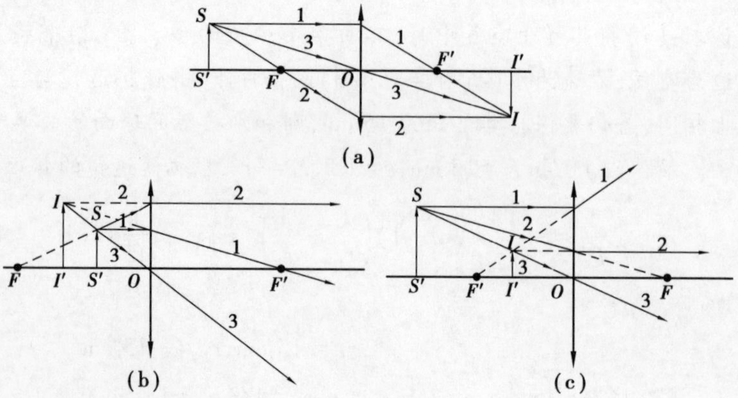

图 12.18 透镜成像光路图

(1)平行于主光轴的入射光线 1，通过凸透镜后，折射光线通过焦点；通过凹透镜后，折射光线的反向延长线通过焦点.

(2)过焦点的入射光线 2,其折射光线与主光轴平行.

(3)过光心的入射光线 3,按原方向传播不发生偏折.

对主光轴外的物点,从以上三条光线中任选两条作图,就可以确定像点的位置.但对轴上物点 S,就必须利用焦平面和副轴(倾斜平行光束与光心 O 的连线)的性质,才能确定像点的位置.

12.5 光学仪器

利用几何光学原理制造的光学仪器种类很多,其中主要有放大镜、显微镜、望远镜、照相机等.由于很多光学仪器都是人眼功能的扩展,需要用人眼来观察,因此,了解人的眼睛的结构及其光学特性是非常必要的.

眼睛是复杂的天然光学仪器,布满视觉神经的视网膜相当于照相机的感光底片.为了讨论问题简便,常把人眼简化为一个单球系统,如图 12.19(b)所示,其中主要部分是晶状体,相当于折射率不均匀的透镜.它的曲率通过睫状肌来调节.正常视力的眼睛,当睫状肌完全松弛的时候,可使无穷远处的物体成像在视网膜上,如图 12.20(a)所示.观察较近的物体时,睫状肌压缩晶状体,增大它的曲率,使焦距缩短,因而眼睛有调焦的能力.眼睛睫状肌完全松弛和最紧张时所能清楚看到的点,分别成为调焦范围的远点和近点.明视距离是指眼睛在正常状态下能十分清楚地看清物体时,物体到眼睛的距离.一般人眼对 25 cm 处的物体看得清楚而又不感到疲劳,因此定义 25 cm 为人眼的**明视距离**.患有近视眼的人,当睫状肌完全松弛时,无穷远处的物体成像在视网膜之前.它的远点在有限远的位置.矫正的方法是戴凹透镜的眼镜,凹透镜的作用是将无限远处的物体先成一虚像,在近视眼的远点处,然后由晶状体成像在视网膜上,如图 12.20(b)所示.患有远视眼的人,无穷远处的物体成像在视网膜之后,它的近点一般离眼较远.矫正的方法是戴凸透镜的眼镜.凸透镜的作用是近点以内一定范围的物体先成一虚像在近点处,然后由晶状体成像在视网膜上,如图 12.20(c)所示.

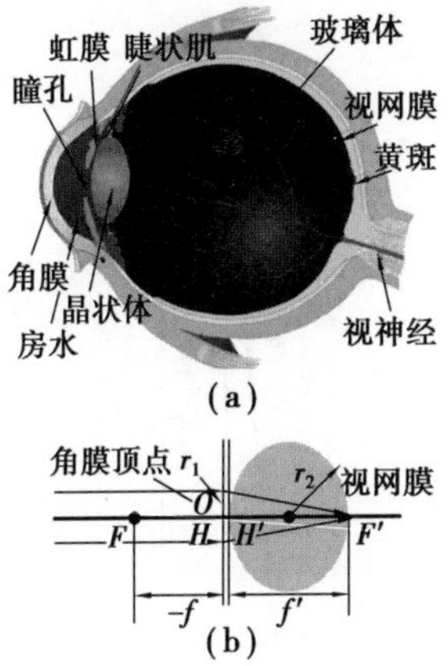

图 12.19　眼睛的结构图

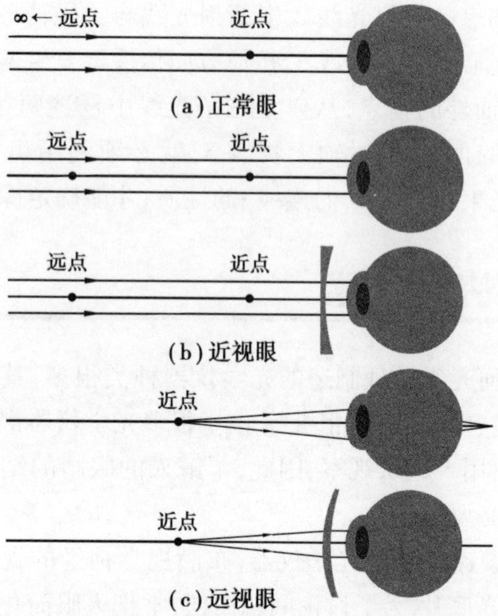

图 12.20　眼睛成像及矫正原理

物体在视网膜上成像的大小,正比于它对眼睛所张的角度——视角.所以物体越近,它在视网膜上的像也就越大,越容易分辨它的细节.但是在到达明视距离后再前移,视角虽增大,但眼睛看起来可能费力,甚至看不清.

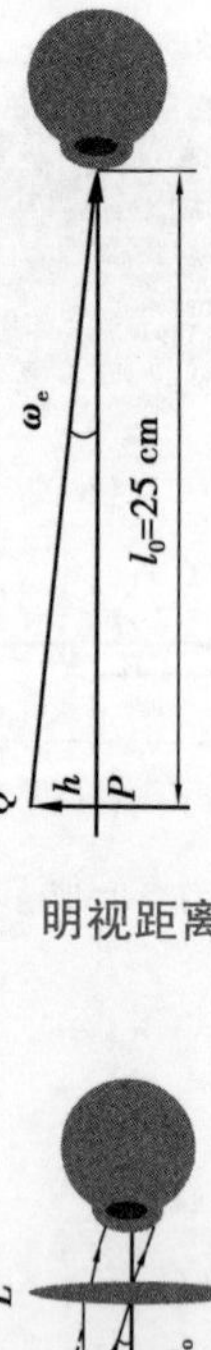

图 12.21　明视距离时视角

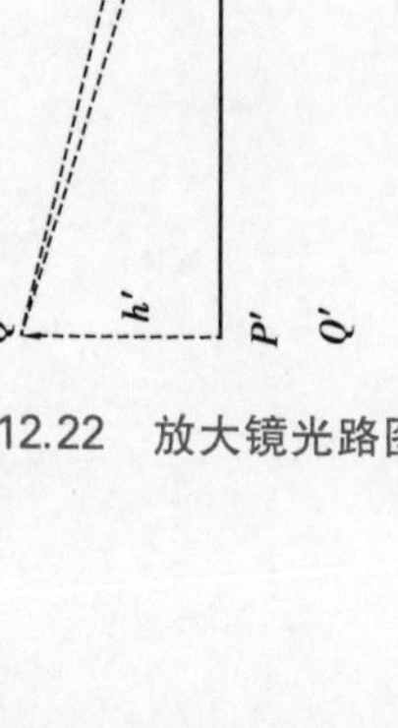

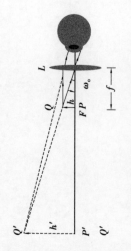

图 12.22　放大镜光路图

12.5.1　放大镜

用眼睛观看物体时,为了分辨清楚微小的物体或物体上的细节,需要增大观看物体的视角.将物体向眼睛移近可以增大视角,从而使物体在视网膜上成一个较大的像,但这种方法受到眼睛调节本领的限制,物体到眼睛的距离不能太近.但若在眼睛和物体之间加上另一个光学系统,如放大镜、显微镜或望远镜,会有助于消除这种矛盾.放大镜是帮助眼睛分辨清楚微小物体的光学仪器.短焦距的凸透镜是最简单的放大镜.

如图 12.21 所示,用眼睛直接观看放在明视距离上的物体 AB 时,视角为 ω_e.若用放大镜来观看物体 AB,则将物体 AB 放在透镜的物方焦点和透镜之间,于是物体 AB 在透镜的像空间成一放大的虚像 $A'B'$.此虚像成为眼睛的物,当把虚像 $A'B'$ 调到眼睛的明视位置时,像 $A'B'$ 的视角为 ω_o,如图 12.22 所示.不难看出 ω_o 要比 ω_e 大许多倍.这就是利用放大镜来增大视角的原理.

由于像差的存在,一般情况下,放大镜的放大率只有几倍.如果要获得更高的放大倍数，则需要采用复合透镜.显微镜和望远镜中的目镜，就是复合透镜组合的放大镜.

12.5.2　显微镜

为了提高放大镜的放大率和获得合适的工作条件，必须用组合放大镜，即必须采用两个或两个以上的光学元件组成的光学系统来代替单一的放大镜，这种组合的放大镜称为显微镜.显微镜是用途极广泛的助视光学仪器，主要用来帮助人眼观察近处的微小物体.

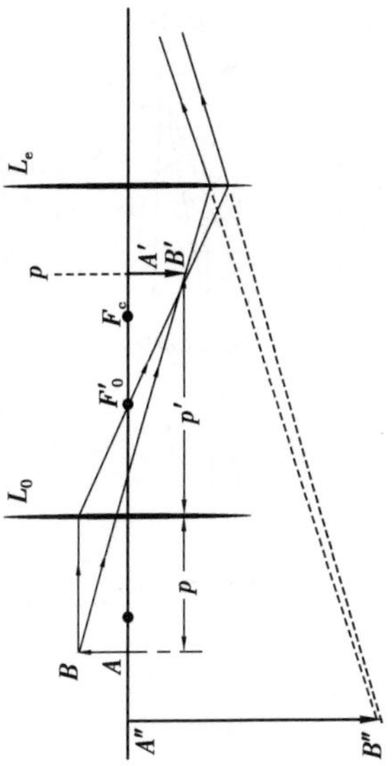

图 12.23　显微镜的光路图

最简单的显微镜由两组透镜构成，一组是面向物体的透镜，称为物镜，另一组是接近眼睛的透镜，称为目镜，显微镜的光路原理如图 12.23 所示.物镜 L_0 和目镜 L_E 是两个短焦距的凸透镜，人眼在目镜后的适当位置上物体 AB 放在物镜的第一焦点附近（靠外），物镜将物体 AB 在目镜的第一焦点附近（靠内）成一放大实像 $A'B'$.目镜对此像起放大作用，从而在目镜之前的某一位置成一倒立放大的虚像 $A''B''$.虚像 $A''B''$ 是眼睛通过显微镜对物体 AB 所获得的最后的像.

虚像 $A''B''$ 对眼睛节点的张角 ω_o 为

$$\omega_o = \frac{-\beta y}{-f_e} \tag{12.29}$$

式中，y 为物体 AB 的高度；β 为物镜的放大率；f'_e 为目镜的第二焦距.

若物体 AB 处于 $A''B''$ 所在平面时，它对眼睛节点的张角 ω_e 为

$$\omega_e = \frac{y}{-p'} \tag{12.30}$$

则显微镜的放大率为

$$M = \frac{\omega_o}{\omega_e} = \frac{\dfrac{-\beta y}{-f_e}}{\dfrac{y}{-p'}} = -\beta \frac{p'}{f'_e} \tag{12.31}$$

式中，p'/f'_e 为目镜的放大率.可见，显微镜的放大率等于物镜的放大率 β 与目镜的放大率的乘积.为此，在放大镜的物镜和目镜上都刻有放大率，以便由其乘积直接得到所用显微镜的放大率.

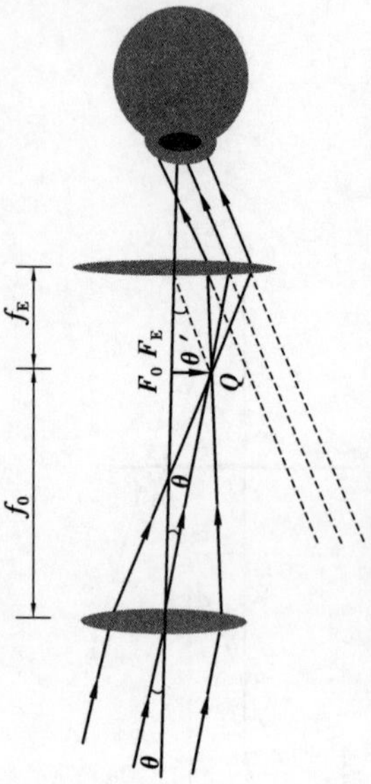

图 12.24　望远镜原理图

12.5.3　望远镜

望远镜是帮助人眼对远处物体进行观察的光学仪器,其结构和光路与显微镜类似.望远镜的工作原理图如图 12.24 所示.从远处物体上射出的平行光束经物镜(L_o)成像于 Q 点.P 点在物镜的焦平面上,同时这也是目镜(L_e)的物方焦平面.故从 Q 点发出的光线经目镜后又成为平行光束.用眼睛观察目镜上射出的平行光束时,平行光将成像于视网膜上.用望远镜观察远处物体时,所观察像的大小并不比原物体大,只是相当于把远处的物体移近,增大视角,以便于观察.

如图 12.25 所示,望远镜的视角放大率定义为最后像对目镜所张的视角 ω_o,与物体本身对目镜所张视角 ω_e 之比,即

$$M=\frac{\omega_o}{\omega_e}=\frac{f_o}{f_e} \tag{12.32}$$

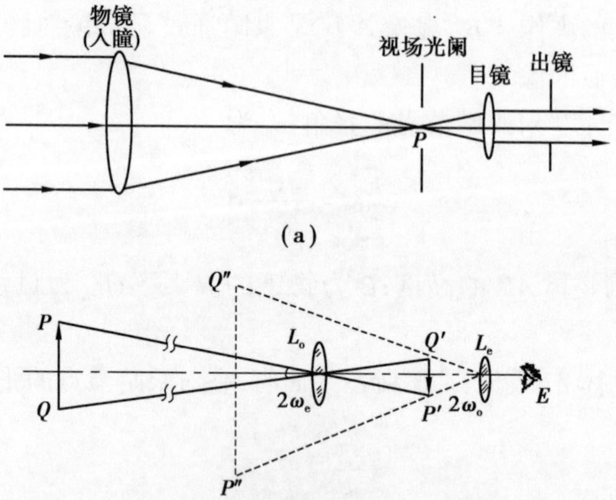

图 12.25　望远镜的光路图

由此可见,望远镜的视角放大率与物镜的焦距 f_o 成正比,与目镜的焦距 f_e 成反比.一般民用望远镜的物镜直径不大于 25 mm,视角放大率为 3~12 倍.倍数过大,成像的清晰度就会变差,同时抖动严重,需要使用三脚架等方式加以固定.

在日常生活中,望远镜主要指光学望远镜.但在现代天文学中,望远镜的概念进一步延伸,产生了包括射电望远镜、红外望远镜、X 射线和 γ 射线望远镜等天文望远镜.

望远镜可简单分为折射望远镜、反射望远镜和折反射望远镜.

折射望远镜是用透镜作物镜的望远镜，它包括两种类型，即由凹透镜作目镜的伽利略望远镜和由凸透镜作目镜的开普勒望远镜.折射望远镜常用两块或两块以上的透镜组作物镜，以消除色差和球差.反射望远镜是用凹面反射镜作物镜的望远镜，它包括牛顿望远镜、卡塞格林望远镜等几种类型.反射望远镜的主要优点是不存在色差，当物镜采用抛物面时，还可消去球差.折反射望远镜是在球面反射镜的基础上，再加入用于校正像差的折射元件，可以避免困难的大型非球面加工，又能获得良好的成像质量.比较著名的折反射望远镜是施密特望远镜.

12.5.4 照相机

照相机的功能是将远处的物体成缩小的实像于感光底片上，生活中人们用它来拍摄照片，记录人生的美好时刻.照相机中物距一般远大于焦距，因此在小范围内调节镜头与底片之间的距离，可使不同距离处的物体在底片上成清晰的实像.

物镜中有可变孔径的光圈，用来控制在感光板上成像的光照度及改变空间成像的景深.景深是照相机允许清晰成像的物点前后空间的范围.一般来说，光圈直径越大，曝光量越大，但景深短；光圈直径越小，曝光量越小，但景深长.当然，曝光量的控制还可以利用快门调节曝光时间来实现.总之，使用照相机时，应充分兼顾曝光量、光圈和曝光时间三者之间的关系，做到恰当调配.

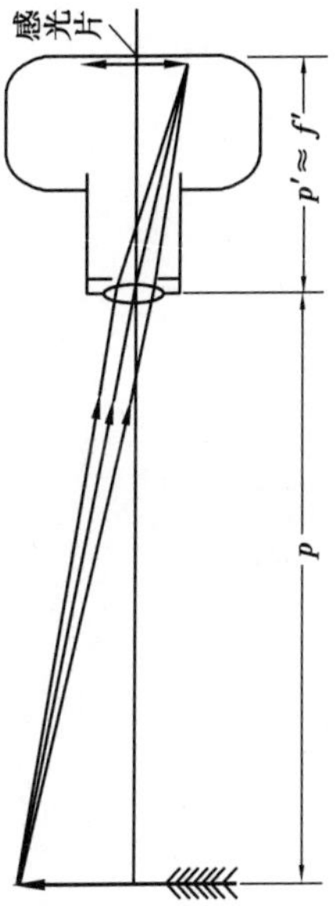

图 12.26 照相机

当前最流行的照相机是数码相机，又名数字式相机（DC），它是一种利用电子传感器把光学影像转换成电子数据的照相机.数码相机与普通照相机的主要区别在于普通相机在胶卷上记录图像，而数码相机是利用光感应式电荷耦合器件或互补金属氧化物半导体器件（CMOS）接收图像，并把图像转化成数字信号，然后把数字信号通过影像运算芯片储存在存储设备中.数码相机在拍照之后即可看到图片，提供了对不满意的作品立刻重拍的可能性.但由于数码相机是通过成像元件和影像处理芯片的转换来完成图像记录的，成像质量相比光学相机缺乏层次感.

12.6 波动光学

光学是物理学中发展较早的分支，科学史上关于光的本性的认识一直存在两大并立的学说.一派是以牛顿为首的微粒说，它可以很好地解释几何光学中的反射和折射定律；另一派是以惠更斯为首的波动说,利用子波的理论不仅成功解释了反射和折射现象,而且还能解释波动具有的基本特征,即光的干涉和衍射.19 世纪初,托马斯·杨和菲涅尔等人的实验和理论研究工作对光的波动学的发展做出了巨大的贡献,利用干涉现象成功地测出了光波的波长,并利用横波的观点,成功解释了光的偏振现象,光学发展进入了波动光学时期.后来麦克斯韦和赫兹分别从理论和实验上证实了光是一种电磁波.光作为一种电磁波,必定具有一般波动的基本特征——干涉和衍射.由于光是横波,应该还具有偏振的特性.光的电磁理论的建立,为光的波动学说的发展奠定了坚实的基础.

12.6.1 光波

光是一种电磁波.在电磁辐射各种波长 λ 的电磁波中,能够引起视觉作用的只是波长在 390~760 nm 狭小范围(对应的频率范围是 $7.5\times10^{14}\sim4.1\times10^{14}$ Hz)内的电磁波,这个波段内的电磁波称为可见光.不同频率的光可引起不同的颜色感觉.一般说来,其在真空中的波长、频率和颜色的对应关系如表 12.2 所示,白光则是以上各种颜色的可见光的混合.

表 12.2 真空中色光的中心频率和中心波长及波长范围对应表

颜　色	中心频率/Hz	中心波长/nm	波长范围/nm
红	4.5×10^{14}	660	760~622
橙	4.9×10^{14}	610	622~597
黄	5.3×10^{14}	570	597~577
绿	5.5×10^{14}	550	577~492
青	6.5×10^{14}	460	492~450
蓝	6.8×10^{14}	440	450~435
紫	7.3×10^{14}	410	435~390

波长为 760 nm~600 μm 的广阔区域内的光称为红外线,波长为 5~390 nm 区域内的光称为紫外线.虽然人眼看不到红外线和紫外线,但可以用探测器测量它们的存在.本章所讨论的光学现象都是在可见光范围内的.

既然光波是电磁波,那么光波传播着的就是交变的电磁场,即电场强度矢量 $\boldsymbol{E}$ 和磁场强度矢量 $\boldsymbol{H}$.描述电磁波的波函数可以用来描述光波.电场和磁场都是矢量,所以光波是矢量波.

人的眼睛或感光仪器等对光的反应主要是由光波中的电场强度矢量 $\boldsymbol{E}$ 引起的.因此,以后提到光波中的振动矢量时一般都是指电场强度矢量 $\boldsymbol{E}$,并将其称为光矢量.$\boldsymbol{E}$ 的振动称为光振动.之所以选取电场作为光的代表,一方面是由于电场和磁场是紧密相关的,只要确定了电场,磁场也能随即确定;另一方面是人眼感受到的以及感光仪器所检测到的光的强弱,也是由电场决定的.

光波场中每点的物理状态随着时间作周期性变化,而在每一瞬间波场中各点物理状态的空间分布也呈现一定的周期性.这里只讨论定态波场,即:

(1)空间各点的振动是同频率的简谐振动(频率同振源相同);

(2)光波场中各点振幅不随时间变化,在空间形成一个稳定的振幅分布.

一列光波在空间传播时,在空间的每一点上引起振动.当两列(或多列)光波在同一空间传播时,在空间某一点、某一时刻的光矢量 $\boldsymbol{E}$ 是每一列光矢量 $\boldsymbol{E}_1(r,t)$、$\boldsymbol{E}_2(r,t)$、…、$\boldsymbol{E}_n(r,t)$ 单独传播时在该点该时刻的光振动的合成,即

$$\boldsymbol{E}(r,t)=\boldsymbol{E}_1(r,t)+\boldsymbol{E}_2(r,t)+\cdots+\boldsymbol{E}_n(r,t) \tag{12.33}$$

这就是光波的线性叠加原理(简称"叠加原理").

光波也服从叠加定理.光在其中满足叠加原理的介质,称为线性介质;违反叠加原理的介质称为非线性介质.非线性光学在激光出现后才得以蓬勃发展.如不作特殊说明都假定介质是线性的,即光波在其中传播时服从叠加原理.波的叠加是干涉、衍射、偏振的重要理论基础和基本出发点.

12.6.2 光源

1)相干光源

凡自身能持续辐射光能的物体统称发光体或光源.常用的光源有两类,即普通光源和激光光源.普通光源物质是由大量的分子或原子组成的,分子或原子等微观粒子的运动状态发生改变使能量以光的形式被辐射出.普通光源的发光机制是处于激发态的原子或分子的自发辐射.大量的处于激发态的分子或原子从激发态返回到较低能量的基态时,就把多余的能量以光波的形式辐射出来,这便是普通光源的发光.激光光源的发光机制是处于激发态的原子和分子的受激辐射.

分子或原子从高能级到低能级的跃迁发光是不连续的,且经历的时间是很短的,约为 10^{-8} s,这也是一个原子一次发光所持续的时间.因此它们发出的是具有一定频率、振幅恒定、振动方向一定的光波,称为光波列.由于各个分子或原子的发光参差不齐,彼此独立,互不相关,因此在同一时刻,各个分子或原子发出波列的频率、振动方向和相位都不相同.即使是同一个分子或原子,在不同时刻所发出的波列的频率、振动方向和相位也不尽相同.这种辐射具有随机性。

2)光的相干性

设由两个同频率的单色光源 S_1、S_2 发出的两束光相交于空间 P 点.若两束光的光矢量的方向相同,则在 P 点得到两个频率相同、光矢量方向相同的振动.若两束光的振动方程分别为

$$E_1 = A_{10}\cos(\omega t_1 + \varphi_{10}), E_2 = A_{20}\cos(\omega t_2 + \varphi_{20})$$

则 P 点的合振动 E、光强 I 可分别表示为

$$E = E_1 + E_2 = A_0\cos(\omega t + \varphi_0), I = A_0^2 = I_1 + I_2 + 2\sqrt{I_1 I_2}\cos\Delta\varphi$$

其中

$$A_0 = \sqrt{A_{10}^2 + A_{20}^2 + 2A_{10}A_{20}\cos\Delta\varphi}, \varphi_0 = \arctan\frac{A_{10}\sin\varphi_{10} + A_{20}\sin\varphi_{20}}{A_{10}\cos\varphi_{10} + A_{20}\cos\varphi_{20}}$$

$$\Delta\varphi = (\varphi_{10} - \varphi_{20}), \quad I_1 = A_{10}^2, \quad I_2 = A_{20}^2$$

而观察到的 P 点的光强是在较长时间内的平均值,即

$$\begin{aligned} I &= \frac{1}{\tau}\int_0^\tau [I_1 + I_2 + 2\sqrt{I_1 I_2}\cos\Delta\varphi]\,dt \\ &= I_1 + I_2 + 2\sqrt{I_1 I_2}\,\frac{1}{\tau}\int_0^\tau \cos\Delta\varphi\,dt \end{aligned} \tag{12.34}$$

(1)非相干叠加.若 E_1 和 E_2 是两个独立光源发出的光或同一光源的不同部位所发出的光,则它们之间的相位差是随机变化的,并以相同的概率取 0 到 2π 间的一切数值,故在所观察的时间内有 $\frac{1}{\tau}\int_0^\tau \cos\Delta\varphi\,dt = 0$.此时

$$I = I_1 + I_2 \tag{12.35}$$

上式表明:当两束光之间无固定的相位关系时,光场中各点光强为两束光分别照射时的光强 I_1 和 I_2 之和,即观察不到干涉现象.这种情况称为光的**非相干叠加**.

(2)相干叠加.如果这两个频率相同、光矢量方向相同的单色光的相位差始终保持恒定,则相位差 $\Delta\varphi$ 取决于两束光的光程差,

与时间无关,即相位差稳定.此时观察到的光强为

$$I = I_1 + I_2 + 2\sqrt{I_1 I_2}\cos\Delta\varphi \tag{12.36}$$

从式(12.36)可以看出:当两束光之间的相位差恒定时,光强 I 的大小仅决定于相位差,与时间无关,所以光场中光强分布稳定.这种情况称为光的相干叠加.相干叠加时,光场重叠区域的不同位置,其光强将由这些位置的相位差决定.将会出现有些地方始终加强,有些地方始终减弱,这种现象称为光的干涉.当 $\Delta\varphi=\pm 2k\pi$ 时,这些位置的光强最大,称为干涉相长或干涉加强,即亮纹中心;当 $\Delta\varphi=\pm(2k+1)\pi$ 时,这些位置的光强最小,称为干涉相消或干涉减弱,即暗纹中心.

普通光源的原子发光过程是完全独立的,具有间歇性,且随机进行,因此普通光源发出的光是不相干的,不能简单地由两个实际点光源或面光源的两个独立部分形成稳定的干涉场.要得到稳定的干涉现象,两束光必须满足振动方向相同、频率相同、相位差恒定的条件,这称为光的相干条件.满足相干条件的光是相干光,相应的光源称为相干光源.

3)相干光的获得

在研究光的干涉时,相干光的获得非常重要.利用普通光源获得相干光的方法的基本原理是设法将光源上同一点发的光分成两部分,再使它们经过不同的途径后重新相遇.由于这两部分光的相应部分实际上都来自同一发光原子的同一次发光,所以它们满足相干条件而成为相干光.把同一光源发的光分成两部分的方法有两种:一种叫分波阵面法,是将一束光的波面分成两个部分,使之通过不同的途径后再重叠在一起,在一定区域内产生干涉场.杨氏双缝干涉、劳埃德镜等都是典型的分波面干涉;另一种是分振幅法,利用光在两种透明介质的分界面上的反射和折射将入射光的振幅分解成若干部分,然后再使反射光和折射光在继续传播中相遇而发生干涉.薄膜干涉、迈克耳孙干涉是典型的分振幅干涉.

12.6.3 光程和光程差

两相干光束若始终在空气中传播,它们到达某一点叠加时,两光振动的相位差决定于两相干光束间的几何路程差.若讨论一束光在几种不同介质中传播,或者比较两束经过不同介质的光

时,常引入光程的概念,这对分析相位关系将带来很大方便.

给定单色光在不同介质中传播时频率 ν 不变,传播速度和传播波长都会发生改变.在折射率为 n 的介质中,光的传播速度 $v=c/n$,所以在介质中,单色光的波长 λ' 将是真空中波长 λ 的 $\frac{1}{n}$,即

$$\lambda' = \frac{v}{\nu} = \frac{c}{n\nu} = \frac{\lambda}{n} \tag{12.37}$$

波行进一个波长的距离,相位变化为 2π,若光波在此介质中行进的几何路程为 r,则相位的变化为

$$\Delta\varphi = 2\pi\frac{r}{\lambda'} = 2\pi\frac{nr}{\lambda} \tag{12.38}$$

上式表明,光波在介质中传播时,其相位的变化不仅与光波传播的几何路径及真空中的波长有关,而且还与介质的折射率有关.光在折射率为 n 的介质中行进几何路程 r 所发生的相位变化相当于光在真空中行进几何路程 nr 所发生的相位变化.

光波在某一介质中它的几何路程 r 与这介质的折射率 n 的乘积 nr,称为此光波在此介质中所经历光程,简称**光程**.

光程概念的引入是把光在介质中通过的几何路程折算到同一时间内光在真空中传播的几何路程,在这一折算过程中不引起相位差的改变.这样,两束相干光通过不同介质,在空间某点相遇时的相位差不是取决于它们的几何路程 r_2 与 r_1 之差,而是取决于它的光程差 $(n_2r_2-n_1r_1)$.常用 δ 来表示光程差,它们的关系是

$$\Delta\varphi = 2\pi\frac{\delta}{\lambda} \tag{12.39}$$

式中 λ 为光在真空中的波长.

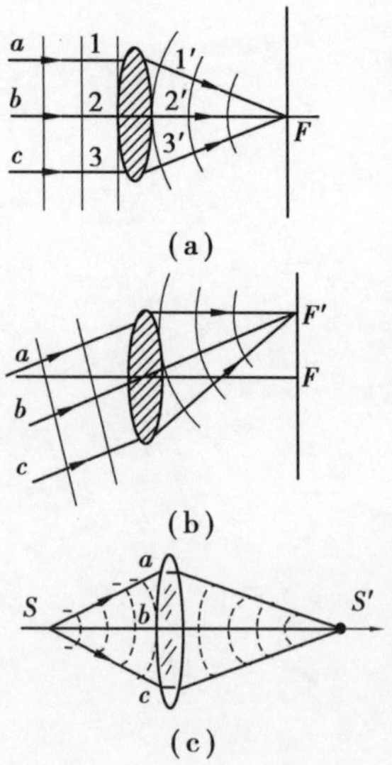

图 12.27 光通过透镜的光程

12.6.4 物和像之间的等光程性

在干涉和衍射实验装置中,透镜是最常用的元件.透镜成像实验表明:与主光轴平行的光束通过透镜后会聚于焦点,形成一个亮点.它在光路中无附加光程,如图 12.27(a)所示中平行光束波前上的 a,b,c 三点是同相位的,通过一个透镜后会聚在点 F,也是同相位的,所以相互加强产生亮点.可见,引入透镜只是改变光的传播方向,并没有引起附加光程差.其他的情况,如图 12.27(b)的 a、b、c 三点到 F'光程相等,图 12.27(c)的 sas'、sbs'、scs'三者光程也是相等的.这个性质可以由几何光学部分介绍的费马原理导出.

12.7 光的干涉

机械波和电磁波都有干涉现象.光作为一种电磁波,也同样具有干涉现象.干涉现象是波动过程的基本特征之一.通过对光的各种干涉现象的研究,可以深入了解光的波动性.

为便于讨论,常根据获得相干光的方式将干涉分成两类,即分波面干涉和分振幅干涉.此外,还可以利用分振动面的方法获得相干光,限于内容要求,本书不予讨论.

12.7.1 杨氏双缝干涉

1801年,托马斯·杨巧妙地设计了一种把单个波阵面分解为两个波阵面以锁定两个光源之间相位差的方法来研究光的干涉现象.杨氏用光的叠加原理解释了干涉现象,在历史上第一次测定了光的波长,为光的波动学说的确立奠定了基础.

1)杨氏双缝干涉的实验装置

杨氏双缝干涉的实验装置如图12.28(a)所示.将一束平行单色光照射到狭缝S上,S相当于一个线光源,狭缝S后又放有与S平行且等距离的两个平行狭缝S_1和S_2.两狭缝的距离很小,可以构成一对相干光源,S_1、S_2发出的光波在空间叠加,产生干涉现象.如果在双缝后放置一白屏,白屏上有等距离的明暗相间条纹出现.当然,用小孔代替狭缝,同样可以得到明暗相间的干涉条纹.这些干涉实验统称为杨氏实验.杨氏干涉实验的成功,为光的波动理论确定了实验基础.由于S_1和S_2是从S发出的波阵面上取出的两部分,所以把这种获得相干光的方法称为分波阵面法.

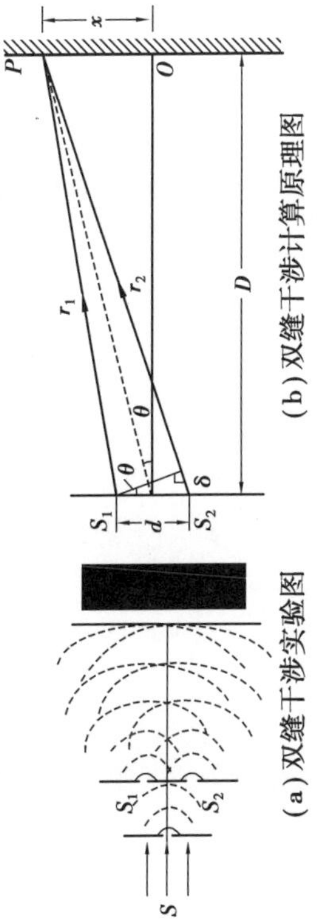

图12.28 杨氏双缝干涉

2)明暗条纹的位置和条纹间距

现在对屏幕上干涉条纹的位置作定量的分析.如图12.28(b)所示,设双缝间的距离为d,双缝至屏的距离为$D(D \gg d)$.考察光屏上的某一点P,从S_1和S_2到P点的距离分别为r_1和r_2.若双缝的中垂线与屏交于O点,以O为原点,取坐标轴OX,P点的坐标为x.由于从S到S_1和S_2的距离相同,所以S_1和S_2是两个同相光源.因此P点处两光波的光程差仅由从S_1和S_2到P点的波程差决定.由几何关系可知,在近轴和远场近似条件下,即$r \gg d$和$r \gg \lambda$的情况下,有

$$\Delta r = r_2 - r_1 \approx d \sin \theta \tag{12.40}$$

式中,θ是P点的方位角,即S_1S_2的中垂线MO与MP之间的夹

角.通常情况下,这一夹角很小,故有 $\sin\theta\approx\tan\theta$.此时,波程差$\Delta r$可以写作

$$\Delta r \approx d\sin\theta \approx d\tan\theta = d\frac{x}{D} \tag{12.41}$$

当实验装置处在空气中时,折射率 $n=1$.此时,光程差 δ 和波程差Δr 相等,即

$$\delta = \Delta r \approx d\frac{x}{D} \tag{12.42}$$

由于从 S_1 和 S_2 发出的光传向 P 的方向几乎相同,它们在 P 点引起的振动的方向近似相同.根据同方向振动的叠加规律,当从 S_1 和 S_2 发出的光到达 P 点的光程差为波长 λ 的整数倍,即

$$\delta = \pm k\lambda, k = 0,1,2,\cdots \tag{12.43}$$

亦即从 S_1 和 S_2 发出的光到达 P 点的相位差为

$$\Delta\varphi = \frac{2\pi}{\lambda}\delta = \frac{2\pi}{\lambda}\frac{xd}{D} = \pm 2k\pi, k = 0,1,2,\cdots \tag{12.44}$$

时,两束光在 P 点叠加的合振幅最大,亦即呈现干涉相长,P 点出现明条纹.由式(12.43)、式(12.44)可以得到 k 级明条纹中心在 X 轴上的位置,即

$$x = \pm k\frac{D\lambda}{d}, k = 0,1,2,\cdots \tag{12.45}$$

其中 k 称为明条纹的级次.$k=0$ 的明条纹称为零级明条纹或中央明纹,$k=1,2,\cdots$分别称为 1 级明条纹、2 级明条纹、……式中正负号表示各级干涉条纹对称分布在中央明纹的两侧.

当从 S_1 和 S_2 发出的光到达 P 点的光程差为半波长$\frac{\lambda}{2}$的奇数倍,即

$$\delta = \pm(2k-1)\frac{\lambda}{2}, k = 0,1,2,\cdots \tag{12.46}$$

亦即从 S_1 和 S_2 发出的光到达 P 点的相位差为

$$\Delta\varphi = \frac{2\pi}{\lambda}\delta = \frac{2\pi}{\lambda}\frac{xd}{D} = \pm(2k-1)\pi, k = 1,2,3,\cdots \tag{12.47}$$

时,两束光在 P 点叠加的合振幅最小,亦即呈现干涉相消,P 点形成暗条纹.同样,可以得到暗条纹中心在 X 轴上的坐标位置为

$$x = \pm(2k-1)\frac{D\lambda}{2d}, k = 0,1,2,\cdots \tag{12.48}$$

式中,$k=1,2,\cdots$分别对应第1级暗条纹、第2级暗条纹、……光程差为其他值时,干涉条纹的亮度介于明条纹和暗条纹之间.

规定:两相邻明条纹中心或两相邻暗条纹中心之间的距离为条纹间距.由式(12.46)或式(12.49)可以求出两相邻明条纹或两相邻暗条纹的间距为

$$\Delta x = x_{k+1} - x_k = \frac{D\lambda}{d} \tag{12.49}$$

由式(12.50)可知,Δx与k无关,因此干涉条纹是等间距地分布于中央明纹的两侧.实验中必须使D足够大,d足够小,否则干涉条纹过密,以致无法分辨.

在实际工程技术中,杨氏双缝干涉实验装置采用单色波入射,若能测出双缝间隔d,双缝与屏幕间距D以及条纹在光屏上的位置x或条纹间距Δx,就可以计算出单色波长λ.历史上,托马斯·杨正是通过双缝干涉实验第一次测定了可见光的波长.若在实验中,用一透明薄片覆盖其中一缝,干涉条纹会发生移动,根据移动的条纹数目或移动的距离,薄片折射率,以及实验装置参数,可求得薄片的厚度,或根据薄片的厚度求得薄片折射率.

例12.4　在杨氏双缝干涉实验中,屏与双缝间的距离$D=0.7$ m,用He-Ne激光器作为单色光源($\lambda=632.8$ nm),问:

(1)$d=2$ mm和$d=5$ mm两种情况下,相邻明纹间距各为多少?

(2)如肉眼仅能分辨两条纹的间距为0.15 mm,现用肉眼观察干涉条纹,问双缝的最大间距是多少?

解　(1)由式(12.50)知,相邻两明纹间的距离为

$$\Delta x = \frac{D\lambda}{d}$$

当$d=2$ mm时

$$\Delta x = \frac{D\lambda}{d} = \frac{0.7\times 632.8\times 10^{-9}}{2\times 10^{-3}}\ \text{m} \approx 2.22\times 10^{-4}\text{m} = 0.222\ \text{mm}$$

当$d=5$ mm时

$$\Delta x = \frac{D\lambda}{d} = \frac{0.7\times 632.8\times 10^{-9}}{5\times 10^{-3}}\ \text{m} \approx 8.86\times 10^{-5}\text{m} = 0.089\ \text{mm}$$

(2)当 $\Delta x=0.15$ mm 时,双缝间距为

$$d=\frac{D\lambda}{\Delta x}=\frac{0.7\times 632.8\times 10^{-9}}{0.15\times 10^{-3}}\text{ m}\approx 2.95\times 10^{-3}\text{m}=2.95\text{ mm}\approx 3\text{ mm}$$

可以看出,在这样的条件下,双缝间距必须小于 3 mm,肉眼才能看到干涉条纹.

例 12.5　在杨氏双缝实验中,双缝间距为 1.5 mm,光屏离双缝的距离为 1 000 mm,当用一片折射率为 1.5 的透明薄片遮挡住其中一条缝,如图 12.29 所示,发现光屏上的条纹系统移动了5 mm.试求薄片的厚度.

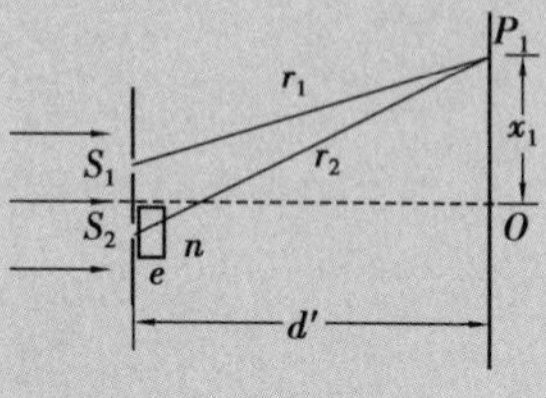

图 12.29　例 12.5 用图

解　没放薄片时,条纹位置

$$x_1=\frac{d'}{d}\Delta L_1$$

$$\Delta L_1=r_2-r_1$$

放薄片后,条纹位置

$$x_2=\frac{d'}{d}\Delta L_2$$

$$\Delta L_2=(r_2-e+ne)-r_1=r_2-r_1+(n-1)e$$

覆盖一条缝后,条纹移动距离

$$\Delta x=x_2-x_1=\frac{d'}{d}(\Delta L_2-\Delta L_1)=\frac{d'}{d}(n-1)e$$

可得薄膜厚度

$$e=\frac{d}{d'}\frac{\Delta x}{(n-1)}=\frac{1.5}{1\ 000}\times\frac{5}{1.5-1}$$
$$=1.5\times 10^{-2}\text{ mm}$$

3)杨氏双缝干涉图样的特点

由式(12.46)和式(12.49)可知,双缝干涉条纹等间距地分布于中央明条纹的两侧.根据式(12.37)及双缝干涉公式可以得到白屏上干涉条纹的光强分布曲线,如图 12.30 所示.

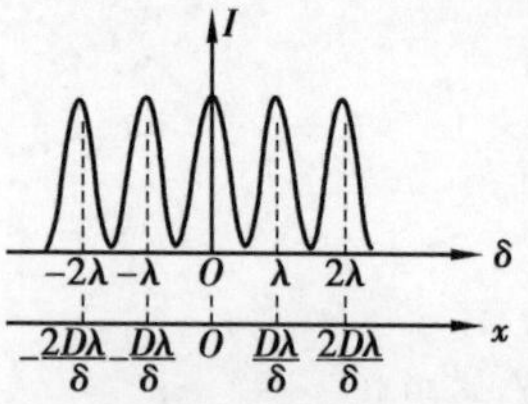

图 12.30　双缝干涉的光强分布

在狭缝间距和狭缝到屏的距离确定的情况下,条纹在屏幕上的位置和间距取决于入射光的波长.因此,当采用平行的白光入射,干涉条纹的中央明纹仍为白色,其两侧各种波长的同一级明纹彼此错开而呈现由紫到红的彩色条纹.

对于两种不同的光波,若其波长满足 $k_1\lambda_1=k_2\lambda_2$,则 λ_1 的第 k_1 级明条纹与 λ_2 的第 k_2 级明条纹在同一位置上,这种现象称为干涉条纹的重叠.

级次增加时,不同级的条纹发生重叠,看到的是由混合色光形成的彩色条纹.

*12.7.2　劳埃德镜

杨氏干涉实验中的小孔和狭缝都很小，光通过时还会产生衍射（本章后面会讨论衍射），对实验产生影响而使问题复杂化. 为了避免这些影响，劳埃德提出了一种简单的观察干涉现象的实验装置. 如图 12.31 所示，MN 为一平面反射镜. 从狭缝 S 射出的光，一部分直接射到屏幕 P 上，另一部分掠射到反射镜 MN 上，反射后到达屏幕上. 反射光可看成由虚光源 S' 发出的，此时杨氏双缝干涉实验的定量分析也适用于劳埃德镜实验. 这两部分光也是相干光，它们同样是用分波面法得到的，故在屏幕上的叠加区域内可以观察到明、暗相间的干涉条纹.

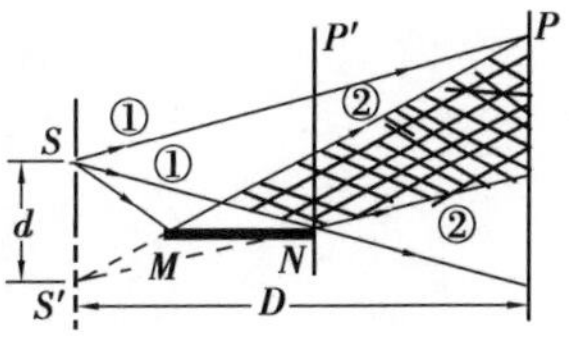

图 12.31　劳埃德镜实验

左移屏幕，条纹变细，间距变小；右移屏幕，条纹变粗，间距变大；若把屏幕移近到和镜面相接触的位置，此时从 S_1 和 S_2 发出的光到达接触点 N 的路程相等. 根据式（12.44）在 N 处应该出现明纹，实际上，在接触处为一暗纹. 这表明，直接射到屏幕上的光与由镜面反射出来的光在 N 处的相位相反，即相位差为 π. 由于入射光的相位没有变化，所以只能是反射光（从空气射向玻璃并反射）的相位跃变了 π，即存在"半波损失". 劳埃德镜实验揭示了这一重要的事实，即光由光疏介质进入光密介质时，在介质表面上反射，且入射角接近 90°（掠射）时，反射光存在半波损失. P 点的光程差应为

$$\delta = S'P - SP - \frac{\lambda}{2} = \frac{d}{D}x - \frac{\lambda}{2} \tag{12.50}$$

劳埃德镜实验所得的干涉图样，除了 N 点为暗纹外，还和杨氏双缝干涉图样有所不同，它只在 N 的一侧有干涉图样，而杨氏干涉条纹则对称地分布在 O 点的两侧.

12.7.3　薄膜干涉

前面讨论的是分波阵面法获得相干光的实验，下面讨论另一种获得相干光的方法. 在阳光照射下，肥皂泡、平静水面上的油膜表面会呈现彩色图样，昆虫（如蜻蜓、蝉、甲虫等）翅翼上色彩缤纷，相机镜头上有蓝紫色等现象. 这是因为光照在薄膜介质表面，一部分折射到介质下表面再反射上来，与在上表面反射的一部分光相遇形成干涉. 由于薄膜干涉时反射光和透射光都来自入射光，这时光的能量分成了两部分，而光的能量与振幅的平方成正比，故此种干涉称为分振幅干涉.

1)等倾干涉　增透膜和增反膜

(1)等倾干涉

设有一厚度为h、折射率为n_2的均匀薄膜，其上方和下方介质的折射率分别为n_1和n_3，如图12.32所示.当一束光以入射角i从介质1入射到薄膜的上表面时，在入射点A处同时发生反射和折射.反射光为图中的光线1，而折射的部分在薄膜的下表面反射后又从上表面射出，形成图中的光线2，它和光线1是平行的.由于这两束光来自同一束光，并经过了不同的光程，且薄膜引起的光程差不是很大，所以它们是相干光.由于这两束相干光是平行的，所以只能在无穷远处发生干涉.在实验中为了在有限远处观察干涉条纹，常让两束平行的相干光经过一个凸透镜，使它们相交于透镜焦平面上的P点，并发生干涉.

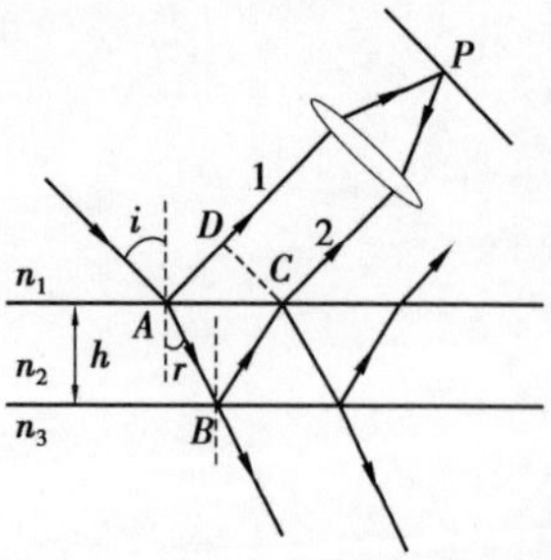

图12.32　等倾干涉

从C点作光线1的垂线CD.由于CD上任何点到P点的光程都相等(薄透镜的等光程性)，所以光线1和光线2在P点相交时的光程差就是光线分别沿ABC和AD两条路径传播时的光程差.由图12.32可求得这一光程差δ为

$$\delta = n_2(AB + BC) - n_1 AD + \delta' \tag{12.51}$$

式中，δ'等于$\lambda/2$或0，它由光束在薄膜上下表面反射时有无半波损失附加的光程差决定.当满足$n_1>n_2>n_3$或$n_1<n_2<n_3$时，无附加光程差，即$\delta'=0$.当满足$n_1>n_2<n_3$或$n_1<n_2>n_3$时，附加光程差为$\lambda/2$，即$\delta'=\lambda/2$.由于

$$AB=BC=h/\cos r,\quad AD=AC\sin i=2h\tan r\sin i$$

再利用折射定律$n_1\sin i=n_2\sin r$，可得

$$\delta = 2n_2\frac{h}{\cos r} - 2n_1 h\tan r\sin i + \delta' = 2n_2 h\cos r + \delta' \tag{12.52}$$

或

$$\delta = 2h\sqrt{n_2^2 - n_1^2\sin^2 i} + \delta' \tag{12.53}$$

由式(12.53)可得等倾干涉时产生明纹(也即干涉相长)的条件为

$$\delta = 2h\sqrt{n_2^2 - n_1^2\sin^2 i} + \delta' = 2n_2 h\cos r + \delta' = k\lambda \qquad k=1,2,\cdots \tag{12.54a}$$

产生暗纹(也即干涉相消)的条件为

$$\delta = 2h\sqrt{n_2^2 - n_1^2 \sin^2 i} + \delta' = 2n_2 h \cos r + \delta' = (2k+1)\frac{\lambda}{2} \quad k = 0,1,2,\cdots \tag{12.54b}$$

由式(12.54)可以看出,以相同倾角入射的光,经均匀薄膜的上、下表面反射后产生的相干光都有相同的光程差,从而对应于干涉图样中的一条条纹,故将此类干涉称为等倾干涉.

观察等倾干涉条纹的实验装置如图 12.33 所示.从面光源 S 发出的光入射到半透半反射镜 M 上,被 M 反射的部分光射向薄膜 A,再被薄膜上、下表面反射,再透过 M 和透镜 L 会聚到 P 上.从 S 上任一点以相同倾角 i 入射到膜表面上的光线应该在同一圆锥面上,它们的反射光在屏上会聚在同一个圆周上.因此,整个干涉图样是由一些明暗相间的同心圆环组成的.

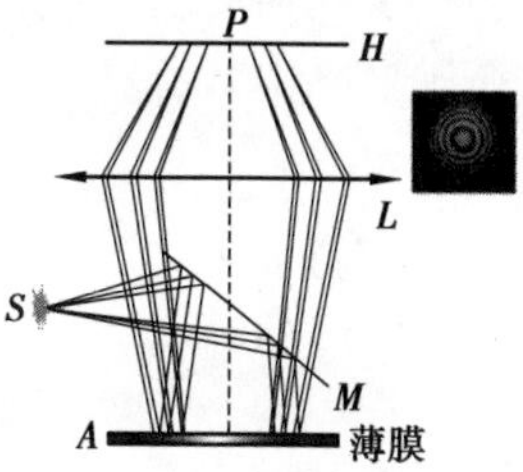

图 12.33 观察等倾条纹

面光源 S 上每一点发出的光都要产生一组相应的干涉环纹,由于方向相同的平行光都被透镜会聚到焦平面上同一点,所以由光源上不同点发出的光线,凡是倾角相同的,它们所形成的干涉环纹都重叠在一起.因此,干涉环纹的总光强是 S 上所有点光源产生的干涉环纹光强的非相干相加,这样就使干涉条纹更加明亮,这就是在实验中总是使用面光源来产生等倾条纹的道理.

在等倾干涉中,入射角 i 越大,光程差 δ 越小,干涉级次 k 也越低,对应干涉圆环的半径也越大.故等倾干涉时,干涉环纹中心的干涉级次最高,越往外的环纹的干涉级次越低.此外,从中心向外各相邻的明环纹和暗环纹的间距也不相同.中心环纹的间距较大,环纹较稀疏,越往外,环纹间距越小,环纹越密集.

另外,由式(12.54a)可得

$$h(\cos r_{k+1} - \cos r_k) = \frac{\lambda}{2n_2} \tag{12.55}$$

式中,r_{k+1}和 r_k分别为 $k+1$ 和 k 级明纹对应的折射角.由此可见,薄膜厚度 h 越大,则 $\cos r_{k+1} - \cos r_k$ 的值越小,相邻的明环纹的间距越小,环纹越密集,越不易观察.故在观察等倾干涉时,薄膜越薄,越容易观察到环纹.

除了薄膜的反射光干涉以外,透射光也可以产生干涉.用同样的方法可以得到 $n_1<n_2<n_3$ 时,两束透射的相干光的光程差为

$$\delta = 2h\sqrt{n_2^2 - n_1^2 \sin^2 i} + \frac{\lambda}{2} \tag{12.56}$$

和式(12.53)比较可知,反射光相互加强时,透射光将相互减弱;反射光相互减弱时,透射光将相互加强,两者是互补的.

例 12.6 白光照射到一厚度均匀的肥皂膜上,沿与膜成 45°的方向观察到膜呈现黄绿色(550 nm).若肥皂膜位于空气中,且其折射率为 1.33,求此膜的最小厚度为多少?若改为垂直观察,肥皂膜呈什么颜色?

解 空气的折射率 $n_1=n_3=1$,肥皂膜的折射率 $n_2=1.33$.由题意可知入射角 $i=45°$,反射加强的条件为

$$\delta = 2h\sqrt{n_2^2 - n_1^2 \sin^2 i} + \frac{\lambda}{2} = k\lambda$$

解得

$$h = \frac{k\lambda - \frac{\lambda}{2}}{2\sqrt{n_2^2 - n_1^2 \sin^2 i}}$$

(1)当 $k=1$ 时,肥皂膜的厚度最小,即

$$h = \frac{\lambda}{4\sqrt{n_2^2 - n_1^2 \sin^2 i}} = \frac{550 \times 10^{-9}}{4 \times \sqrt{1.33^2 - 1^2 \times \sin^2 45°}}\ \text{m} \approx 1.22 \times 10^{-7}\ \text{m}$$

(2)若改为垂直观察,且观察到膜最亮,则应满足干涉相长的条件

$$\delta = 2hn_2 + \frac{\lambda}{2} = k\lambda$$

得

$$\lambda = \frac{2hn_2}{k - 1/2} = \frac{4hn_2}{2k - 1}$$

取 $k=1$,得 $\lambda_1 \approx 649.0$ nm; $k=2$,得 $\lambda_2 \approx 216.3$ nm(紫外光,不可见).因此垂直观察时薄膜呈现红色.

(2)增透膜和增反膜

使透射光增强的膜被称为增透膜,使反射光增强的膜被称为增反膜.其原理都是利用光在薄膜上的干涉理论.如图 12.34(a)所示,当一束平行光垂直入射到介质膜表面,即 $i=r=0$ 时,若薄膜的折射率 n 满足 $n_1< n < n_2$,则反射光和透射光的光程差分别为 $\delta=2nh$ 和 $\delta=2nh+\frac{\lambda}{2}$.通过调整介质膜的厚度使光程差满足干涉加强的公式,就可以使反射光或透射光得到加强.由于反射光和透射光的光程差相差一个 $\lambda/2$.这意味着,对同一介质膜来说,反射光和透射光的干涉是互补的,即若反射光干涉加强则透射光干涉减弱相消,反之亦然.若使反射光干涉相消,且 k 取最小值,即 $k=1$,则

可以得到增透膜的最小厚度，即 $h=\frac{\lambda}{4n}$ 或 $nh=\frac{\lambda}{4}$. 在镀膜工艺中，常把 nh 称为光学厚度. 镀膜时控制厚度 h，使薄膜的厚度等于入射光波长的1/4，则可以减小其反射率，增加透射光的强度. 但有些光学元件却需要减少其透射率，以增加反射光的强度. 如激光器谐振腔的反射镜，要求对激光的反射率达99%以上. 如果使图12.34(a)中薄膜的折射率满足 $n_1<n>n_2$，且薄膜的光学厚度为 $\lambda/4$，则薄膜的反射光将得到增强，而透射光将减弱，这就是增反膜. 单层增反膜的反射率并不高，如单层硫化锌（ZnS，折射率为2.35）薄膜的反射率为30%，要想进一步提高反射率，可采用多层膜，即在玻璃表面交替镀上高折射率的硫化锌（ZnS，折射率为2.35）膜和低折射率的（MgF_2，折射率为1.38）薄膜，并使每层薄膜的光学厚度均为 $\lambda/4$，如图12.34(b)所示. 一般高反膜由13～17层薄膜构成，反射率在94%以上.

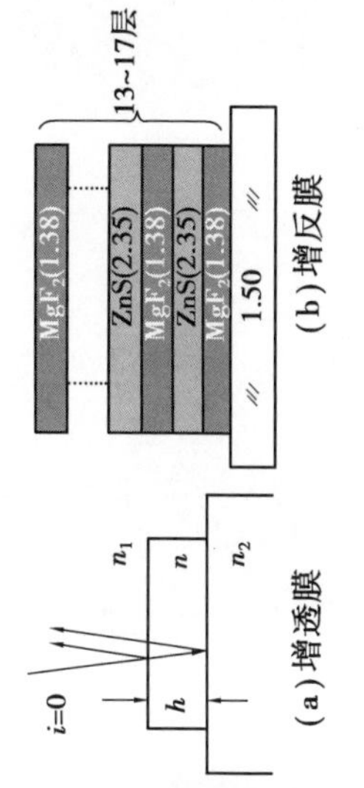

图 12.34 增透膜和增反膜

2）等厚干涉

当一束平行光入射到厚度不均匀的薄膜上时，在薄膜的表面上也可以产生干涉现象，这种干涉现象称为等厚干涉. 常见的等厚干涉现象有劈尖和牛顿环.

（1）劈尖. 将两块平板玻璃片的一端互相叠合，另一端垫入一薄纸片或一细丝，则在两玻璃片间就形成一端薄、一端厚的空气薄膜，这是一个劈尖形的空气膜，称为空气劈尖，如图12.35(a)所示. 空气膜的两个表面即两块玻璃片的内表面. 两玻璃片叠合端的交线称为棱边，其夹角 α 称劈尖角. 在平行于棱边的直线上各点，空气膜的厚度 h 是相等的.

当平行单色光垂直入射劈尖时，就可在劈尖表面观察到明暗相间的干涉条纹，如图12.35(b)所示. 这是由空气膜的上、下表面反射出来的两束光叠加干涉形成的. 在劈尖上厚度为 h 处，由上、下表面反射的两相干光的光程差为

$$\delta = 2nh + \frac{\lambda}{2} \tag{12.57}$$

式中，$\lambda/2$ 是由于从空气劈尖的上表面和下表面反射的情况不同而附加的半波损失. 由式(12.57)可得劈尖干涉的明纹和暗纹条件分别为

$$\delta = 2nh + \frac{\lambda}{2} = \begin{cases} k\lambda & k = 1,2,3,\cdots \text{ 明条纹} \\ (2k+1)\lambda/2 & k = 0,1,2,\cdots \text{ 暗条纹} \end{cases} \tag{12.58}$$

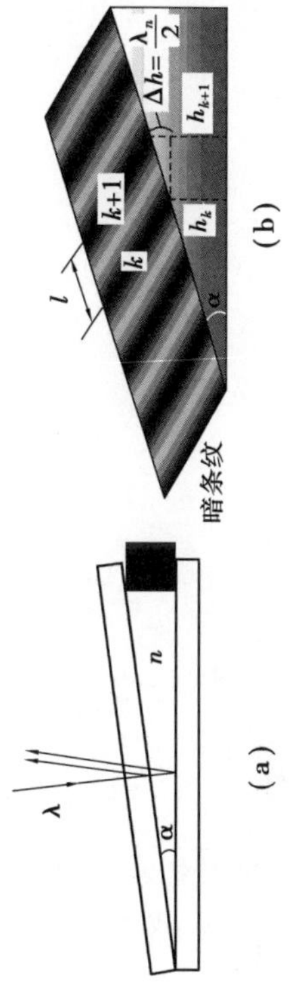

图 12.35 劈尖干涉

由式(12.58)可以看出，光程差 δ 只与膜厚 h 有关. 因此劈尖

上厚度相同的地方，两相干光的光程差相同，对应同一级次的明或暗条纹. h 越大的点，干涉条纹的级次越高. 由于劈尖的等厚线是一些平行于棱边的直线，所以其干涉条纹是一组明、暗相间的直条纹.

由于存在半波损失，在劈尖的棱边处 $h=0$，两相干光的光程差 $\delta=\lambda/2$，故形成暗条纹. 这是"半波损失"的一个有力证据.

相邻两条明纹或暗纹对应的厚度差 Δh 为

$$\Delta h = h_{k+1} - h_k = \frac{\lambda}{2n} \tag{12.59}$$

若以 l 表示相邻的两条明纹或暗纹在劈尖表面的距离，可得

$$l = \frac{\Delta h}{\sin\alpha} = \frac{\lambda}{2n\sin\alpha} \tag{12.60}$$

式中，α 为楔角. 通常劈尖的楔角 α 很小，所以 $\sin\alpha\approx\alpha$，此时可化简为

$$l \approx \frac{\lambda}{2n\alpha} \tag{12.61}$$

可以看出，对于一定波长的单色入射光，劈尖干涉的直条纹中，任何两条相邻明纹或暗纹之间的距离都是相同的. 或者说，劈尖干涉的干涉条纹是一组明、暗相间的等间距直条纹. 劈尖的干涉条纹间隔 l 仅与楔角 α 有关. α 越小，则 l 越大，干涉条纹越稀疏；α 越大，则 l 越小，干涉条纹越密集. 当 α 大到一定程度后，条纹就密不可分了. 所以，只能在 α 很小的劈尖上方观察到清晰的干涉条纹.

若已知折射率 n 和入射波长 λ，那么，测出条纹间距 l，就可以求得劈尖的楔角 α. 反过来，若劈尖的楔角 α 已知，则可以测量单色入射光的波长 λ. 工程上常利用这一原理测细丝直径和薄片厚度. 除此以外，利用劈尖干涉的原理，还可以检查光学元件表面的平整度等.

例 12.7　波长为 589.3 nm 的钠光垂直地入射到一劈尖玻璃板上，若相邻的两条明纹在劈尖表面的间距为 5 mm，玻璃的折射率为 1.52，求此劈尖的夹角.

解　劈尖的夹角为

$$\alpha \approx \frac{\lambda}{2nl}$$

由题意知，$l=5$ mm、$n=1.52$、$\lambda=589.3$ nm，代入上式可得

$$\alpha \approx \frac{\lambda}{2nl} = \frac{589.3\times10^{-9}}{2\times1.52\times5\times10^{-3}}\text{rad} \approx 3.88\times10^{-5}\text{rad}$$

（2）牛顿环. 如图 12.36（a）所示，在一块光平的光学玻璃平板 A 上，放置一个曲率半径 R 很大的平凸透镜 B，在 A、B 之间形成空气薄层. 点光源 S 所发的光经凸透镜 L 转化为平行光束，该光束经半透半反镜 M 后垂直地射向平凸透镜 B，平凸透镜下表面的反射光和平板玻璃上表面的反射光发生干涉，形成以接触点 O 为中心的同心圆环，称为牛顿环. 由于以接触点 O 为中心、任意值 r 为半径所作的圆周上，各点的空气层厚度 h 相等，所以牛顿环是一种等厚条纹，其干涉条纹为明暗相间的圆环.

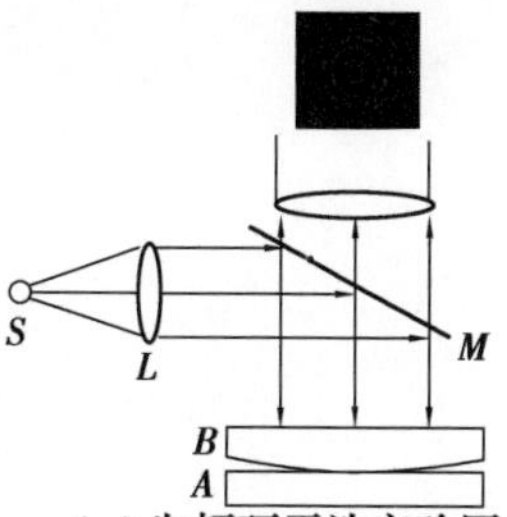

（a）牛顿环干涉实验图

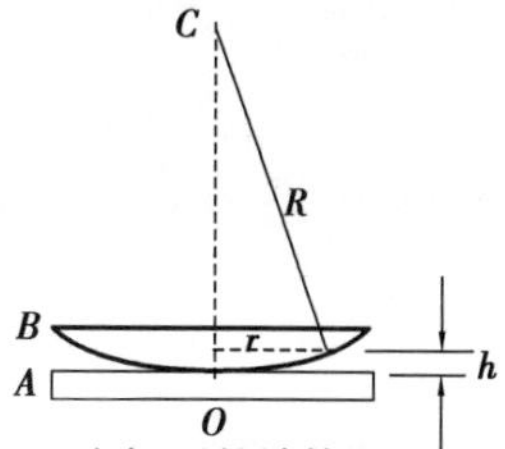

（b）牛顿环的计算原理图

图 12.36　牛顿环

设空气的折射率为 n，玻璃的折射率为 n_1，则厚度为 h 处的空气膜的上下表面的反射光的光程差为

$$\delta = 2nh + \frac{\lambda}{2} \tag{12.62}$$

式中，$\lambda/2$ 为空气膜的下表面反射时的半波损失. 上、下表面的反射光相互干涉形成明条纹和暗条纹的条件为

$$\delta = 2nh + \frac{\lambda}{2} = \begin{cases} k\lambda & k = 1,2,3,\cdots \text{明条纹} \\ (2k+1)\dfrac{\lambda}{2} & k = 0,1,2,\cdots \text{暗条纹} \end{cases} \tag{12.63}$$

在接触点 O 处，空气膜的厚度为零，光程差取决于半波损失. 因此，牛顿环的中心是一个暗点.

由图 12.36（b）可知，牛顿环的半径 r 与透镜的曲率半径 R 的几何关系为

$$r^2 = R^2 - (R - h)^2 = 2Rh - h^2$$

由于 $R \gg h$，故可将上式中高阶小量 h^2 略去，于是得

$$r^2 = 2Rh \tag{12.64}$$

由式（12.63）和式（12.64）可以得到明环和暗环的半径分别为

$$r = \begin{cases} \sqrt{\dfrac{(2k-1)R\lambda}{2n}} & k = 1,2,3\cdots \text{明环} \\ \sqrt{\dfrac{kR\lambda}{n}} & k = 0,1,2\cdots \text{暗环} \end{cases} \tag{12.65}$$

由式（12.63）可以看出，当平凸透镜 B 上移，空气薄层的厚度增加，光程差变大，对应的级数 k 增加，牛顿环对应的半径增加，看上去牛顿环向外涌出；当平凸透镜 B 下移，空气薄层的厚度减小，光程差变小，对应的级数 k 减小，牛顿环对应的半径变小，牛顿环看上去向内凹陷.

根据式(12.65)可得相邻两条明环或暗环的距离为

$$\Delta r = r_{k+1} - r_k = \begin{cases} \sqrt{\dfrac{R\lambda}{2n}}\left(\sqrt{2k+1} - \sqrt{2k-1}\right) & \text{明环} \\ \sqrt{\dfrac{R\lambda}{n}}\left(\sqrt{k+1} - \sqrt{k}\right) & \text{暗环} \end{cases} \tag{12.66}$$

由式(12.66)可以看出,对于一定波长的单色入射光,相邻明环或暗环的半径之差随着干涉级次的增加越来越小,所以牛顿环是内疏外密的一系列同心圆.或者说,随着半径 r 增长,牛顿环越来越密.若用白光照射,除中心暗点颜色不变外,其他条纹呈彩色.

利用牛顿环既可以检测透镜的质量,也可以检测平板玻璃的质量,还可以测定光的波长或平凸透镜的曲率半径.由于直接采用式(12.65)计算光波波长 λ 或平凸透镜的曲率半径 R 时,通常会有很大的误差.主要原因是:假定了透镜凸面与玻璃平面相切于一点,而实际上,即使两表面都是理想的,在接触时也会因它们之间的接触压力而引起形变,从而使接触处实际为一圆面.所以,在实际工作中往往是测量距离中心较远的两个干涉条纹的半径.例如分别测得较远的第 k 级和第 $k+m$ 级的明纹半径 r_k 和 r_{k+m},再利用式(12.65)得到

$$r_{k+m}^2 - r_k^2 = \frac{mR\lambda}{n}$$

从而得到

$$\lambda = \frac{n(r_{k+m}^2 - r_k^2)}{mR} \quad \text{或} \quad R = \frac{n(r_{k+m}^2 - r_k^2)}{m\lambda} \tag{12.67}$$

若 r_k 与 r_{k+m}对应暗环半径,可通过类似分析得出结果.

例 12.8 用单色光观察牛顿环,测得某一明环的半径为 3.00 mm,它外面第 15 个明环的半径为 4.60 mm,若平凸透镜的半径为 2.00 m,求此单色光的波长.

解 已知 $n=1.00$, $R=2.00$ m,设半径为 3.00 mm 的明环对应的级数为 k,则由式(12.67)可得

$$\lambda = \frac{n(r_{k+m}^2 - r_k^2)}{mR} = \frac{1.00 \times \left[(4.60 \times 10^{-3})^2 - (3.00 \times 10^{-3})^2\right]}{15 \times 2.00}\ \text{m}$$

$$\approx 4.053 \times 10^{-7}\text{m} = 405.3\ \text{nm}$$

*3)迈克耳孙干涉仪

迈克耳孙为了研究光速问题,于 1881 年精心设计了一种分振幅双光束干涉装置,这就是迈克耳孙干涉仪,如图 12.37 所示.

图中 M_1、M_2 是两块平面反射镜，分别置于相互垂直的两臂上．其中 M_2 固定，M_1 通过精密导轨可以沿臂轴方向前后移动．G_1 和 G_2 是两块材料相同、厚度一致的平板玻璃，与 M_1、M_2 成 45°放置．在 G_1 的一个面上镀有半透明银膜，它将入射 G_1 的光束分成振幅相等的透射光和反射光．螺钉 V_1 和 V_2 分别用来调节 M_1 和 M_2，使它们分别垂直于两臂．

来自光源 S 的光，经过透镜 L 准直后，平行射向 G_1，一部分被 G_1 反射并向 M_1 传播，如图 12.37(b) 中的光线 1，经 M_1 反射后再穿过 G_1 向 P 处传播，如图中的光线 1′；另一部分透过 G_1 及 G_2 向 M_2 传播，如图中的光线 2，经 M_2 反射后，再穿过 G_2 向 G_1 处传播，被 G_1 反射后也向 P 处传播，如图中的光线 2′．显然，到达 P 处的光线 1′和光线 2′是相干光．G_2 的作用是使光线 1、2 都三次穿过厚薄相同的平玻璃，从而避免 1′、2′间出现额外的光程差，故 G_2 也称为补偿板．

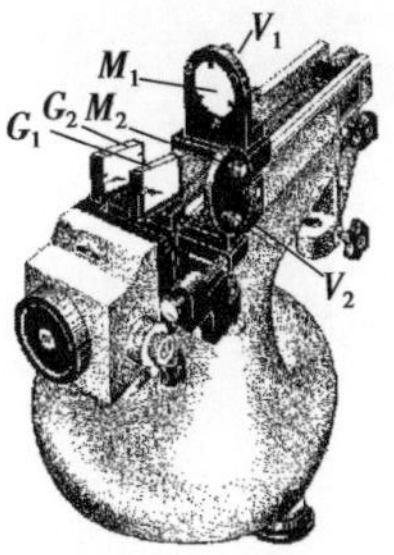

(a) 实物图

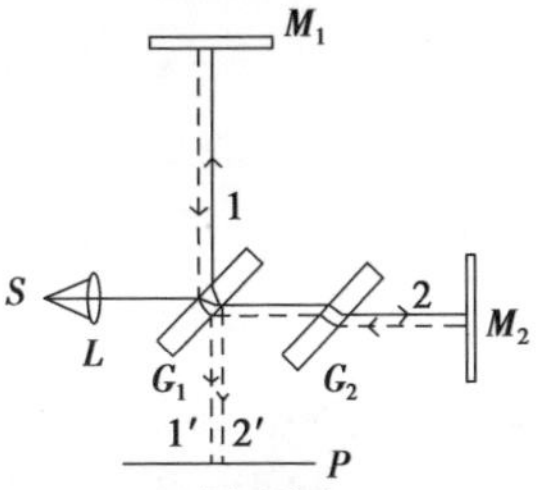

(b) 原理图

图 12.37 迈克耳孙干涉仪

考虑了补偿板的作用，可以画出如图 12.38 所示的迈克耳孙干涉仪的原理图．图中 M_2' 是 M_2 经 G_1 所成的虚像，它和 M_2 相对于 G_1 的位置是对称的，所以从 M_2 上反射的光，可看成是从虚像 M_2' 处反射的．这样，相干光线 1′、2′的光程差，主要由 M_1 和 M_2' 之间的距离 d 决定．如果 M_1 和 M_2 之间严格地相互垂直，那么 M_1 和 M_2' 就是严格地相互平行，此时由 M_1 和 M_2' 形成的是一个厚度均匀的等厚空气膜，因此这种干涉属于等倾干涉，干涉图像是一系列明暗相间的同心圆环．如果 M_1 与 M_2 并不严格垂直，那么，M_2' 与 M_1 也不严格平行，它们之间的空气薄膜就形成一个劈尖．这时，观察到干涉条纹是等间距的等厚条纹．若入射单色光的波长为 λ，则每当 M_1 向前或向后移动 $\lambda/2$ 的距离时，就可看到干涉条纹平移过一条．所以测出视场中移过的条纹数目 N，就可以算出 M_1 移动的距离

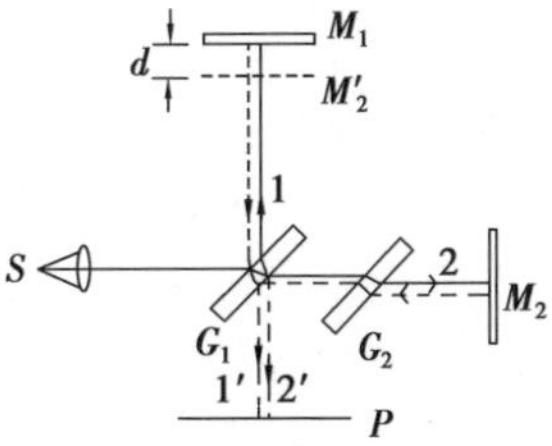

图 12.38 迈克耳孙干涉仪的原理图

$$d = N\frac{\lambda}{2} \tag{12.68}$$

若已知入射单色光的波长，利用式(12.68)可以测定长度；当然，也可以在已知长度的情况下，利用它来测定入射光的波长．

迈克耳孙干涉仪最初是为了研究光速问题而设计的．它还曾被用于著名的迈克耳孙-莫雷实验，研究“以太”漂移，结果否定了“以太”的存在，得到了光速各向同性的结果．另外，迈克耳孙还用它首次进行了另外两个重要实验，即研究光谱线的精细结构和以波长为单位测定了标准米尺的长度．迈克耳孙因为发明了干涉仪器和光速的测量而获得了 1907 年度诺贝尔物理学奖．

因为光的波长是物质的基本特性之一，是永久不变的，以光的波长为单位测定了国际标准米尺的长度，就能把长度的标准建立在一个永久不变的基础上.迈克耳孙用他的干涉仪最先以光的波长为单位测定了国际标准米尺的长度,即用镉的蒸汽在放电管中所发出的红光谱线的波长来度量米尺的长度.红镉线在干燥空气中的波长是 $l=643.847\ 22$ nm,在温度 $t=15$ ℃和压强 $p=101\ 324.72$ Pa的干燥空气中,测定 1 m=1 553 163.5 倍镉光波长.

此外,迈克耳孙干涉仪的原理还被发展和改进成其他形式的干涉仪器.如天体干涉仪,可以测定远距离星体的直径;迈克耳孙干涉仪配以电荷耦合器件摄像装置和计算机,可以成为检验棱镜和透镜的质量及测量折射率和角度的精密仪器.

例 12.9　在迈克耳孙干涉仪的两臂中,分别插入 $l=100$ mm 长的玻璃管,其中一个抽成真空,另一个则储有压强为 1.013×10^5 Pa的空气,用以测定空气的折射率 n.设所用光波波长为546 nm,实验时,向真空玻璃管中逐渐充入空气,直至压强达到1.013×10^5 Pa 为止.在此过程中,观察到 107.2 条干涉条纹的移动,试求空气的折射率 n.

解　设玻璃管充入空气前、后光程差的变化量为 $\Delta\delta$,则有

$$\Delta\delta = 2(n-1)l$$

因充入空气后干涉条纹的移动数目为 k,即 $\Delta k=107.2$,其对应的光程差的变化量为 $\Delta\delta$,于是有

$$\Delta\delta = \Delta k\lambda = 107.2\lambda = 2(n-1)l$$

故得空气的折射率为

$$n = 1 + \frac{107.2\lambda}{2l} = 1 + \frac{107.2\times546\times10^{-9}}{2\times100\times10^{-3}} \approx 1.000\ 3$$

12.8 光的衍射

前面讲过,机械波和电磁波都有衍射现象.光作为一种电磁波,也同样具有衍射现象.光的衍射是光的波动性的另一种表现.通过对光的各种衍射现象的研究,可以从另一个侧面再次深入地了解光的波动性.同时,这也是讨论现代光学问题的基础.

光的衍射是指光波在其传播过程中遇到障碍物时,能够绕过障碍物边缘进入物体的几何阴影,并在屏幕上出现光强不均匀分布的现象.衍射和干涉一样,也是波动的重要特征之一.

波在传播过程中遇到障碍物时会发生衍射现象.对于机械波的衍射,例如声波、水波的衍射,我们已经比较熟悉.然而,光的衍射现象不易为人们发现,通常见到光是沿直线传播的,遇到不透明的障碍物时,会投射出清晰的影子.这是因为通常遇到的障碍物的尺径都远大于可见光的波长(为 390~760 nm),衍射现象不显著.一旦遇到与波长可比拟的障碍物或孔隙时,光的衍射现象就变得显著起来.如图 12.39 所示,图(a)、(b)和(c)是单色光分别通

过狭缝、矩形小孔和小圆孔的衍射图样，图(d)是白光通过细丝时的衍射图样.

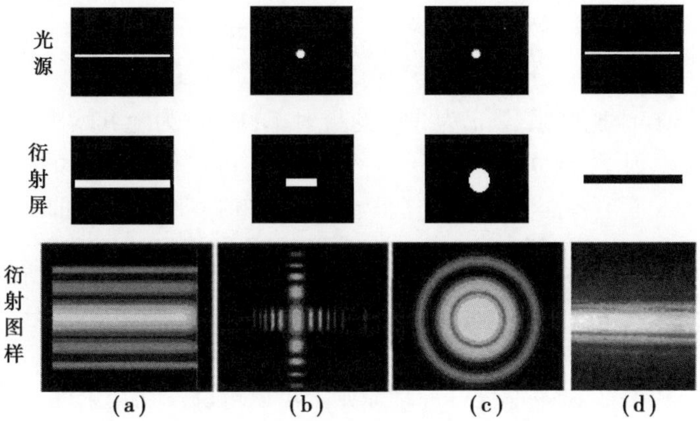

图 12.39　衍射图样

光的衍射现象具有如下特点：

(1)光经过障碍物衍射后，其传播方向发生变化，使得由几何光学确定的障碍物的几何阴影内光强不为零；

(2)光屏上出现明暗相间的条纹，即衍射光场内光的能量将重新分布.

12.8.1　惠更斯-菲涅耳原理

1)惠更斯-菲涅耳原理

光的衍射现象可以用惠更斯原理作定性说明，但它不能解释衍射图样中为什么会出现明暗相间的条纹分布. 为了说明光波衍射图样中的光强分布，菲涅耳吸取惠更斯原理中的“次波”概念，结合杨氏双缝干涉实验，提出了“次波相干叠加”理念，对惠更斯原理进行了补充. 补充后的惠更斯原理称为惠更斯-菲涅耳原理，它为光的衍射理论奠定了基础.

惠更斯-菲涅耳原理：波阵面 S 上的每个面元 $\mathrm{d}S$ 都可以看成新的振动中心，它们发出次波，在空间某一点 P 的振动是所有这些次波在该点的相干叠加.

如图 12.40 所示. 菲涅耳指出：波阵面上任一面元 $\mathrm{d}S$ 发出的子波在前方某点 P 引起的光振动的振幅的大小与面元的大小成正比；与面元到 P 点的距离 r 成反比；而且还与面元的法线方向 e_n 和位置矢量 r 之间的夹角 θ 有关，θ 越大，振幅越小，当 $\theta \geqslant \pi/2$ 时，振幅为零；子波在 P 点的相位取决于面元 $\mathrm{d}S$ 到 P 点的光程. P 点光振动的振幅取决于各面元发出的子波在该点处的叠加结果.

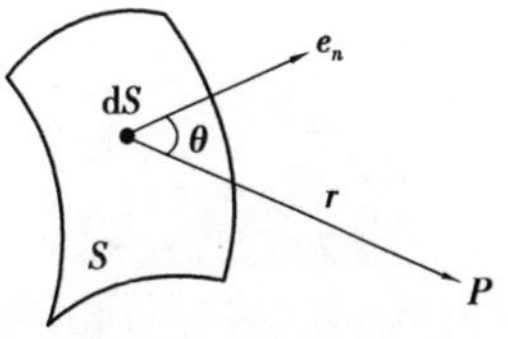

图 12.40　惠更斯-菲涅耳原理说明简图

若取 $t=0$ 时刻,S 面上各子波的初相位为零,则面元 $\mathrm{d}S$ 在 P 点引起的光振动可表示为

$$\mathrm{d}E = CK(\theta)\cos\left(\omega t - \frac{2\pi nr}{\lambda}\right)\frac{\mathrm{d}S}{r} \tag{12.69}$$

式中,C 为比例系数;n 为介质的折射率;$K(\theta)$ 为随 θ 增大而减小的倾斜因子,当 $\theta=0$ 时,$K(\theta)$ 的最大值,可取作 1.P 点的合振动等于 S 面上各面元发出的子波在该点引起振动的叠加,即

$$E(P) = \int_S \mathrm{d}E = \int_S \frac{CK(\theta)}{r}\cos\left(\omega t - \frac{2\pi nr}{\lambda}\right)\mathrm{d}S \tag{12.70}$$

这就是惠更斯-菲涅耳原理的数学表达式.

利用惠更斯-菲涅耳原理原则上可以解决一切衍射问题.但在一般情况下,这个积分计算过于复杂,只有少数特殊情况(如波面关于通过 P 点的波面法线具有旋转对称性时)才有解析解.不过,现在可以利用计算机进行数值运算求解.

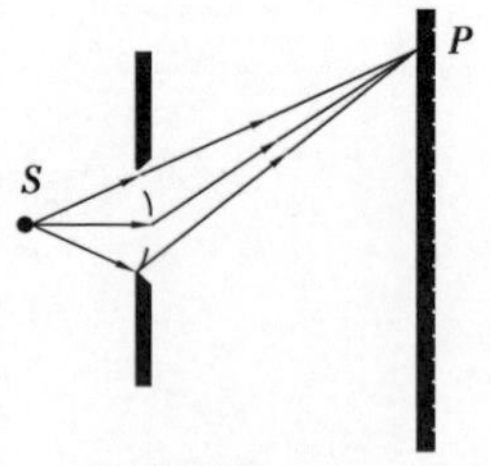

(a)菲涅耳衍射

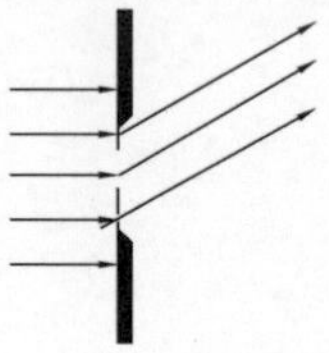

(b)夫琅禾费衍射

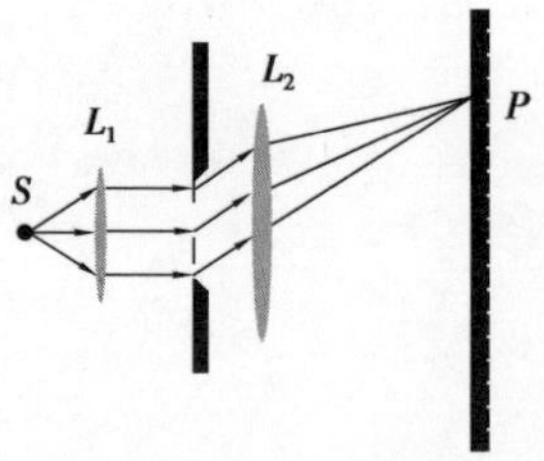

(c)实际的夫琅禾费衍射

图 12.41 衍射分类

2)衍射的分类

衍射系统主要由光源、衍射屏、观察屏组成,通常根据光源和观察屏到衍射屏的距离,把衍射现象分为两类.一类是衍射屏到光源和观察屏的距离都是有限的,或其中之一是有限的,称为菲涅耳衍射,又称为近场衍射,如图 12.41(a)所示;另一类是衍射屏到光源和观察屏的距离都可认为是无限远的,即照射到衍射屏上的入射光和离开衍射屏的衍射光都是平行光的情况,这种衍射现象称为夫琅禾费衍射,又称为远场衍射,如图 12.41(b)所示.在实验室中,实际的夫琅禾费衍射可利用两个会聚透镜来实现,如图 12.41(c)所示.

由于实验装置中经常使用平行光束,故夫琅禾费衍射在理论和实际应用上都较菲涅耳衍射更为重要,并且这类衍射的分析和计算也比菲涅耳衍射简单.本章只讨论夫琅禾费衍射.

12.8.2 夫琅禾费单缝衍射

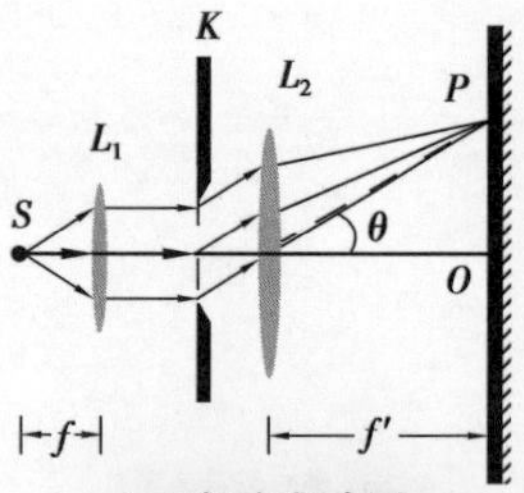

(a)实验光路图

(b)线光源的单缝衍射图样

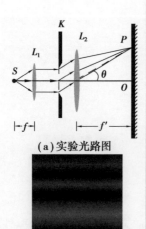

图 12.42 夫朗禾费单缝衍射

1)单缝衍射的实验装置

夫朗禾费单缝衍射的实验光路如图 12.42(a)所示.线光源 S 发出的光经凸透镜 L_1 变成一束平行光,垂直入射到单缝上,单缝的衍射光再由凸透镜 L_2 会聚到屏幕 P 上,屏上将出现与缝平行的衍射条纹,图样以中央明区为中心,两侧对称的分布排列明暗相间的条纹,如图 12.42(b)所示.衍射光线与单缝平面法线间的

夹角 θ 角称为衍射角，它也是考察点 P 对于透镜 L_2 中心的角位置. 凡衍射角相同的衍射光线都会会聚在透镜焦平面上的同一点 P，但各个子波到 P 点的光程并不相同，它们之间有光程差，这些光程差将最终决定 P 点叠加后的光振动矢量的大小.

2) 单缝衍射的光强分布

菲涅耳采用了一个非常直观而简洁的方法来决定屏幕上光强分布的规律，称为菲涅耳半波带法，如图 12.43 所示. 单缝的两端 A 和 B 点发出的子波到 P 点的光程差最大，在图中为线段 AC 的长度，称它为缝端光程差（或最大光程差）. 若用 δ 表示缝端光程差，则有

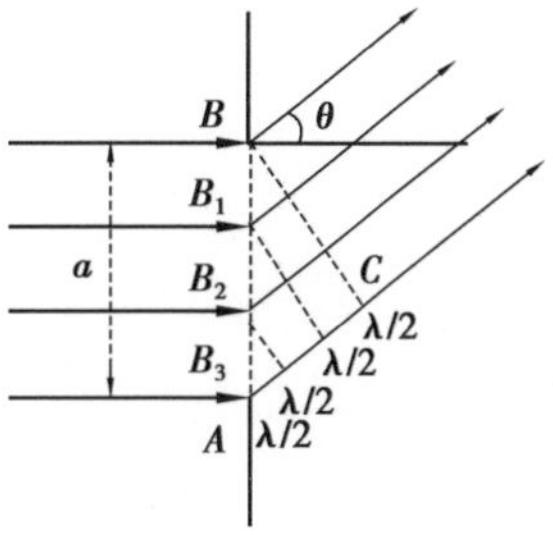

图 12.43 半波带的划分

$$\delta = AC = a\sin\theta \tag{12.71}$$

式中，a 为单缝 AB 的宽度. 在衍射角为某些特定值时，菲涅耳把缝端光程差分成很多等宽度的条带，并使相邻两带上的对应点发出的光在 P 点的光程差为半波长，这样的条带称为半波带，半波带的份数记为 N

$$N = \frac{\delta}{\lambda/2} = \frac{2a\sin\theta}{\lambda} \tag{12.72}$$

从两个相邻半波带的对应点处（如 B_1B_2 的 B_2 点处和 B_2A 的 A 点处）同样大小的两个面元发出的子波，到达屏幕上 P 点的光程差正好是 $\lambda/2$，在它们相遇时将发生干涉相消. 又由于两个面元的大小相同，对 P 点的倾斜角 θ 也相同，故它们发出子波的振幅近似相等，干涉时将完全抵消. 由于相邻两个半波带的对应面元发出的子波都相互抵消，所以可以得出结论：两个相邻半波带的子波在考察点 P 的光振动将完全抵消.

(1) 单缝衍射明纹、暗纹条件. 按上述结论，很容易确定考察点 P 的光强是极大（明纹）还是极小（暗纹）. 对于 P 点，对于某一给定的衍射角 θ，如果单缝可以分成偶数个半波带，则所有半波带的作用成对地相互抵消，即合振幅为零，P 点将成为暗纹中心. 如果单缝可以分成奇数个半波带，则成对的半波带相互抵消后，还剩余一个半波带，它的子波将合成一个较大的光振动振幅，此时 P 点将成为明纹中心. 由此，可以得到单缝衍射的明、暗纹条件：

如果半波带数 N 满足

$$N = \frac{2a\sin\theta}{\lambda} = \begin{cases} \pm(2k+1) & \text{明纹} \\ \pm 2k & \text{暗纹} \end{cases} \quad k = 1,2,3,\cdots \tag{12.73a}$$

或缝端光程差满足

$$a \sin\theta = \begin{cases} \pm(2k+1)\dfrac{\lambda}{2} & \text{明纹} \\ \pm k\lambda & \text{暗纹} \end{cases} \quad k=1,2,3,\cdots$$

(12.73b)

则屏幕上 P 点将是 k 级明纹或暗纹的中心,k 为衍射级次.上述公式称为单缝夫琅禾费衍射的明纹条件或暗纹条件.

应当注意,式(12.73)并不包括 $k=0$ 的情况.因为对于暗纹条件 $k=0$ 时,$\theta=0$,这是中央明纹的中心,不符合该式的含义.而对于明纹条件来说,$k=0$,虽然对应于一个半波带形成的明纹,但仍处在中央明纹的范围内,不会出现单独的明纹.

(2)单缝衍射条纹的角位置.由式(12.73)可以计算出屏幕上 k 级明纹或暗纹中心所对应的角位置(或衍射角)θ_k.由于通常情况下衍射角很小,故有 $\theta_k \approx \sin\theta_k$.此时

$$\theta_k \approx \sin\theta_k = \begin{cases} \pm(2k+1)\dfrac{\lambda}{2a} & \text{明纹} \\ \pm k\dfrac{\lambda}{a} & \text{暗纹} \end{cases} \quad k=1,2,3,\cdots$$

(12.74)

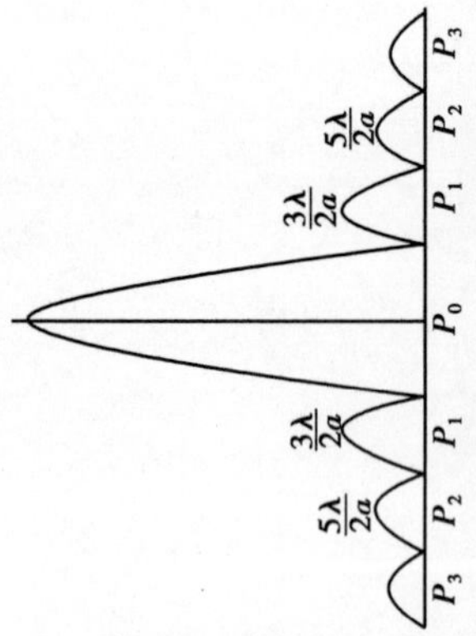

图 12.44 单缝衍射条纹的光强分布

在衍射角 θ_k 已知的情况下,利用上式很容易确定 k 级衍射条纹在观察屏幕上的角位置.单缝衍射时,光强按 $\sin\theta$ 的分布曲线如图 12.44 所示.单缝衍射图样中各极大处的光强并不相同.中央明纹光强最大,其他明纹光强迅速下降.

(3)单缝衍射条纹在观察屏幕上的位置.若透镜 L_2 的焦距为 f,由式(12.74)可以得到衍射条纹在观察屏幕上的位置 $x_k = f\tan\theta_k$(即 P 相对于屏中心 O 的位置).由于屏幕上能分辨的条纹的角度很小,可以用小角度情况下的近似条件 $\tan\theta_k \approx \sin\theta_k$.此时

$$x_k = f\tan\theta_k \approx f\sin\theta_k = \begin{cases} \pm(2k+1)\dfrac{f\lambda}{2a} & \text{明纹} \\ \pm k\dfrac{f\lambda}{a} & \text{暗纹} \end{cases} \quad k=1,2,3,\cdots$$

(12.75)

衍射条纹的级次 k 为正值时表示条纹在屏幕的上半平面,为负值时则表示条纹在下半平面.

应该说明,上面几个公式中的暗纹中心位置是准确的,但明纹中心位置只是一个较好的近似.

(4)中央明纹宽度.在屏幕中心 O 处,$\theta=0$,会聚在此处的所有子波光程相等、振动相位相同,叠加时相互加强,使 O 点成为衍

射条纹中最亮的中央明纹(即0级明纹)的中心.中央明纹在两个一级($k=\pm1$)暗纹中心之间,其角位置满足

$$-\frac{\lambda}{a}<\theta<\frac{\lambda}{a} \tag{12.76a}$$

线位置满足

$$-f\frac{\lambda}{a}<x<f\frac{\lambda}{a} \tag{12.76b}$$

则中央明纹的线宽度 $\Delta x_0=2f\lambda/a$、角宽度 $\Delta\theta_0=2\lambda/a$.

3)单缝衍射图样的特点

(1)亮度分布.单缝衍射图样中,中央明纹最亮,各级明纹的亮度随着级数的增大而减弱.这是因为衍射角 θ 越大,分成的半波带就越多,每个半波带的面积就越小,提供的光能也就越小,再加上产生明纹的那个未被抵消的半波带上,各子波到达 P 点时的相位也不相同,其合成振幅远低于中央明纹处光场的振幅.明条纹的亮度随级数 k 增大而降低,使得条纹的边界也越来越模糊,以致实际上只能看清中央明纹附近的几级明条纹.

(2)条纹宽度.通常把相邻暗纹中心间的距离定义为明纹宽度.由单缝衍射的暗纹位置公式,可得各级明条纹的角宽度为

$$\Delta\theta=\lambda/a \tag{12.77a}$$

线宽度为

$$\Delta x=x_k-x_{k-1}=\frac{f\lambda}{a} \tag{12.77b}$$

而中央明纹的线宽度为 $\Delta x_0=2f\lambda/a=2\Delta x$,角宽度为 $\Delta\theta_0=2\lambda/a=2\Delta\theta$.可见,单缝衍射时衍射条纹的中央明纹宽度是其他各级明纹宽度的两倍.

(3)条纹位置、宽度与缝宽、波长的关系.单缝衍射时,各级衍射条纹的位置和宽度都与狭缝的宽度 a 和入射光的波长 λ 有关.若入射光的波长确定,则缝宽 a 越窄,衍射角越大,条纹位置离中心越远,条纹排列越疏,衍射越显著,观察和测量越清楚、准确;反之,缝越宽,衍射角越小,条纹排列越密,衍射越不明显.当缝宽大到一定的程度(即 $a\gg\lambda$)时,较高级次的条纹因亮度很小,明暗模糊不清,形成很暗的背景,其他级次较低的条纹完全并入衍射角很小的中央明纹附近,形成单一的明纹,这就是几何光学中所说的单缝的像.这时衍射现象消失,成为直线传播的几何光学.所以,可以说几何光学是波动光学在 $\lambda/a\to0$ 时的极限情况.

若用不同波长的复色光入射,例如用白光入射,由于各色衍

射明纹按波长逐级分开,除中央明纹中心仍为白色外,其他各级明纹由紫到红的顺序向两侧对称排列成彩色条纹,称为单缝衍射光谱.在较高的衍射级内,还可以出现前一级光谱区与后一级光谱区的重叠现象.

例 12.10　用波长为 632.8 nm 的单色平行光垂直入射到缝宽为 0.5 mm 的单缝上,在缝后放一焦距 $f=50$ cm 的凸透镜,求观察屏上中央明纹的宽度及一级明纹的位置.

解　(1)由一级暗纹位置

$$x = f\tan\theta \approx f\sin\theta = \pm\frac{f\lambda}{a}$$

可得中央明纹宽度

$$\Delta x_0 = \frac{2f\lambda}{a} = \frac{2\times 50\times 10^{-2}\times 632.8\times 10^{-9}}{0.5\times 10^{-3}}\text{ m} \approx 1.3\times 10^{-4}\text{m}$$

(2)一级明纹位置为

$$x = f\tan\theta \approx f\sin\theta = \pm\frac{3}{2}\frac{f\lambda}{a} = \pm\frac{3\times 50\times 10^{-2}\times 632.8\times 10^{-9}}{2\times 0.5\times 10^{-3}}\text{ m}$$

$$\approx \pm 9.5\times 10^{-5}\text{m}$$

即一级明纹位于中央明纹两侧 $x\approx 9.5\times 10^{-5}$m 处.

例 12.11　在夫琅禾费单缝衍射实验中,用波长 $\lambda=500$ nm 的单色平行光垂直入射缝面.(1)若已知衍射条纹的第一级暗纹对应的衍射角 $\theta=30°$,求单缝的宽度.(2)如果所用单缝的宽度 $a=0.50$ mm,在焦距 $f=1.0$ m 的透镜的焦平面上观察衍射条纹,求中央明纹和其他各级明纹的宽度.

解　(1)由暗纹公式,对第一级暗纹应有

$$a\sin\theta = \pm\lambda$$

由 $\theta=\pm 30°$,可以求得缝宽

$$a = \frac{\lambda}{\sin\theta} = \frac{500}{\sin 30°}\text{ nm} = 1\ 000\text{ nm} = 10^{-6}\text{m}$$

实际上,制造如此窄的单缝在工艺上是相当困难的,而且由于缝太窄通过单缝的光强太弱,观察起来也十分困难.常用的单缝要宽得多.

(2)中央明纹宽度

$$\Delta x_0 = \frac{2f\lambda}{a} = \frac{2\times 1.0\times 500\times 10^{-9}}{0.5\times 10^{-3}}\text{ m} = 2.0\times 10^{-3}\text{m}$$

其他各级明纹宽度

$$\Delta x = \frac{\Delta x_0}{2} = 1.0\times 10^{-3}\text{m}$$

12.8.3　夫琅禾费圆孔衍射

单缝衍射屏换为圆孔衍射屏时，在接收屏上可以得到夫琅和费圆孔衍射的图样.由于一般光学仪器都是由若干透镜组成，透镜的边框相当于一个圆孔，因此研究圆孔衍射对于提高光学成像系统的成像质量具有重要的实际意义.

1）夫琅禾费圆孔衍射

如果在观察夫朗禾费单缝衍射的实验装置中，用小圆孔代替狭缝，将出现环形衍射斑.环形衍射斑的中央是一个较亮的圆斑，它集中了全部衍射光能量的84%，称为艾里斑.艾里斑的外围是一组明暗相间的环纹，环纹的强度与艾里斑相比很弱，且随衍射级次的增大迅速下降，如图12.45所示.

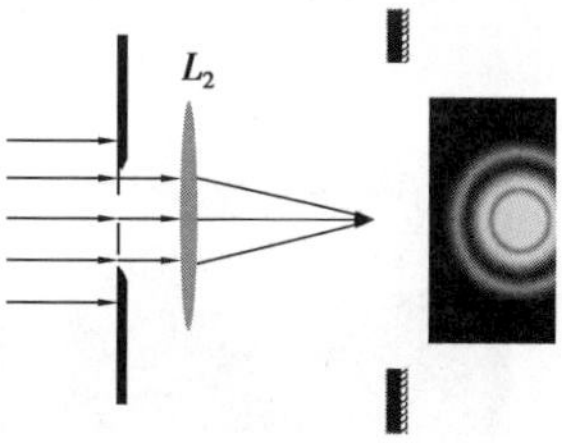

图12.45　圆孔衍射和艾里斑

根据惠更斯-菲涅耳原理，同样可以用半波带法计算各级衍射条纹的分布.但由于衍射屏的几何形状不同，计算圆孔衍射的条纹分布时，半波带划分方法与单缝衍射有所不同.通过理论计算可以得到圆孔衍射时，一级暗环对应的衍射角 θ_1，即

$$\sin\theta_1 = 1.22\frac{\lambda}{D} \tag{12.78}$$

式中，λ 为入射光的波长；D 为小圆孔的直径.上式表明，波长一定时，圆孔直径越小，艾里斑越大，衍射越显著；圆孔直径一定时，光波的波长 λ 越长，艾里斑越大，衍射越显著.

衍射角 θ_1 即为艾里斑的角半径.通常情况下，衍射角很小，故有

$$\theta_1 \approx \sin\theta_1 = 1.22\frac{\lambda}{D} \tag{12.79}$$

若透镜 L_2 的焦距为 f，则艾里斑的半径 r 可写作

$$r = f\tan\theta_1 \approx f\sin\theta_1 = 1.22\frac{\lambda f}{D} \tag{12.80}$$

由此可以看出，艾里斑的半径 r 与光波的波长 λ 成正比，与衍射孔径 D 成反比.或者说光波的波长越长，艾里斑越大；衍射孔径越大，艾里斑越小.

2）光学仪器的分辨本领

光学仪器观察微小物体时，不仅需要有一定的放大能力，还要有足够的分辨本领，才能把微小物体放大到清晰可见的程度.根据几何光学的成像原理，物点和像点一一对应，适当选择透镜的

焦距和物距,总可以得到足够大的放大倍数.然而,由于光的衍射作用,物点的像并不是一个几何点,而是圆孔衍射图样,其主要部分就是艾里斑.如果两个物点距离太近,它们的像会相互重叠以致不能分辨出究竟是一个物点还是两个物点.可见,光的衍射限制了光学仪器的分辨本领.

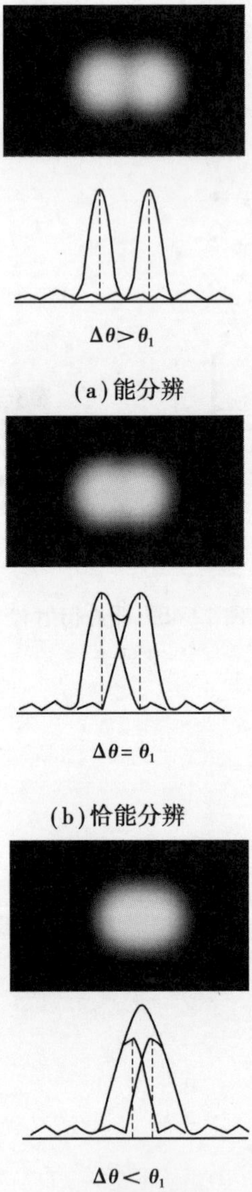

图 12.46 分辨两个衍射图像的条件

如何确定一个光学仪器的分辨本领?或者说,在什么条件下能从两个艾里斑判断出两个物点?瑞利对此提出一个标准:如果一个艾里斑光强最大的地方正好是另一个艾里斑光强最小的地方,也即一个艾里斑的中心正好是另一个艾里斑的边缘,此时两个艾里斑之间的最小光强约为中央最大光强的 80%.对于大多数人来说,恰好能辨别出是两个光点,这个标准称为瑞利准则.如图 12.46 所示,两物点恰能分辨时,两艾里斑中心的距离正好是艾里斑的半径.因此,两个相邻物点的最小分辨角应等于艾里斑的角半径,即

$$\theta_R = \theta_1 = 1.22\frac{\lambda}{D} \tag{12.81}$$

从式(12.81)可以看出,最小分辨角的大小由仪器的孔径 D 和入射光的波长 λ 决定.对于光学仪器来说,最小分辨角越小越好.定义光学仪器的分辨率为

$$R = \frac{1}{\theta_R} = \frac{D}{1.22\lambda} \tag{12.82}$$

它表明了光学系统的分辨本领,R 越大,光学系统的分辨本领越大.显然,光学仪器的分辨率越大越好.式(12.82)表明,分辨率的大小与仪器的孔径 D 成正比,与入射光波的波长 λ 成反比.

瑞利准则为设计光学仪器提出了理论指导,如天文望远镜可用大口径的物镜来提高分辨率,2009 年 5 月欧洲航天局发射的赫歇尔远红外线太空望远镜的凹面物镜的直径为 3.5 m,对波长为 10 μm 的远红外光,其分辨角约为 0.072″.对于电子显微镜则用波长短的射线来提高分辨率,显微镜的分辨极限不是用最小分辨角而是用最小分辨距离来表示.其最小分辨距离为

$$\Delta y = \frac{0.61\lambda}{n\sin u} \tag{12.83}$$

式中,n 为物方折射率;u 为孔径对物点的半张角;$n\sin u$ 称为显微镜的数值孔径,用符号 N.A.表示.显微镜的分辨率为

$$R = \frac{1}{\Delta y} = \frac{n\sin u}{0.61\lambda} \tag{12.84}$$

可见,要提高显微镜的分辨本领,就要增大显微物镜的数值孔径,或减小使用光波的波长.由于数值孔径的最大值目前在 1.5

左右,故显微镜的最小分辨距离为0.4λ采用波长为10^{-3}nm的电子波做成的电子显微镜的最小分辨距离为4×10^{-4}nm,可以对分子、原子的结构进行观察.

例12.12 通常人眼瞳孔直径约为3 mm,人眼最敏感的波长是550 nm的黄绿光,人眼的最小分辨角多大?在上述条件下,若有一个等号,两条线的间距为1 mm,问等号距离人多远处恰能分辨出不是减号.

解 人眼的最小分辨角

$$\theta_R = \theta_1 = 1.22\frac{\lambda}{D} = 1.22 \times \frac{550 \times 10^{-9}}{3 \times 10^{-3}}\text{rad} = 2.24 \times 10^{-4}\text{rad}$$

设等号间距为d,距离人为x,等号对人眼的张角为$\theta=\dfrac{d}{x}$,恰能分辨时有

$$\theta = \frac{d}{x} = \theta_R$$

于是,恰能分辨时的距离为

$$x = \frac{d}{\theta_R} = \frac{1.0 \times 10^{-3}}{2.24 \times 10^{-4}}\text{ m} \approx 4.5\text{ m}$$

12.8.4 光栅衍射

1)衍射光栅

双缝干涉和单缝衍射都可用于简单的光谱测量,但因它们产生的条纹间距太小,亮度很暗,不易观测,故不能用于高精度的光谱测量.如果把许多等宽的狭缝等距离地排列起来,形成一种栅栏式的衍射屏,就能获得间距较大、极细、极亮的衍射条纹,这非常有利于进行高精度的光谱测量.这种由大量等宽等间距的平行狭缝构成的光学器件称为光栅,如图12.47所示.

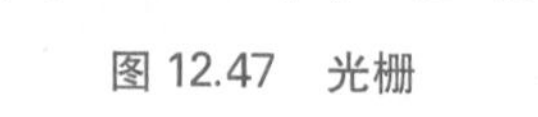

(a)透射光栅 (b)反射光栅

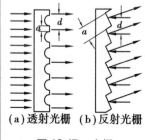

图12.47 光栅

光栅通常分为透射式光栅和反射式光栅.透射式光栅是在玻璃片上刻出大量平行刻痕制成,刻痕处为不透光部分,两刻痕之间的光滑部分可以透光,相当于一条狭缝,如图12.47(a)所示.实验室内一般多采用透射式光栅.反射式光栅是在镀有金属层的表面刻出许多平行刻痕,两刻痕间的光滑金属面可以反射光,相当于狭缝,如图12.47(b)所示.

光栅中透光部分(缝)的宽度常用a表示,不透光部分的宽度用b表示,而将它们的和,也就是缝的中心间距称为光栅常量,并用d表示,$d=a+b$.实际使用的光栅,每毫米内有几十条甚至上千条刻痕,d可达微米的数量级.一块$100\times100\text{ mm}^2$的光栅可有60 000~120 000条刻痕.光栅可用于光谱分析、测量光的波长和强

度分布等.

2)光栅方程

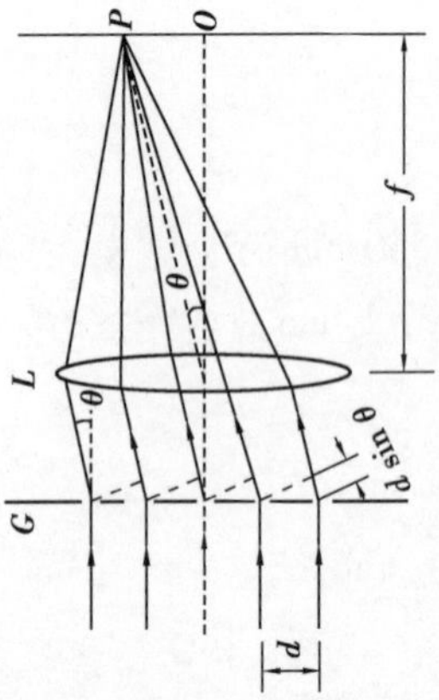

图 12.48 光栅衍射

图 12.48 为光栅衍射的示意图.当一束平行光垂直入射到光栅上时,各缝将发出各自的单缝衍射光,沿 θ 方向的衍射光通过透镜会聚到位于焦平面的观察屏上的同一点 P.θ 称为衍射角,也是 P 点对透镜中心的角位置.这些衍射光在 P 点实现多光束干涉(每个缝都在此处有衍射光).所以光栅衍射的结果应该是单缝衍射和多缝干涉的总效果.下面分别讨论多缝干涉和单缝衍射的效果.

先考虑两个相邻的狭缝发出的衍射光之间的关系.相邻两狭缝的衍射光在 P 点的光程差 $\delta = d\sin\theta$.显然,当相邻两狭缝的光程差满足

$$d\sin\theta = \pm k\lambda, k = 0,1,2,\cdots \tag{12.85}$$

时,相邻两狭缝发出的衍射光到达 P 点将发生干涉加强,形成明条纹.由于所有的缝都彼此平行,且等间距排列,类推可知,此时所有缝的衍射光在 P 点发生相长干涉,形成明条纹,称为光栅衍射主极大,对应的明纹称为光栅衍射的主明纹.式(12.85)是计算光栅主极大的公式,称为**光栅方程**.

当光栅常量 d 保持不变时,不同刻痕数的光栅的衍射条纹如图 12.49 所示.由于光栅常量不变,所以衍射明条纹的位置不变;但刻痕数越多,衍射条纹越细.从图 12.49 中也可看到单缝衍射暗条纹引起的缺级现象,这是即将讨论的内容.

图 12.49 光栅的衍射条纹

上面只讨论了光栅各个缝之间的干涉,注意到光栅衍射实际上是每个缝的单缝衍射光再相互干涉的结果,所以多缝干涉的效果必然受到单缝衍射效果的影响.可以证明,最终在屏上形成的光强分布是在单缝衍射调制下的多缝干涉分布,如图 12.50 所示.图中给出的是一个四缝光栅的光强分布曲线,其中图(a)是缝宽为 a 的单缝衍射的光强分布曲线,图(b)是多缝干涉的光强分布曲线.

多缝干涉和单缝衍射共同决定的光栅衍射的光强分布曲线如图(c)所示.由图(c)可见,多缝干涉条纹的光强分布(实线)受到了单缝衍射光强分布(虚线,称为包络线)的调制.

3)谱线的缺级

从图 12.50 可以看到,在单缝衍射调制下的多缝干涉光强分布使得光栅的各个主极大的强度不同,特别是当多光束干涉的主极大位置恰好为单缝衍射的暗纹中心时,将产生抑制性的调制,这些主极大将在观察屏幕上消失,这种现象称为缺级.

由光栅方程

$$d\sin\theta = k\lambda \quad k = 0,1,2,\cdots$$

和单缝衍射的暗纹条件

$$a\sin\theta = k'\lambda \quad k' = \pm 1,\ \pm 2,\ \pm 3,\cdots$$

可得缺级条件为

$$k = \frac{d}{a}k' \quad k' = \pm 1,\ \pm 2,\ \pm 3,\cdots \tag{12.86}$$

即多缝干涉的 k 级主极大的位置恰好位于单缝衍射的 k' 级暗纹的位置时,k 级主极大将消失,发生缺级现象.例如,当 $d=4a$ 时,缺级的级数为 $k=4,8,12,\cdots$.图 12.50(c)就是这种情况.

4)衍射光谱

单色光在光栅上的衍射形成一系列明亮的线状主极大,称为线状光谱.若入射光为复色光,不同波长光的同一级主极大的位置不同,衍射光强在观察屏上按波长展开,称为光栅光谱.设入射光的波长范围为$[\lambda_1,\lambda_2]$,按光栅方程,λ_1 光的 k 级主极大在 $\theta_{1k} \approx \sin\theta_{1k} = \pm k\dfrac{\lambda_1}{d}$处,$\lambda_2$ 光的 k 级主极大在 $\theta_{2k} \approx \sin\theta_{2k} = \pm k\dfrac{\lambda_2}{d}$处,其他波长光的 k 级主极大在 θ_{1k}和 θ_{2k}之间,它们共同构成 k 级光谱.故 k 级光谱的角范围为 $\theta_{1k} \sim \theta_{2k}$.

同一级主极大、波长长的光的衍射角度大,所以入射光光谱的最高级次取决于波长最长光的最高衍射级次,即 $k \leqslant \dfrac{d}{\lambda_2}$.如果波长范围较大,相邻两级光谱容易发生重叠而显得不清晰.k 级光谱不重叠的条件是 $\theta_{2k} \leqslant \theta_{1(k+1)}$,即

$$k\frac{\lambda_2}{d} \leqslant (k+1)\frac{\lambda_1}{d}$$

化简后,可得

$$k \leqslant \frac{\lambda_1}{\lambda_2 - \lambda_1} \tag{12.87}$$

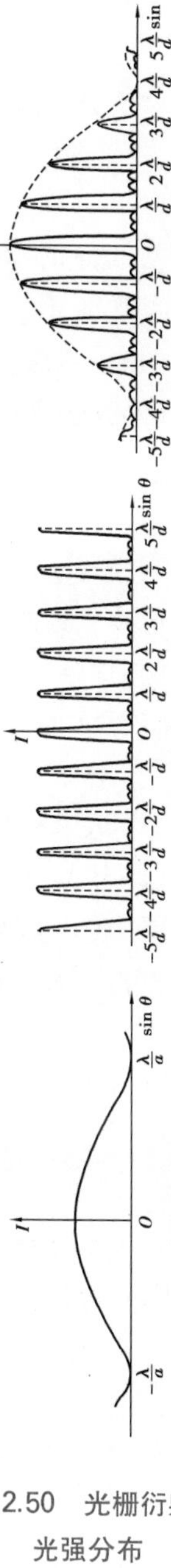

图 12.50　光栅衍射的光强分布

例如对于白光，$\lambda_1 = 400$ nm，$\lambda_2 = 700$ nm，若光栅常数 $d = 1.2$ μm，则 $k<2$，即白光的光栅光谱不重叠光谱级次只有第一级.

各种元素或化合物都有自己特定的谱线，测定光谱中各谱线的波长和相对强度，可以确定物质的成分和含量.这种分析方法称为光谱分析.光谱分析在科学研究和工程技术上有着广泛的应用.

例 12.13　有一平面光栅，每厘米有 6 000 条刻痕，一平行白光垂直照射到光栅平面上.求：

(1) 第一级光谱中，对应于衍射角为 20°的光栅谱线的波长；

(2) 此波长第二级谱线的衍射角.

解　该光栅的光栅常数 $d = 1/6\ 000 = 1.667 \times 10^6$ m

由光栅方程 $d\sin\theta = k\lambda$，对应第一级光谱 $k = 1$，第一级光谱线的波长

$$\lambda = d\sin\theta = 570.1\ \text{nm}$$

此波长第二级谱线的衍射角 $d\sin\theta = 2\lambda$ $\sin\theta = 2\lambda/d = 0.684$

例 12.14　以波长为 589.3 nm 的平行光垂直入射到一透射光栅上，测得光栅的二级谱线的衍射角为 28.1°.用另一未知波长的单色光垂直入射时，测得其一级谱线的衍射角为 13.5°.

(1) 试求未知波长；

(2) 试问未知波长的谱线最多能观测到第几级？

解　(1) 已知 $\lambda_0 = 589.3$ nm，$\theta_0 = 28.1°$，$k_0 = 2$，$\theta = 13.5°$，$k = 1$.设未知波长为 λ，则依题意可以列出如下的光栅方程：

$$d\sin\theta_0 = 2\lambda_0,\quad d\sin\theta = \lambda$$

可解得

$$\lambda = 2\lambda_0\frac{\sin\theta}{\sin\theta_0} = 2\times 589.3\times\frac{\sin 13.5°}{\sin 28.1°}\text{nm} \approx 584.1\ \text{nm}$$

(2) 由光栅方程 $d\sin\theta = k\lambda$ 可得，k 的最大值由条件 $|\sin\theta| \leqslant 1$ 决定.对波长为 584.1 nm的谱线，该条件给出

$$k \leqslant \frac{d}{\lambda} = \frac{2\lambda_0}{\lambda\sin\theta_0} = \frac{2\times 589.3}{584.1\times\sin 28.1°} \approx 4.2$$

所以最多能观测到第四级谱线.

例 12.15　波长为 600 nm 的平行单色光垂直入射到一透射光栅上，衍射的第二级谱线的衍射角满足 $\sin\theta_2 = 0.20$，第四级缺级.试求：

(1) 光栅常量；

(2) 光栅的缝宽的最小值；

(3) 试列出衍射屏上出现的全部级数.

解　(1) 由光栅方程 $d\sin\theta_2 = 2\lambda$，即可求得光栅常量为

$$d=\frac{2\lambda}{\sin\theta_2}=\frac{2\times600\times10^{-9}}{0.20}\text{ m}=6\times10^{-6}\text{m}=6\ \mu\text{m}$$

(2)因谱线第四级缺级,即$\frac{d}{a}=4$,所以光栅狭缝的最小可能宽度为

$$a=\frac{d}{4}=1.5\ \mu\text{m}$$

(3)仍由光栅方程 $d\sin\theta=\pm k\lambda$,知 $\sin\theta\to1$ 时,有

$$k_{\max}<\frac{d}{\lambda}=\frac{6\times10^{-6}}{600\times10^{-9}}=10$$

考虑到缺级,屏幕上可能呈现的谱线的全部级数为 0,±1,±2,±3,±5,±6,±7,±9.

*12.8.5 晶体的 X 射线衍射

之前讨论的光栅是一维的,即衍射屏只在一个方向上具有周期性.除一维光栅外,还有二维光栅和三维光栅.例如,晶体对波长较短的 X 射线来说,是一个理想的三维光栅.

1)晶格点阵 X 射线

(1)晶格点阵.晶体中原子排列的具体形式称为晶格,或晶体的空间点阵.晶格具有周期性.例如大家熟悉的食盐,其晶粒的宏观外形总是具有直角棱边,其微观结构则是钠离子(Na^+)和氯离子(Cl^-)彼此相间整齐排列而成的立方点阵,如图 12.51 所示.晶格中相邻格点的间距称为晶格常数,它通常具有 10^{-10}m 的数量级.例如 NaCl 晶体中 Na^+和 Cl^-的间距约为 0.281 4 nm,该间距恰为 NaCl 晶体晶格常数的一半.

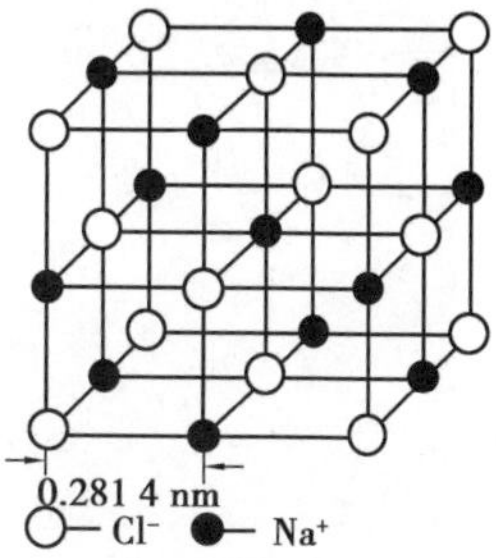

图 12.51 NaCl 晶体的晶格结构

(2)X 射线.X 射线是波长介于紫外线和 γ 射线之间的电磁波,由德国物理学家伦琴于 1895 年发现,故又称伦琴射线.实验室中 X 射线由 X 射线管产生,X 射线管是具有阴极和阳极的真空管,阴极用钨丝制成,通电后可发射热电子,阳极(又称靶极)用高熔点金属制成(一般用钨,用于晶体结构分析的 X 射线管还可用铁、铜、镍等材料).用几万伏至几十万伏的高压加速电子,电子束轰击阳极,X 射线从阳极发出.电子轰击阳极时会产生高温,故阳极必须用水冷却,有时还将阳极设计成转动式的.

2)布拉格方程

1912 年,德国物理学家劳厄发现了晶体对 X 射线的衍射现象,他用连续谱 X 射线照射硫酸铜、硫化锌、铜、氯化钠、铁和萤石等晶体,发现晶体后放置的感光片上出现许多分散的斑点,后人称为劳厄斑.劳厄的实验装置和实验结果如图 12.52 所示.

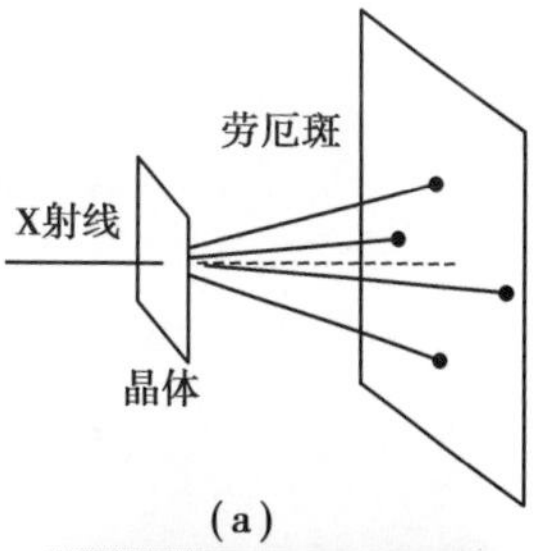

(a)

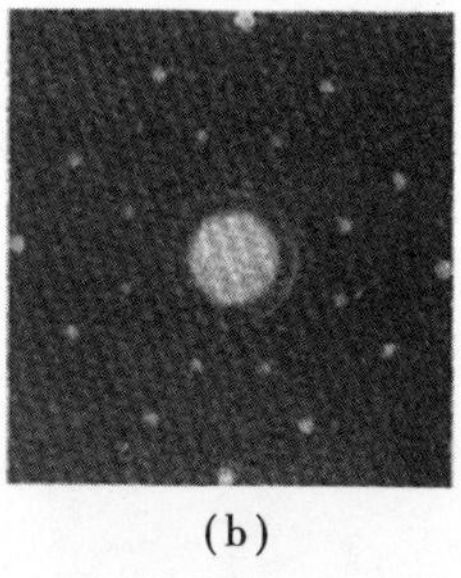

(b)

图 12.52 劳厄的实验装置及劳厄斑

晶体衍射现象的发现提供了一种在原子-分子水平上对无机物和有机物结构进行测定的重要实验方法,即 X 射线衍射法.英国物理学家布拉格父子在劳厄实验的基础上导出了一个比较直观的 X 射线衍射方程式,即

$$2d\sin\alpha = k\lambda \quad k = 1,2,\cdots \tag{12.88}$$

式中,α 为布拉格角;λ 为波长;d 为晶格常数.式(12.88)称为布拉格方程或布拉格条件.

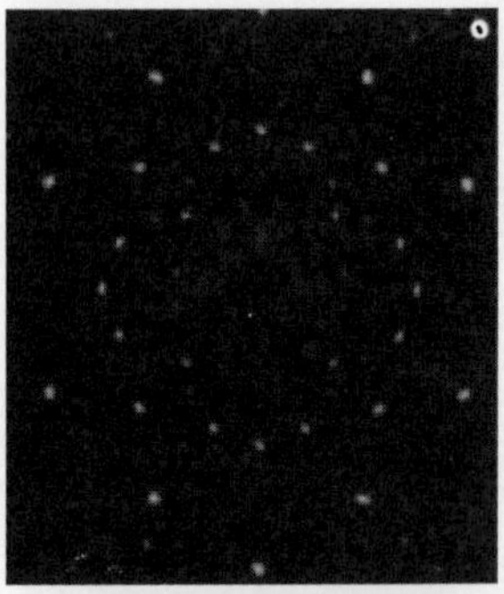

(a) NaCl单晶的劳厄相

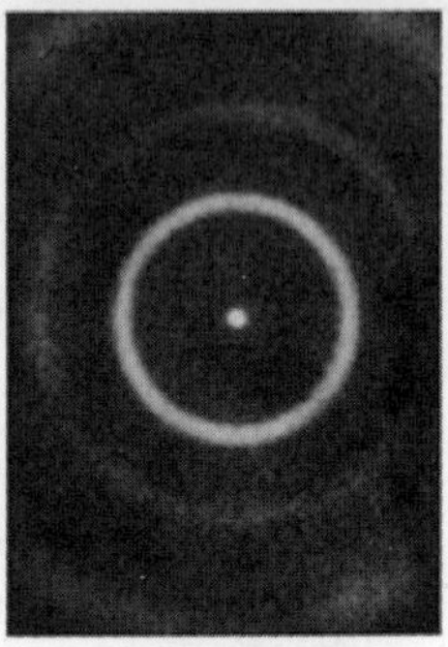

(b) 铝箔的德拜相

图 12.53 NaCl 单晶的劳厄相和铝箔德拜相

3) 劳厄相和德拜相

由式(12.88)可知,晶体衍射出现主极大的条件相当苛刻,要想获得 X 射线的衍射图就不能同时限定入射方向、晶体取向和 X 射线的波长.如果限定晶体的取向,用连续的 X 射线照射晶体,则每个晶面族都可以从入射光中选出满足布拉格条件的波长,从而使所有晶面的反射方向上都出现主极大的情况.这种方法称为劳厄法.用劳厄法得到的衍射图样称为劳厄相,图 12.53(a)是 NaCl 单晶的劳厄相.用劳厄法可以确定晶轴的方向.如果用单色的射线照射大量随机取向的晶粒,即限定 X 射线的波长,则大量无规则的晶粒为入射 X 射线提供了满足布拉格条件的可能性.用这种方法得到的衍射图样称为德拜相,图 12.53(b)是铝箔的德拜相.

利用 X 射线的劳厄相或德拜相可以分析晶体的结构.反之,在晶体结构已知的情况下,利用劳厄相或德拜相可以确定 X 射线的光谱,这对原子的内层结构的研究具有重要意义.

12.9 光的偏振

光的干涉和衍射现象表明了光的波动性,但这些现象还不能确定光是纵波还是横波.光的偏振现象从实验上清楚地显示出了光的横波性,这与光的电磁理论所预言的一致.可以说,光的偏振为光的电磁波本质提供了进一步的证据.

12.9.1 光的偏振现象

1) 光的偏振性

光波是电磁波,光波的传播方向是电磁波的传播方向,其电矢量 $\boldsymbol{E}$ 的振动方向和磁矢量 $\boldsymbol{H}$ 的振动方向都与传播速度 v 垂直,因此光波是横波.在光与物质的相互作用过程中,起主要作用的是

电矢量 $\boldsymbol{E}$,而大多数物质的磁性几乎不变,所以,光在这些介质中传播时,只需要考虑其电矢量的振动,并将 $\boldsymbol{E}$ 矢量称为光矢量.

由于横波的振动方向垂直于传播方向,因此只有横波才会出现偏振现象.光的振动方向对于传播方向的不对称性,称为**光的偏振**.光在传播过程中,光矢量在与传播方向垂直的平面内可能有不同的振动状态,常见的光的偏振态有自然光、线偏振光和部分偏振光.

如果光在传播过程中电矢量的振动平均对于传播方向形成轴对称分布,哪个方向都不比其他方向更为优越,即在轴对称的各个方向上电矢量的时间平均值是相等的,这种光称为自然光.如果电矢量的振动只限于某一确定的平面内,这种光称为**平面偏振光**.由于平面偏振光的电矢量在与传播方向垂直的平面上的投影是一条直线,所以又称为**线偏振光**.电矢量和传播方向所构成的平面称为偏振光的振动面.如果偏振光的电矢量的振幅在不同的方向有不同的大小,这种偏振光称为**部分偏振光**.

2)自然光与线偏振光

光是由原子或离子在跃迁过程中产生的.任何一个发光体都包含大量的原子,每个原子每次发射的是一个线偏振波列,各个原子的发光是一个随机过程,各个发光原子之间没有任何关联.不同原子发出的光波,都有随机的传播方向、振动方向、初相位和频率.因此,在同一时刻观测大量发光原子发出的波列,相互间没有相位关联,它们的电矢量 $\boldsymbol{E}$ 可以分布在轴对称的一切可能的方向,没有哪一个方向占优势,即在所有可能的方向上,$\boldsymbol{E}$ 的振幅都相等.所以普通光源发出的都是自然光,例如日光、灯光、热辐射发光等.自然光是由轴对称分布、没有固定相位的大量线偏振光的集合而成,如图 12.54(a)所示.它可以用两个强度相等、振动方向垂直的线偏振光来表示,如图 12.54(b)所示.为方便表示,通常以点和带箭头的短线分别表示垂直纸面和在纸面内的光振动,这两个振动方向都与光的传播方向垂直,如图 12.54(c)所示.对自然光来说,两个方向振动的强度相等,因此图中点和短线的数目也相等.需要注意的是,由于自然光中各个光矢量的振动都是相互独立的,所以图 12.54(b)中所示的两个垂直光矢量分量之间并没有恒定的相位差,不能将它们合成为一个单独的矢量.因此,自然光相当于被分解为两个强度相等、振动方向垂直且相互独立的线偏振光了,这两个线偏振光的强度各占自然光光强的一半.

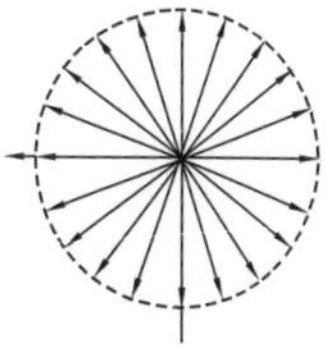

(a)

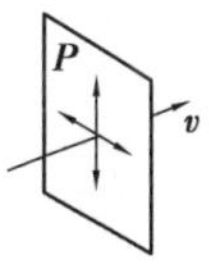

(b)

(c)

图 12.54 自然光

如前所述,线偏振光也可以用点或带箭头的短线表示.如图

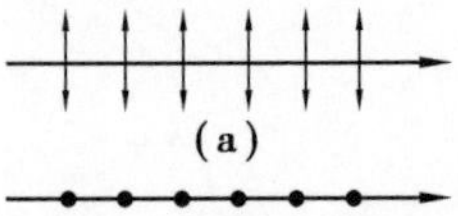

图 12.55 线偏振光

12.55(a)、(b)所示,分别表示振动方向在纸面内和垂直纸面的线偏振光.

3)部分偏振光

如果光的偏振性介于自然光和线偏振光之间,则是部分偏振光,如图 12.56(a)所示.图 12.56(b)和图 12.56(c)分别表示在纸面内振动较强和垂直纸面振动较强的部分偏振光.部分偏振光的电矢量的振幅在不同的方向有不同的大小,其中在某一个方向上能量具有最大值,表示为 $I_{\max}$,在与其垂直的方向上能量具有最小值,记为 $I_{\min}$,通常用

$$P=\frac{I_{\max}-I_{\min}}{I_{\max}+I_{\min}} \tag{12.89}$$

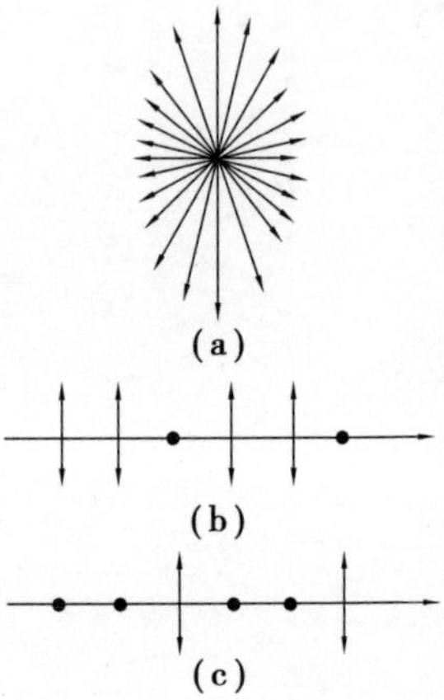

图 12.56 部分偏振光

表示偏振的程度,P 称为偏振度.可以看出 $0 \leqslant P \leqslant 1$.当 $I_{\max}=I_{\min}$ 时,$P=0$,这就是自然光,因此,自然光是偏振度等于 0 的光,也称为非偏振光;当 $I_{\min}=0$ 时,$P=1$,就是线偏振光,所以,线偏振光是偏振度最大的光,也称为全偏振光.部分偏振光可以看作自然光与线偏振光的叠加.

12.9.2 马吕斯定律

自然光中电矢量的振动在各个不同方向的强度是相同的,当自然光经过某些仪器后可能变为线偏振光,而一束光是否为线偏振光仅凭人眼无法判断,需要借助一定的仪器进行检验.

1)起偏和检偏

由自然光获得线偏振光的过程称为起偏,实现起偏的光学元件或装置称为起偏器.自然光通过起偏器后可以转变为线偏振光.检验光的偏振特性的过程称为检偏.用来检偏的光学元件或装置称为检偏器.实际上,凡是可以作为起偏器的光学元件或装置,也都必然能用作检偏器.

偏振片就是一种常用的起偏器.在自然界有一些晶体有这样的特性,它们可以吸收某一个方向的光矢量,而只让另一方向的光矢量通过,这种性质称为二向色性.例如,硫酸碘奎宁、硫酸奎宁碱晶粒等.例如,可以在透明基片,如硝化纤维塑料片或玻璃上蒸镀上 0.1 mm 的硫酸碘奎宁,就制成了起偏器,也称为偏振片.这个透光的方向称为偏振片的透振方向或偏振化方向.用偏振片获得线偏振光时,该偏振片称为起偏器;偏振片也可以检验入射光是否是线偏振光,此时它称为检偏器.起偏器和检偏器是偏振片所起作用不同时的不同名称.如图 12.57 所示,P_1 和 P_2 是两块偏振片,

其中 P_1 是起偏器,用来产生线偏振光;P_2 是检偏器,用来检验线偏振光.

2)马吕斯定律

在图 12.57 中,如果通过 P_1 的电矢量振幅为 A,那么沿第二块偏振片 P_2 的透振方向的振幅分量是 $A\cos\theta$,则透射光强为

$$I_\theta = A^2\cos^2\theta \tag{12.90}$$

当 $\theta=0$ 时,透射光强最强,为 A^2.若令 $I=A^2$,则上式可改写为

$$I_\theta = I\cos^2\theta \tag{12.91}$$

式(12.91)表示线偏振光通过检偏器后的透射光强度随 θ 角变化的规律,称为马吕斯定律.

偏振片只允许电矢量沿透振方向的光通过,因此,自然光通过无吸收的理想偏振片后,其强度应减为原来的一半.

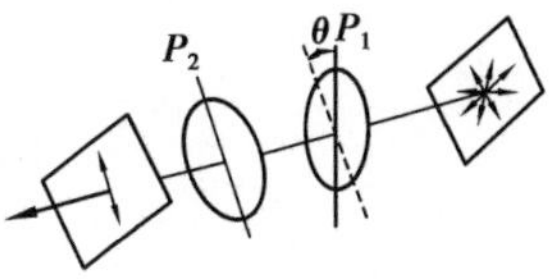

图 12.57 检偏和起偏

例 12.16 一束自然光入射到透振方向成 60°夹角的两偏振片时,透过的光强为 I_1,如果其他条件不变,使夹角变为 45°,透射光强如何变化?

解 入射光为自然光,光强设为 I_0,则

$$I_1 = \frac{1}{2}I_0\cos^2 60° = \frac{1}{8}I_0$$

夹角变为 45°时,则

$$I_2 = \frac{1}{2}I_0\cos^2 45° = \frac{1}{4}I_0 = 2I_1$$

例 12.17 通过偏振片观察一束部分偏振光.当偏振片由透射光强的最大位置转过 60°时,其光强减为一半.试求这束部分偏振光中的自然光和线偏振光的强度之比以及光的偏振度.

解 设自然光的强度为 I_n,线偏振光的强度为 I_p,则部分偏振光的强度为 I_n+I_p.当偏振片处于透射光强最大位置时,通过偏振片的线偏振光强度为 I_p,自然光的强度为 $I_n/2$,则透过的总光强为

$$I_1 = I_p + \frac{I_n}{2}$$

偏振片转过 60°后,透射光的光强变为

$$I_2 = I_p\cos^2 60° + \frac{I_n}{2} = \frac{I_p}{4} + \frac{I_n}{2}$$

由题意知:$I_1=2I_2$,即

$$I_p + \frac{I_n}{2} = 2\left(\frac{I_p}{4} + \frac{I_n}{2}\right)$$

解得

$$\frac{I_n}{I_p}=1$$

$$P=\frac{I_{\max}-I_{\min}}{I_{\max}+I_{\min}}=\frac{\left(I_p+\frac{I_n}{2}\right)-\frac{I_n}{2}}{\left(I_p+\frac{I_n}{2}\right)+\frac{I_n}{2}}=\frac{I_n}{2I_n}=\frac{1}{2}$$

12.9.3 反射光和折射光的偏振态

1)反射光的偏振态

自然光入射到两种介质的界面上，会依照反射和折射定律改变传播方向,而且光的偏振状态也会发生变化.理论和实验都表明,一般情况下，反射光和折射光都是部分偏振光.通常把入射自然光的振动分解为垂直入射面的振动和平行入射面的振动，则反射光是垂直入射面的振动较强的部分偏振光，折射光是平行入射面的振动较强的部分偏振光,如图 12.58 所示.

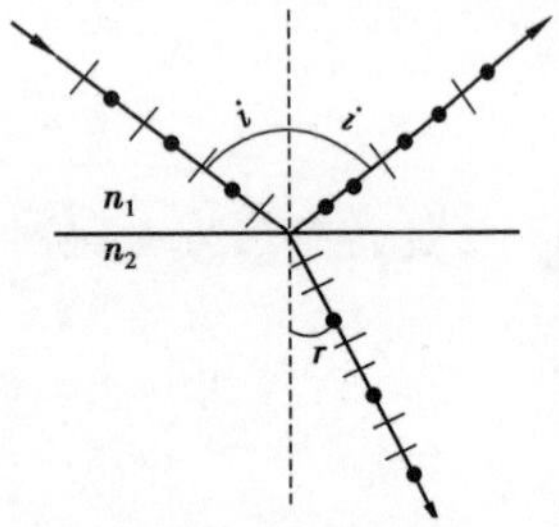

图 12.58 反射光与折射光的偏振态

1812 年，布儒斯特(David Brewster 英国物理学家,1781—1868)通过实验发现，反射光的偏振程度随入射角 i 的变化而变化.当 i 等于某一特殊值 i_0 时，反射光中平行于入射面的振动消失,成为垂直入射面振动的线偏振光,如图 12.59 所示.这一特殊入射角 i_0 的正切值由下式决定：

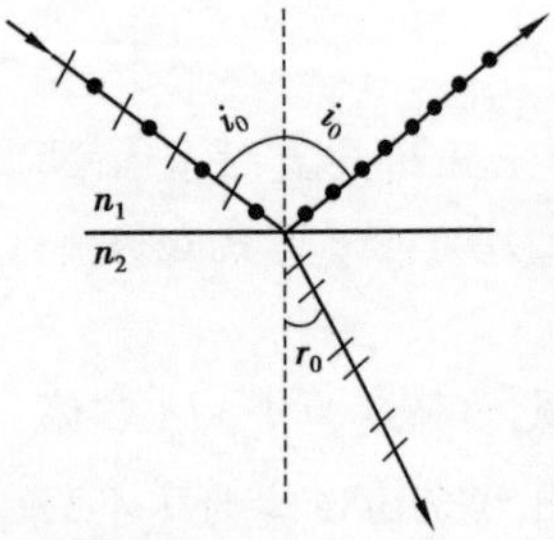

图 12.59 反射起偏

$$\tan i_0=\frac{n_2}{n_1} \tag{12.92}$$

式中 n_1 和 n_2 分别为入射光束和折射光束所在的介质的折射率.式(12.92)所表示的关系称为布儒斯特定律,这一特殊的入射角 i_0 称为起偏振角或布儒斯特角,利用这种方式获得线偏振光称为反射起偏.自然光以布儒斯特角入射到介质表面时,其反射光为线偏振光.因为 $\tan i_0=\frac{\sin i_0}{\cos i_0}=\frac{n_2}{n_1}$,又根据折射定律$\frac{n_2}{n_1}=\frac{\sin i_0}{\cos r_0}$,比较两式可知入射角 i_0 与折射角 r_0 之和 $i_0+r_0=90°$,即光线以布儒斯特角入射时,反射光线和入射光线相互垂直.换句话说,调节光线的入射角,当反射光线和入射光线垂直时,此时的入射角就是布儒斯特角.

如光线自空气入射到介质界面上,则 $n_1=1$,对一般的玻璃来说 $n_2=1.5$,则 $i_0=57°$;对石英来讲,$n_2=1.46$,则 $i_0=55°38'$.

2) 折射光的偏振态

自然光以任意入射角入射时，折射光以及折射后从介质透射出来的光总是部分偏振光.当自然光以布儒斯特角入射时，反射光中只有垂直分量，平行分量全部折射，因此折射光中的平行分量成分大于垂直分量，这时折射光的偏振度最高.

为了利用折射获得线偏振光，往往采用多次折射的方法.例如，将多片玻璃片平行叠放在一起构成玻璃片堆，当自然光以布儒斯特角入射到透明玻璃片堆上时，经过多次折射，折射光中的垂直振动分量越来越少，最终从玻璃片堆透射的光几乎是只包含平行分量的线偏振光.这种获得线偏振光的方法称为透射起偏.

例 12.18 自然光入射到玻璃($n=1.5$)表面上，要使反射光为线偏振光，入射角多大？该角度与波长是否有关？

解 由布儒斯特定律得

$$\tan i_0=\frac{n_2}{n_1}=\frac{1.5}{1.0}=1.5$$

于是得到入射角即布儒斯特角为

$$i_0=\arctan\frac{n_2}{n_1}=\arctan 1.5\approx 56.31^\circ$$

该角度与波长有关.因为不同波长的光在同一种介质中的传播速度不同，具有不同的折射率，所以对于同一介质，不同波长的光有不同的布儒斯特角.

*12.9.4 光的双折射现象

1) 双折射现象

一束光照射到各向异性介质上时，折射光将分为两束，并各自沿着略微不同的方向传播，这种现象称为双折射.

双折射现象如图 12.60 所示，当平行光垂直入射到晶体表面时，一束折射光仍沿原方向在晶体内传播，并且遵守折射定律，称为寻常光，简称为 o 光(o 为 ordinary 的首字母)；另一束折射光在晶体内偏离原来的传播方向，不遵守折射定律，称为非常光，简称为 e 光(e 为 extraordinary 的首字母).o 光和 e 光在晶体内沿不同方向的传播速度不同，这种区分只在晶体内部有意义，射出晶体后，在外部就没有 o 光和 e 光之分.

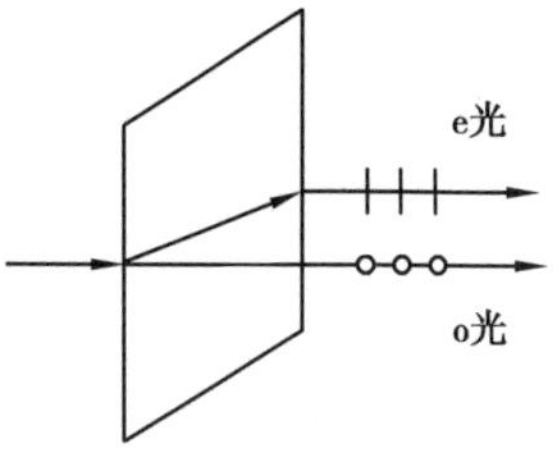

图 12.60 光在晶体中的双折射

2) 光轴与主平面

光入射到双折射晶体内，一般会发生双折射现象，但在双折射晶体内存在一个特殊的方向,光沿这个方向入射时不会发生双折射现象.在晶体内平行于这个方向的直线称为晶体的光轴.光轴仅表示一定的方向,并不限于某一条直线.只有一个光轴的晶体称为单轴晶体,如方解石、石英、红宝石等.有两个光轴的晶体称为双轴晶体,如云母、硫黄、蓝宝石等.

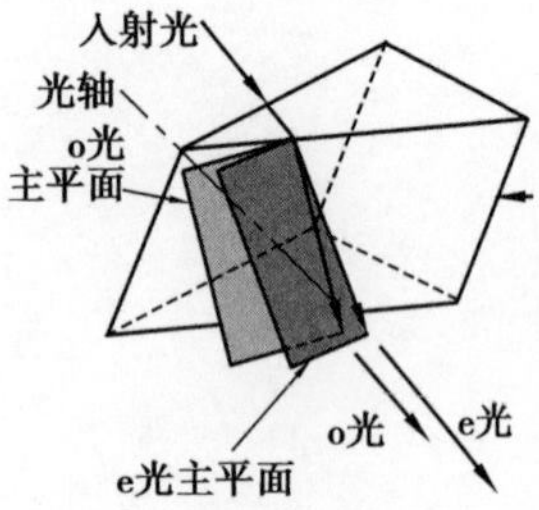

图 12.61　晶体中 o 光和 e 光的主平面

在单轴晶体中,将一条光线和晶体光轴确定的平面称为与这条光线相对应的晶体的主平面.显然,通过 o 光和光轴所作的平面就是与 o 光对应的主平面,通过 e 光和光轴所作的平面就是与 e 光所对应的主平面,如图 12.61 所示.

o 光和 e 光都是线偏振光,但是光矢量的振动方向不同.o 光的振动面垂直于自己的主平面,因此 o 光的电矢量垂直于光轴;e 光的振动面平行于自己的主平面,即 e 光的电矢量在 e 光主平面内.通常情况下,o 光和 e 光的主平面不重合,仅当光轴位于入射面内时,两个主平面才重合.大多数情况下,两个主平面之间的夹角很小,因此,o 光和 e 光的振动面几乎互相垂直.

3)o 光和 e 光的相对光强

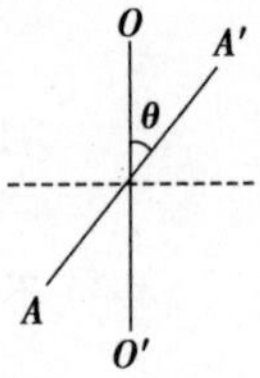

图 12.62　晶体中 o 光和 e 光的光强

自然光和线偏振光在入射到单轴晶体内时都会产生双折射现象,在入射面与主平面重合的条件下,可以计算两束光的相对强度.自然光产生的 o 光和 e 光的振幅相等,但是由于具有不同的折射率,两者的光强不相等,而线偏振光产生的 o 光和 e 光的振幅不一定相等.随着晶体方位的变化,其振幅随之变化.如图 12.62 所示是垂直入射的线偏振光,OO'是晶体的主平面与纸面的交线,AA'是线偏振光的振动面与纸面的交线,θ 为振动面与主平面的夹角.因为 o 光的振动面与主平面垂直,e 光的振动面与主平面平行,则 o 光与 e 光的振幅分别是

$$A_o = A\sin\theta,\quad A_e = A\cos\theta$$

式中,A 是入射偏振光的振幅.由于光强与折射率成正比,在晶体中 o 光和 e 光的强度分别是

$$I_o = n_o A_o^2 = n_o A^2 \sin^2\theta,\ I_e = n_e(\alpha) A_e^2 = n_e(\alpha) A^2 \sin^2\theta$$

相对光强为

$$\frac{I_o}{I_e} = \frac{n_o}{n_e(\alpha)}\tan^2\theta \tag{12.93}$$

式中,α 是 e 光传播方向和光轴的夹角.当 o 光和 e 光在空气中传播时有

$$\frac{I_o}{I_e} = \tan^2\theta \tag{12.94}$$

4) 波片

利用双折射晶体中 o 光和 e 光传播速度不同的特点，可以把双折射晶体制作成各种偏振器件，波片就是其中一种.

由一块表面平行的单轴晶体切割成的薄片，其光轴与晶体表面平行时，o 光和 e 光沿同一方向传播，这样的晶体薄片称为波片. 制作波片的晶体一般是方解石或石英. 当一束振幅为 A_0 的平行光垂直入射到波片上时，在入射点分解为 o 光和 e 光，并具有相同的相位. 光进入晶体后，o 光和 e 光因传播速度不同，故其波长也不相同，这样就逐渐形成了相位不同的两束光. 它们在波片内的振动分别为

$$E_o = A_o \cos\left[2\pi\left(\frac{t}{T} - \frac{r}{\lambda_o}\right)\right],\quad E_e = A_e \cos\left[2\pi\left(\frac{t}{T} - \frac{r}{\lambda_e}\right)\right]$$

式中，λ_o 和 λ_e 分别表示在波片中 o 光和 e 光的波长；r 表示光波到达波片内部某点离波片表面的距离. 经过厚度为 d 的波片后，相位差为

$$\Delta\varphi = \frac{2\pi}{\lambda}(n_o - n_e)d \tag{12.95}$$

式中，λ 为光在真空中的波长.

波片的厚度不同，两束光之间的相位差也不同，常见的波片是 1/4 波片和半波片. 1/4 波片的厚度满足

$$(n_o - n_e)d = \pm(2k+1)\frac{\lambda}{4} \qquad k = 0,1,2,\cdots \tag{12.96}$$

经过 1/4 波片后，o 光和 e 光的相位差为

$$\Delta\varphi = \pm(2k+1)\frac{\pi}{2} \tag{12.97}$$

半波片的厚度满足

$$(n_o - n_e)d = \pm(2k+1)\frac{\lambda}{2} \qquad k = 0,1,2,\cdots \tag{12.98}$$

则其相位差为

$$\Delta\varphi = \pm(2k+1)\pi \tag{12.99}$$

线偏振光垂直入射到半波片后透射光仍为线偏振光，如果入射时振动面和晶体主平面之间的夹角为 θ，则透射出来的线偏振光的振动面从原来的方位转过 2θ 角.

12.9.5 人工双折射、光弹性效应和旋光现象

1)人工双折射电光效应

某些材料是各向同性的,通常情况下没有双折射现象发生.当外加电场时,可以使材料变为各向异性,发生双折射现象.这种由电场引起的物质光学性质的变化,称为**电光效应**,也称为**人工双折射**.它是由克尔在1875年发现的,又称为克尔效应.

电光效应的建立或消失所需时间极短,即从接通(或断开)电源到电光效应的建立(或消失)所需的时间通常约为 10^{-9} s.根据电光效应的这一特点,可以制成反应速度极快的高速光开关.目前,这种高速光开关已经广泛应用于电影、电视、高速摄影及激光通信等诸多领域中.

液晶也是利用电光效应工作的例子.把一种具有向列相分子排列的液晶注入带有透明电极的液晶盒内,未加电场时液晶盒透明.加以超过某一阈值的电场时,盒内的液晶分子产生紊乱形成散射,液晶盒由透明变为不透明.这种现象在液晶显示技术中得到了广泛的应用.

2)光弹性效应

非晶体在通常情况下是各向同性的,不会产生双折射现象.但是当应力作用在非晶体上时,会变成各向异性显示出双折射性质,这种现象称为**光弹性效应**.应力改变,双折射的性质也改变,例如,将透明塑料膜片放入两块偏振片之间,用力拉紧塑料膜,通过白光可以观察到彩色图案,改变拉力的大小,彩色图样发生改变.

各向同性的物质在某一方向受到拉力或压力作用时,这一方向称为物质的光轴.两束光通过形变物质后,都能够通过检偏器,成为满足干涉条件的光,发生干涉.如果形变物质受力均匀.那么观察到的彩色是均匀的.如果受力不均匀,不同地方的应力不同,出现的彩色颜色也不同,复杂的应力会出现复杂的图案.

利用光弹性效应可以检验各种机床、飞机、建筑物、桥梁、堤坝、电视发射塔等所受的复杂的应力问题.

3)旋光现象

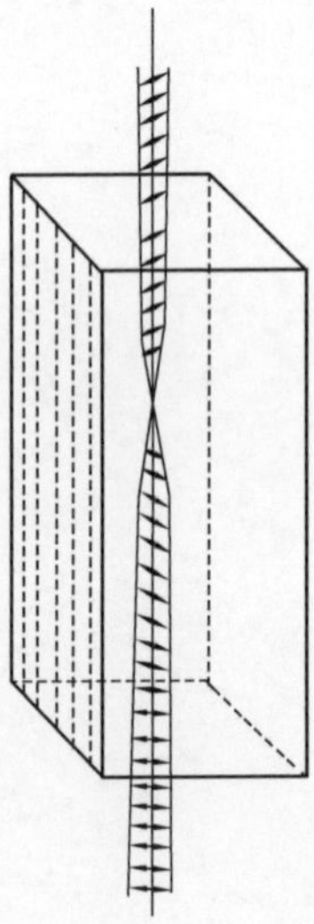

图 12.63 旋光现象

晶体中沿光轴方向传播的光不发生双折射现象,但是会有其他效应.将石英晶体加工成光轴垂直于表面的薄片,线偏振光沿着光轴方向入射时,发现出射光的振动面会发生旋转,这种现象称为**旋光现象**,如图12.63所示.能够使线偏振光的振动面发生旋转的物质称为旋光性物质.晶片厚度为1 mm时转过的角度称为旋

光度.对于同一厚度的晶片,不同波长的光偏转的角度不同.当白光入射时,出射光中不同波长成分旋转的角度不同,有不同颜色的光射出,这一现象称为**旋光色散**.对于石英晶体,振动面转过的角度与晶体的厚度 d 成正比,即

$$\theta = \alpha d \tag{12.100}$$

式中,α 是与晶体有关的常数.

迎面观察通过晶片的光,振动面按顺时针方向转动的称为右旋,逆时针转动的称为左旋.实验发现,线偏振光通过石英晶体,既可以左旋,又可以右旋.据此,可以将石英分为左旋石英和右旋石英.

除了石英等晶体会出现旋光现象外,在液体中也存在旋光现象,如松节油、糖溶液中,线偏振光的电矢量转过的角度为

$$\varphi = \alpha C d \tag{12.101}$$

式中,C 为溶液的浓度;d 为光经过的长度.由于电矢量旋转的角度可以反映蔗糖溶液的浓度,因此可以通过测量旋光测得溶液的浓度,这是工业制糖中测量糖浓度的量糖计的原理.此外,旋光现象在医药、生物物理学等方面也有着广泛的应用.

12.9.6 光与物质的相互作用

光通过物质传播时,将与物质中的带电粒子发生相互作用,其结果是:一部分光的能量不断被物质吸收,一部分光向各个方向散射,使得光的强度被减弱;另外,光在物质中的传播速度将小于真空中的速度,且随频率变化.因此表现为光的吸收、散射和色散等效应.

1)光的吸收

光通过物质时,电矢量与物质中的带电粒子作用,将其能量转化为热能,从而使光的强度减弱的现象,称为光的吸收.实验表明,在透明物质中,当光强不是很大时,光被吸收的程度与吸收体的厚度成正比.

如图 12.64 所示,在各向同性的均匀物质中取一薄层,厚度为 dx,光强为 I_0 的平行光入射到该薄层前时光的强度为 I,从薄层射出后的光强为 $I+dI(dI<0)$,则有

$$\frac{dI}{I} = -\alpha_a dx \tag{12.102}$$

式中,α_a 为吸收系数,对于一定的波长,α_a 可以认为是不变的.积分得到通过厚度为 d 的物质后的光强为

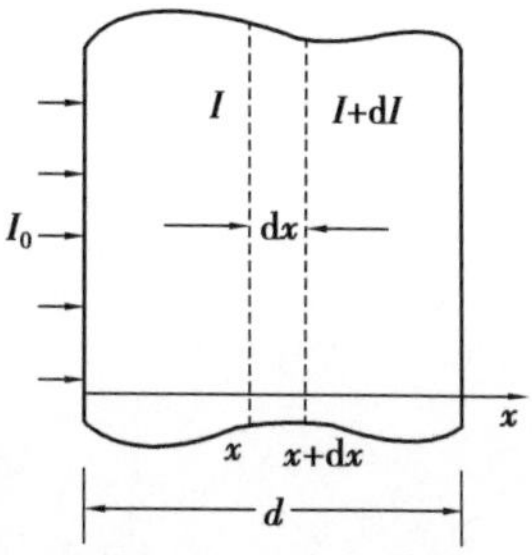

图 12.64 光的吸收

$$I = I_0 e^{-\alpha_a d} \tag{12.103}$$

称为**朗伯定律**,它是朗伯于 1760 年发现的.

实验还表明,光在液体中传播时,稀溶液的吸收系数与溶液的浓度有关.比尔发现,溶液的吸收系数与溶液浓度成正比,即 $\alpha_a = AC$,因此,式(12.103)可改写为

$$I = I_0 e^{-\alpha_a d} = I_0 e^{-ACd} \tag{12.104}$$

称为**比尔定律**.式中,A 是与浓度无关的常量,C 是溶液的浓度.应当注意,在稀溶液中比尔定律成立,当溶液浓度很大时比尔定律不再成立,但是朗伯定律仍然成立.

真空对任何波长的光都是完全透明的,而其他物质却不同.任一物质对光的吸收都由一般吸收和选择吸收组成.一般吸收是指物质对光的吸收率随波长变化很小,而选择吸收是指同一物质在某些波长处吸收得很多,并且随波长剧烈地变化.

一般物质对不同波长的光的吸收是不同的.连续光源发出的光经过物质后,用分光计可以发现某些波长的光被吸收,从而形成吸收光谱.吸收光谱是吸收物质中的原子吸收入射光能量的结果,可以用来作物质成分的分析.物质成分的极少量变化,会导致吸收系数的很大变化,因此在化学、医药、材料、遥感、航天和气象预报等定量分析中都广泛运用到吸收光谱.

物体对光的吸收不同而呈现出不同的色彩.例如,金的颜色是黄色的,这是由于金对除黄光之外的其他成分的光波吸收很强,因此表面反射的光以黄色成分为主.

2)光的散射

光在均匀物质中传播时,沿着一定方向传播,在其余方向上光强为零,观察不到光.当光在不均匀物质中传播时,从侧向却可以看见光,这种现象称为光的**散射**.

散射由于机制不同,可以分成不同的种类.但主要有以下两种:一种是物质中悬浮颗粒的影响,如空气中的尘埃、溶液中悬浮的颗粒等,这些颗粒的线度一般小于光波波长;另一种是由于物质分子密度的涨落而引起的,因为密度的涨落取决于分子的无规则运动,故这种散射也称为分子散射.

瑞利对颗粒散射进行了精密的研究,发现当散射颗粒的尺寸小于波长时,入射光中不同的波长成分有不同的散射,散射光强与入射光波长的四次方成反比,即

$$I = f(\lambda)\lambda^{-4} \tag{12.105}$$

称为**瑞利定律**.式中,$f(\lambda)$ 为入射光强度按波长的分布函数.例

如,红光的波长约是紫光波长的1.8倍,相同入射光强的情况下,紫光的散射大约是红光的10倍,因此红光的散射较弱,通过薄雾的能力比蓝光强,信号灯多用红色就是这个原因.由于红外线的穿透能力比可见光强,所以在遥感测量中有广泛的应用.

天空的颜色也是由散射引起的,如果没有大气,天空的背景是黑色的.白天看到明亮的天空是由于日光受到了大气的散射,散射后的光从不同方向进入人眼.晴朗的天空呈现蓝色,是由于白光中短波成分的蓝色和浅蓝色光比红黄色光散射得更厉害.而早上和傍晚时分,因日光中短波被大量散射,沿着原来法线方向前进的主要是长波部分,因此太阳此时的颜色偏红;中午时分由于太阳直射地面,光经过的大气层厚度较薄,对短波的散射没有早晚那样强烈,此时的太阳是白色.

当散射颗粒的线度大于光的波长时,散射光对波长的依赖性不强,各个波长成分的散射光强差别不大.此时的散射称为**米-德拜散射**.云雾的颜色呈现白色就属此类散射.

3)光的色散

光在不同物质中传播时,频率不变,但波长改变,不同波长的光其传播速度不同,折射率也不同,穿过物质后,会从不同的角度射出,在空间中分开.光在介质中的传播速度(或折射率)随波长而变化的现象称为光的**色散**.

光的色散可以分为正常色散和反常色散.通常称波长越短、折射率越大的色散为正常色散;而称波长越短、折射率越小的色散为反常色散.德国物理学家孔脱发现,反常色散总是与光的吸收有密切联系.任何物质如果在某一波长范围有反常色散,则在这个区域内的光被强烈吸收,形成吸收带.当波长在两个吸收带之间并远离它们时,发生正常色散.后来人们发现,任何物质在红外或紫外光谱中只要有选择吸收存在,在这些区域中就表现出反常色散.这就是说,“反常”色散实际上也是很普遍的,“反常”色散和“正常”色散仅是历史上的名词而已.

思考题

12.1 试用光的反射和折射规律解释海市蜃楼现象.

12.2 为什么玻璃中的气泡看上去特别明亮?

12.3 为什么钻石看上去光彩夺目,而同样形状的玻璃则不会产生这样的效果?

12.4 是否可以通过直接观察来区分物体所成的像是实像还是虚像?如果不能,可以采用什么方法来区分实像和虚像?

12.5 什么是光程?应用光程的概念有什么好处?

12.6　同一束光分别在两种不同介质中传播相同的距离,则在两次传播过程中,这束光所经历的光程一样吗？这束光在两次传播过程中发生相位变化与其光程有什么关系？如果这束光在两种介质中的传播过程经历了相同的时间,则情况又如何？

12.7　如果将一凸透镜放入水中,则其焦距会发生变化吗？为什么？

12.8　水中的气泡相当于一个透镜,试问:它是一个凸透镜,还是凹透镜？

12.9　球面反射和折射都破坏了光束的同心性,即产生像散.为什么我们通过常见的成像系统(如望远镜、显微镜)仍能观察到清晰的像？

12.10　能否根据薄透镜的形状判断薄透镜的作用(是会聚或发散)？

12.11　试说明房门的“猫眼”的结构及成像原理.

12.12　有两盏钠光灯,它们发出光的波长相同,则在两盏灯光的重叠区域能否产生干涉？为什么？

12.13　两列光为相干光,应满足哪些条件？获取相干光的方法有哪些？

12.14　在杨氏双缝实验中,若单色光源 S 到两缝 S_1 和 S_2 的距离相等,则干涉条纹的中央明纹位于 $x=0$ 处,现将光源 S 向上侧移动,则中央明纹将向哪侧移动？干涉条纹间距又如何变化？

12.15　杨氏双缝实验中,在一条光路上插入一块玻璃,则原来位于中央的干涉明纹将向哪侧移动？

12.16　在空气中的肥皂泡,当肥皂泡吹大到一定程度时,会看到肥皂泡表面出现彩色,而且随着肥皂泡的增大,其表面的彩色会发生改变,其原因是什么？当肥皂泡膨胀到极限,即肥皂泡变薄到即将破裂时,膜上将出现黑色,这又是为什么？

12.17　空气中放置一块玻璃板,在玻璃板上有一层油膜,已知油膜的折射率小于玻璃的折射率.若以该油膜为分析对象,则在薄膜干涉的分析过程中,还需要计入半波损失所引入的附加光程差吗？为什么？

12.18　劈尖和牛顿环都是等厚干涉,为什么劈尖干涉中条纹间距是相等的,而牛顿环的条纹间距是不等的？

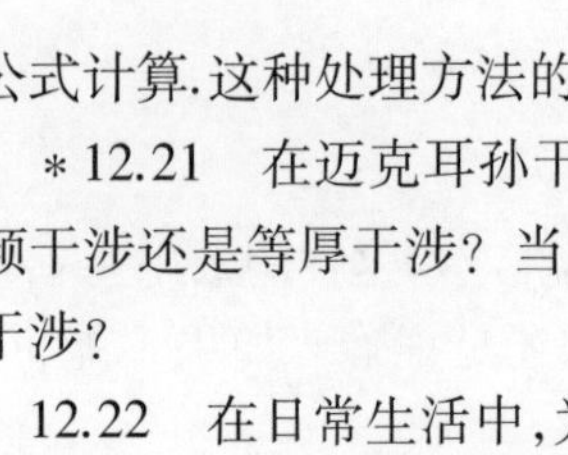

思考题 12.20 图

12.19　利用空气劈尖的等厚干涉条纹可以检测工件表面极小的加工纹路.在经过精密加工的工件表面上放一光学平晶,使它们之间形成空气劈尖,用单色光垂直照射玻璃平晶,并在显微镜下观察到干涉条纹如思考题 12.20 图所示,试根据干涉条纹的弯曲方向,判断工件的表面是凸的还是凹的.

12.20　在利用牛顿环装置测量平凸透镜的曲率半径时,通常测量距离中心较远的两个干涉条纹的半径,然后利用相关公式计算.这种处理方法的优点是什么？

*12.21　在迈克耳孙干涉仪实验装置中,当 M_1 与 M_2 之间严格垂直时,其干涉图样是等倾干涉还是等厚干涉？当 M_1 与 M_2 之间并不严格垂直时,其干涉图样是等倾干涉还是等厚干涉？

12.22　在日常生活中,为什么声波的衍射比光波的衍射显著？

12.23　屋外有人讲话,其声音很容易传到屋内,而其图像容易被挡住,这是为什么？

12.24　如何区别菲涅耳衍射与夫琅禾费衍射?

12.25　夫琅禾费衍射实验中,透镜的作用是什么?

12.26　若放大镜的放大倍数足够高,是否能看清任何细小的物体?

12.27　为什么天文望远镜的物镜直径都很大?

12.28　如何理解光栅的衍射条纹是单缝衍射和多缝干涉的总效益?

12.29　光栅的光谱和棱镜的光谱有什么区别?

12.30　为什么用光栅的衍射比用杨氏双缝干涉实验能更准确地测量入射光的波长?

*12.31　为什么不能用一般光栅观察 X 射线的衍射现象?

12.32　线偏振光和自然光有什么区别?

12.33　如思考题 12.33 图所示,A 是起偏器,B 是检偏器,以单色光垂直入射,保持 A 不动,将 B 绕轴 l 转动一周,在转动过程中,通过 B 的光强怎样变化? 若保持 B 不变,将 A 绕轴 l 转动一周,通过 B 的光强怎样变化?

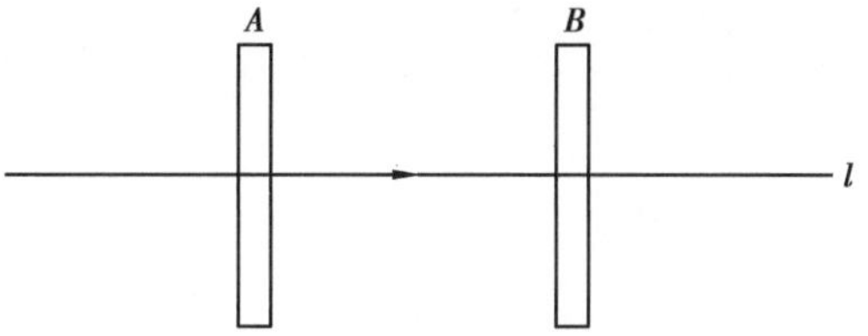

思考题 12.33 图

12.34　用透射的方式能否获得完全的线偏振光? 用反射方式呢? 它们各有什么特点?

12.35　马吕斯定律定量描述了一对由起偏器和检偏器组成的偏振器对透过光线强度的调节作用,如何设计一套可以连续调节光强的实验系统?

12.36　两块偏振片平行放置,它们的透振方向彼此正交,若以自然光入射,则通过这两块偏振片后的光强如何? 如果在这两块偏振片中间再平行放置一块偏振片,其透振方向与前两块偏振片的透振方向均不相同,此时通过这些偏振片的光强又如何?

*12.37　双折射晶体的光轴是否是一条固定的直线?

*12.38　利用双折射现象如何制成波片?

习　题

12.1　欲用一球面反射镜将其前 10 cm 处的灯丝成像于 3 m 处的墙上,该反射镜形状应是凸的还是凹的? 半径应有多大?

12.2　一玻璃球半径为 r,折射率为 n,若以平行光入射,问当玻璃的折射率为多少时会聚点恰好落在球的后表面上?

12.3　一个直径为 20 mm 的玻璃球,折射率为 1.53,球内有两个小气泡,看起来一个恰好在球心,另一个在球表面和球心的中间,求两气泡的实际位置.

12.4　玻璃棒一端成半球形(折射率为 1.6),其曲率半径为 2 cm,将它水平浸入水中(折射率为 1.33),沿轴线方向离球面顶点 8 cm 处的水中有一物体,求像的位置及横向放大率,并作出光路图.

12.5 高 6 cm 的物体距凹面镜顶点 12 cm ,凹面镜的焦距是 10 cm ,试求像的位置及高度.

12.6 将一发光点放在焦距为 20 cm 的发散透镜的像方焦点上,试求像的位置.

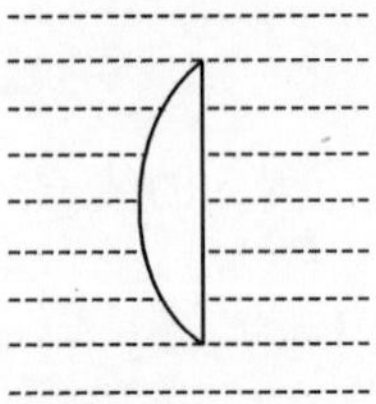

题 12.7 图

12.7 用一曲率半径为 20 cm 的球面玻璃和一平面玻璃组合成一个空气透镜,将其浸入水中,如题 12.7 图所示.设玻璃壁厚可略去不计,水和空气的折射率分别为 4/3 和 1,求此透镜的焦距.该透镜是会聚透镜还是发散透镜?

12.8 凸透镜的焦距为 10 cm,凹透镜的焦距为 4 cm,两透镜相距 12 cm,已知高为 1 cm 的物体放在凸透镜左边 20 cm 处,物体先经凸透镜成像再由凹透镜成像,求像的位置和性质,并作出光路图.

12.9 凸透镜的焦距为 10 cm,在它右方 3 倍的焦距处有一平面反射镜.已知物在凸透镜左方 20 cm 处,求像的位置和性质.

*12.10 一薄透镜 L_1 置于空气中,焦距为 10 cm,实物 AB 正立在透镜左方 15 cm 处,长为 1 cm.

(1)求物经 L_1 后成像的位置、虚实、正倒和大小.

(2)今有两个透镜,一为凸透镜,一为凹透镜,焦距均为 12 cm,选用哪个透镜,把它放在 L_1 右方什么距离处,才能使物经 L_1 和第二透镜后获得为原物 12 倍的倒立的实像?

*12.11 两个焦距分别为 10 cm 和−5 cm 的薄透镜,相距 10 cm,组成共轴系统,高为 3 mm的物体在第一透镜的左方 20 cm 处,试求物体最后的成像位置及其大小,并作出光路图.

*12.12 物置于焦距为 10 cm 的会聚透镜前 40 cm 处,另一个焦距为 20 cm 的会聚透镜位于第一透镜后 30 cm 处,求像的位置、大小、虚实和正倒.

12.13 杨氏双缝干涉实验中,已知双缝间距 $d=0.7$ mm,双缝屏到观察屏的距离 $D=5$ m,试计算入射光波波长分别为 488 nm、532 nm 和 633 nm 时,观察屏上干涉条纹的间距 Δx.

12.14 利用杨氏双缝干涉实验测量单色光波长.已知双缝间距 $d=0.4$ mm,双缝屏到观察屏的距离 $D=1.2$ m,用读数显微镜测得 10 个条纹的总宽度为 15 mm,求单色光的波长 λ.

12.15 杨氏双缝干涉实验中,已知双缝间距 $d=3.3$ mm,双缝屏到观察屏的距离 $D=3$ m,单色光的波长 $\lambda=589.3$ nm.

(1)求干涉条纹的间距 Δx;

(2)若在其中一个狭缝后插入一厚度 $h=0.01$ mm 的玻璃平晶,试确定条纹移动的方向;

(3)若测得干涉条纹移动了 4.73 mm,求玻璃平晶的折射率.

12.16 在杨氏实验装置中,光源波长为 640 nm,两狭缝间距为 0.4 mm,光屏离狭缝的距离为 50 cm.试求:

(1)光屏上第 1 级亮条纹和中央亮条纹之间的距离;

(2)若 P 点离中央亮条纹 0.1 mm,则两束光在 P 点的相位差是多少?

12.17 双缝装置中的一个缝被折射率为 $n_1=1.4$ 的薄玻璃片所遮盖,另一个缝被 $n_2=$

1.7的玻璃片所遮盖，在插入此两厚度相同的玻璃片以后，屏幕上原来的中央零级极大被原来的第 5 级亮纹所占据，若照明波长为 480 nm，试求玻璃片的厚度 d.

12.18　瑞利干涉仪的测量原理如题 12.18 图所示：以钠光灯作光源并置于透镜 L_1 的物方焦点 S 处，在透镜 L_2 的像方焦点 F_2'处观测干涉条纹的移动，在两个透镜之间放置一对完全相同的玻璃管 T_1 和 T_2. 实验时，T_1 抽成真空，T_2 充入空气，此时开始观测干涉条纹. 然后逐渐使空气进入 T_1 管，直到 T_1 管与 T_2 管的气压相同为止，记下这一过程中条纹移动的数目. 设光的波长为 589.3 nm，玻璃管气室的净长度为 20 cm，测得干涉条纹移动了 98 条，求空气的折射率.

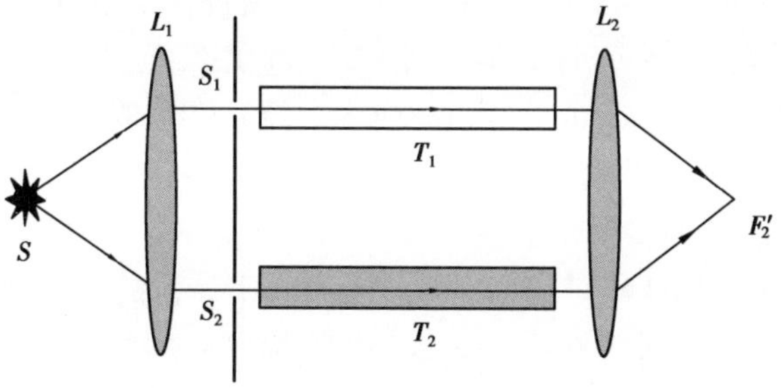

题 12.18 图

12.19　从与膜面法线成 35° 反射方向观察空气中的肥皂水膜（$n=1.33$），发现在太阳光照射下膜面呈现青绿色（$\lambda=500$ nm），求膜的最小厚度.

12.20　白光垂直照射到玻璃表面的油膜（$n=1.30$）上，发现反射的可见光中只有450 nm 和 630 nm 两种波长成分消失，试确定油膜的厚度及干涉级次.

12.21　波长为 589.3 nm 的钠黄光垂直照射在楔形玻璃板上，测得干涉条纹间距为 5 mm，已知玻璃的折射率为 1.52，求玻璃板的楔角.

12.22　如题 12.22 图所示，两块平面玻璃板的一个边缘相接，与此边缘相距 20 cm 处夹有一直径为 0.05 mm 的细丝，以构成楔形空气薄膜. 若用波长为 589.3 nm 的单色光垂直照射，问相邻两条纹的间隔有多大？这一实验有何意义？

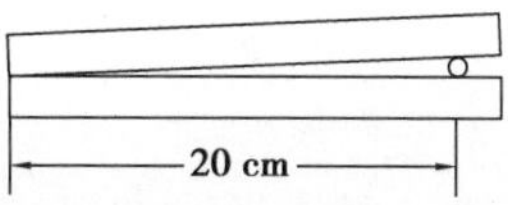

题 12.22 图

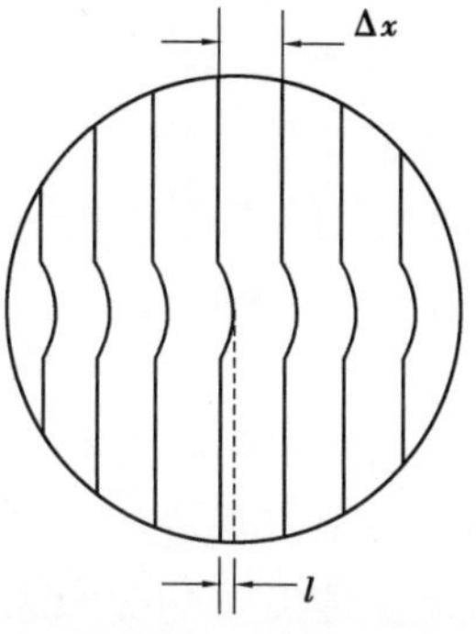

题 12.23 图

12.23　为检测工件表面的不平整度，将一平行平晶放在工件表面上，使其间形成空气

楔.用波长为 500 nm 的单色光垂直照射.从正上方看到的干涉条纹图样如题 12.23 图所示.试问:

(1)不平处是凸起还是凹陷?

(2)如果条纹间距 $\Delta x=2$ mm,条纹的最大弯曲量 $l=0.8$ mm,凸起的高度或凹陷的深度为多少?

12.24 在牛顿环实验中,若以 r_j 表示第 j 个暗环的半径,试推导出它与透镜凸表面的曲率半径 R 及波长 λ 间的关系式.若入射光的波长为 589.3 nm,测得从中心数第 5 暗环和第 15 个暗环的直径分别为 10 mm 和 20 mm,试问 R 为多少?

12.25 将一平凸透镜放在一块平板上,利用这个装置在反射的蓝光($\lambda_1=450$ nm)中观察牛顿环,发现从中心数第 3 个亮环的半径为 1.06 mm.用红色滤光片代替蓝色滤光片后,测得第 5 个亮环的半径为 1.77 mm,试求透镜的曲率半径 R 和红光的波长 λ_2.

12.26 牛顿环实验中,平凸透镜的凸面半径为 5 m ,表面直径为 2.0 cm ,在钠光($\lambda=$ 589.0 nm)垂直照射下能产生多少个干涉条纹?从中心往外数第 10 个亮纹的半径是多少?

*12.27 将折射率为 1.54 的玻璃板插入迈克耳孙干涉仪的一个臂内,观察到 20 个条纹的移动.现已知照明光源的波长为 632.8 nm,试求玻璃板的厚度.

12.28 用波长为 500 nm 的单色平行光垂直入射到缝宽为 1 mm 的单缝上,在缝后放一焦距 $f=50$ cm 的凸透镜,并使光聚焦到观察屏上,求衍射图样的中央到一级暗纹中心、二级明纹中心的距离各是多少?

12.29 波长 $\lambda=500$ nm 的平行单色光,垂直入射到缝宽为 0.25 mm 的单缝上,紧靠缝后放一凸透镜,在凸透镜的焦平面上测得第二条暗纹间距离为 $2x_2=2$ mm,求凸透镜的焦距 f 为多少?

12.30 在单缝夫琅禾费衍射装置中,用细丝代替单缝,就构成了衍射细丝测径仪.已知光波波长为 630 nm, 透镜焦距为 50 cm, 今测得零级衍射斑的宽度为 1.0 cm, 试求该细丝的直径.

12.31 在迎面驶来的汽车上,两盏前灯相距 1.0 m,试问在汽车离人多远的地方,眼睛恰好能分辨这两盏灯?设夜间人眼瞳孔的直径为 5.0 mm,入射光波长为 500 nm,而且仅考虑人眼瞳孔的衍射效应.

12.32 一架生物显微镜,物镜的标号为 10×0.25, 即物镜的放大率为 10 倍,数值孔径 $n\sin u$ 为 0.25;若光波的波长以 550 nm 计算,试问可分辨的最小距离是多大?目镜物方焦平面上恰可分辨的两物点的艾里斑中心间距是多大?

12.33 对于可见光,平均波长为 $\lambda=550$ nm,试比较物镜直径为 5.0 cm 的普通望远镜和直径为 6.0 m 的反射式天文望远镜的分辨本领.

12.34 用每毫米内有 400 条刻痕的平面透射光栅观察波长为 589 nm 的纳光谱.试问光垂直入射时,最多能观察到几级光谱?

12.35 用氦氖激光器发出的 $\lambda=632.8$ nm 的红光垂直入射到一平面透射光栅上,测得第一级主极大出现在 38°的方向上,试求这一平面透射光栅的光栅常量 d,这意味着该光栅在1 cm内有多少条狭缝?第二级谱线的衍射角是多大?

12.36 波长为 600.0 nm 的光正入射在光栅上,两个相邻极大出现在 $\sin\theta_k=0.2$ 和

$\sin\theta_{k+1}=0.3$处，第4级缺级.试求：

(1)光栅常量；

(2)光栅的可能最小缝宽；

(3)光屏上实际能呈现的全部级次.

12.37 自然光投射到叠在一起的两块偏振片上，则两偏振片的透振方向夹角为多大才能使：

(1)透射光为入射光强的1/3；

(2)透射光强为最大透射光强的1/3.

12.38 两个偏振片叠在一起，在它们的透振方向成$\alpha_1=30°$时观测一束单色自然光，又在$\alpha_2=45°$观测另一束单色自然光.若两次所得的透射光强度相等，求两次入射自然光的强度之比.

12.39 两偏振片平行放置，它们透振方向之间的夹角为45°.现以一束自然光垂直入射通过这两个偏振片，若测得最后的出射光的光强为I，试求原入射自然光的光强.

12.40 光强为I的自然光，使其通过两个平行放置的偏振片，若这两个偏振片的透振方向成60°夹角，问最后透射光的光强是多少？如果在这两个偏振片之间再平行插入一块偏振片，且使其透振方向与前两个偏振片均成30°夹角，则此时所得的透射光的光强又为多少？

12.41 在两个共轴平行放置的透振方向正交的理想偏振片之间，有一个共轴平行放置的理想偏振片以匀角速度ω绕光的传播方向旋转.若入射到该系统的平行自然光强为I_0，则该系统的透射光强为多少？

12.42 设一部分偏振光由一自然光和一线偏振光混合构成，现通过偏振片观察到这部分偏振光在偏振片由对应最大透射光强位置转过60°时，透射光强减为一半，试求部分偏振光中自然光和线偏振光的比例.

12.43 两个偏振片P_1、P_2叠在一起，其透振方向之间的夹角为30°，由强度相同的自然光和线偏振光混合而成的光束垂直入射在偏振片上，已知穿过后的透射光强与入射光强的比为2/3，求：

(1)入射光线中线偏振光的光矢量振动方向与P_1的透振方向的夹角θ；

(2)连续穿过P_1、P_2后的透射光强与入射光强之比.

12.44 一束由自然光和线偏振光混合而成的光束垂直通过某偏振片，当以入射光束为轴旋转该偏振片时，实验测得通过偏振片后的透射光，其强度最大值是最小值的7倍，试问原入射混合光束中自然光与线偏振光的强度之比为多少？

12.45 一束自然光从空气中入射到折射率$n=1.50$的玻璃片上，实验观察到反射光为线偏振光，则该自然光的入射角为多少？折射角又为多少？

12.46 已知水的折射率$n_1=1.33$，玻璃的折射率$n_2=1.50$.一束光在玻璃内传播并射向水面，如观察发现反射光为线偏振光，则这束光的入射角为多少？如果这束光是从水中射向玻璃，其反射光为线偏振光，则此时的入射角又为多少？

*12.47 用水晶材料制造对汞灯绿光(波长$\lambda=546.1\times10^{-9}$ m)适用的四分之一波片，已知对此绿光水晶的主折射率分别为$n_o=1.5462$、$n_e=1.5554$.求此四分之一波片的最小厚度d.

*12.48 线偏振光垂直入射于石英晶片上(光轴平行于入射面),石英主折射率 $n_o=1.544$,$n_e=1.553$.

(1)若入射光振动方向与晶片的光轴成60°角,不计反射与吸收损失,估算透过的 o 光与 e 光的强度之比;

(2)若晶片的厚度为 0.50 mm,透过的 o 光与 e 光的光程差多少?

第 13 章　狭义相对论力学基础

相对论是在研究传播电磁场的介质——以太的存在问题时产生的，20 世纪初建立起来的相对论是近代物理学的伟大成就之一.该理论涉及力学、电磁学、原子和原子核物理学以及粒子物理学等几乎整个物理学领域.相对论对近代物理学的发展，特别是对核物理和高能物理的发展起着重要作用，导致了物理学发展史上的一次深刻变革.现在，相对论已经成为物理学的主要理论基础之一.该理论主要是关于时空的理论，它给出了高速运动物体的力学规律，从根本上改变了许多世纪以来所形成的有关时间、空间和运动的陈旧观念，建立了新的时空观.尽管它的一些概念和结论有别于人们的日常经验，但它已被大量实验证明是正确的理论.其中，限于惯性参考系的理论称为狭义相对论，推广到一般参考系和包括引力场在内的理论称为广义相对论.本章仅对狭义相对论力学的基础知识进行简单介绍，主要内容有狭义相对论的基本原理、时空观以及狭义相对论的动力学基础等.

13.1　经典力学的时空观

13.1.1　伽利略相对性原理

牛顿第一定律定义了一种特殊的参考系——惯性系，即惯性定律成立的参考系，因此牛顿第二定律只能在惯性系中成立.也可以说，牛顿运动定律在其中成立的参考系是惯性系.凡是相对于一个惯性系做匀速直线运动的参考系必定也是惯性系；凡是相对于一个惯性系作加速运动的参考系必是一个非惯性系.由此可见，一旦确认了一个惯性系，就可以将其作为参考，以判定其他参考系是否为惯性系.在一个封闭的惯性系内部，不可能用力学实验来判定该系统做匀速直线运动的速度，这被称为力学相对性原理，它最早由伽利略提出，亦称为伽利略相对性原理，其内容可表述为：力学规律对一切惯性系都是等价的.等价的含义并不是指不同惯性系中所看到的力学现象都相同,而是其中的力学现象服从的规律相同,即不同惯性系的力学规律都有相同的形式.

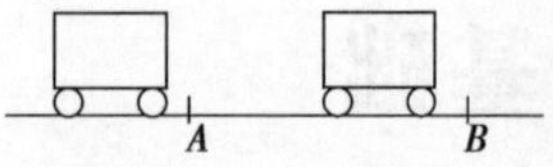

图 13.1　运动的相对性

13.1.2　经典力学的时空观

研究物体的运动和受力情况,首先要确定时间和空间的度量问题.如图 13.1 所示,小车以较低的速度 v 沿水平方向先后通过点 A 和点 B,站在地面上的人测得小车通过点 A 和点 B 的时间为 $\Delta t=t_B-t_A$;而站在车上的人测得通过 A、B 两点的时间为 $\Delta t'=t'_B-t'_A$.经典力学认为,在某个参考系中发生的两件事情,其时间间隔在不同的参考系中测量得到的结果是相等的,即 $\Delta t=\Delta t'$.也就是说,时间的测量是绝对的,与参考系无关.同样,在地面上的人和在车上的人测得 A、B 两点之间的距离相等,都等于 AB,亦即做相对运动的两个参考系中,长度的测量是绝对的,与参考系无关.上述关于时间和空间量度的结论,与人们在日常生活中的感觉相符合.经典力学就是建立在这样的时空观基础上的,即承认时间和空间的绝对性.绝对的时间和空间就是经典力学的时空观.当物体的速度接近光速时,时间和空间的测量将依赖相对运动的速度.只是由于经典力学所涉及的物体的运动速度远小于光速,所以,在经典力学范围内,可以将时间和空间的测量视为与参考系的选择无关.

13.1.3　伽利略变换

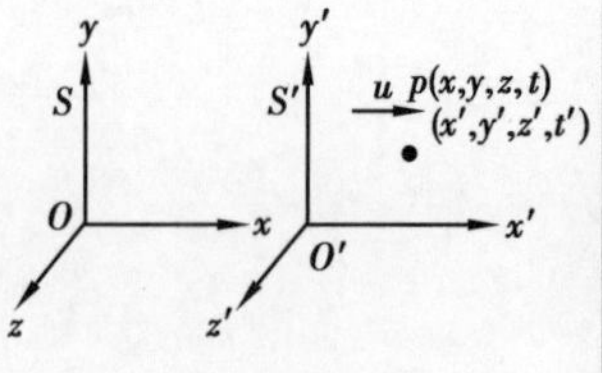

图 13.2　坐标变换

绝对时空观是从低速力学现象中抽象出来的,认为空间是绝对静止的,时间和空间都与物质的运动无关,空间只是物质运动的"场所".经典力学中的伽利略变换就是建立在绝对时空观基础上的.假如,在任一惯性参考系 S 中 t 时刻发生在位置(x,y,z)处的物理量表示为(x,y,z,t),并称之为该事件在 S 系中的时空坐标.如图 13.2 所示,在两个惯性参考系 S 和 S'中分别建立空间直角坐标系 $O\text{-}xyz$ 和 $O'\text{-}x'y'z'$,其中 x 轴和 x'轴在同一直线上,z 轴和 z'轴、y 轴和 y'轴分别平行.参考系 S'沿着 x 轴正方向以速度 u 运动,并且 $t=t'=0$ 时刻两坐标原点重合.

设 P 事件在两个参考系 S 和 S'中的时空坐标分别为(x,y,z,t)和(x',y',z',t'),那么根据绝对时空观以及伽利略坐标变换式可知,该事件在 S'系中的时空坐标(x',y',z',t')与其在 S 系中的时空坐标(x,y,z,t)之间的变换关系为

$$x' = x - ut, y' = y, z' = z, t' = t \tag{13.1a}$$

式(13.1a)称为伽利略时空坐标变换式，简称伽利略坐标变换.它的逆变换为

$$x = x' + ut, y = y', z = z', t = t' \tag{13.1b}$$

式(13.1a)和式(13.1b)也可表示为

$$\boldsymbol{r}' = \boldsymbol{r} - \boldsymbol{u}t, t' = t \tag{13.1c}$$

$$\boldsymbol{r} = \boldsymbol{r}' + \boldsymbol{u}t, t = t' \tag{13.1d}$$

将式(13.1c)对 t' 求导并注意到 $t'=t$ 得

$$\boldsymbol{v}' = \boldsymbol{v} - \boldsymbol{u} \tag{13.2a}$$

同一质点相对于两个相对作平动的参考系的速度之间的这一关系称为伽利略速度变换.其逆变换是

$$\boldsymbol{v} = \boldsymbol{v}' + \boldsymbol{u} \tag{13.2b}$$

将式(13.2a)对 t' 求导并注意到 $t'=t$，得

$$\boldsymbol{a}' = \boldsymbol{a} - \boldsymbol{a}_0 \tag{13.3a}$$

这就是同一质点相对于两个相对作平动的参考系的加速度之间的变换关系.其逆变换是

$$\boldsymbol{a} = \boldsymbol{a}' + \boldsymbol{a}_0 \tag{13.3b}$$

如果两个参考系相对做匀速直线运动，即 $\boldsymbol{u}$ 为常量，则

$$\boldsymbol{a}_0 = \frac{\mathrm{d}\boldsymbol{u}}{\mathrm{d}t'} = \frac{\mathrm{d}\boldsymbol{u}}{\mathrm{d}t} = 0$$

于是有

$$\boldsymbol{a}' = \boldsymbol{a} \quad \text{或者} \quad \boldsymbol{a} = \boldsymbol{a}' \tag{13.3c}$$

由此可见，在相对做匀速直线运动的参考系中观察同一质点的运动时，所测得的加速度是相同的.这就是伽利略加速度变换，亦即伽利略变换下加速度保持不变.

伽利略坐标变换反映的时空观特征是时间和空间是分离的，二者之间没有联系，也与物质运动无关.这在低速现象中是成立的，但在高速现象中，该变换与客观实际却存在着矛盾.原因是在经典力学中，由低速现象抽象出来的时空观带有一定的局限性.因此，需要寻找一组新的时空坐标变换关系，该关系应当满足狭义相对论的两条基本原理，并且在低速（即物质运动速率远小于真空中的光速）时，新的坐标变换应回到伽利略坐标变换的形式.

13.2 狭义相对论的基本原理

狭义相对论基本原理是在否定电磁场机械理论的基础上提出的,是对经典时空观和伽利略相对性原理局限性的突破.这里首先介绍相对论产生的实验基础和历史背景.

13.2.1 迈克耳孙—莫雷实验

伽利略变换和牛顿力学相对性原理在物体低速运动范围内与实际情况高度相符.然而,19 世纪末,作为电磁学基本规律的麦克斯韦方程组得到确立,它的一个重要成果就是预言了电磁波的存在,并证明了电磁波在真空中的传播速度等于真空中的光速 c,从而揭示了光的电磁本性.根据麦克斯韦方程组可知,光在真空中的传播速度在所有的惯性参考系中都是相同的,这显然与伽利略速度变换相矛盾.适用于所有力学规律的力学相对性原理,在研究光的传播时遇到了困难.因此,力学相对性原理和麦克斯韦电磁场理论中,至少有一个是不正确的.由于牛顿在物理学界的影响,很多人相信力学相对性原理是正确的,而麦克斯韦电磁理论只能在一个特殊的惯性参考系中成立,这个惯性参考系称为以太参考系.那时认为以太充满整个空间,即使真空也不例外.在相对以太静止的参考系中,光沿各个方向的传播速度都是 c,于是,以太参考系就可以作为绝对参考系.若有一运动参考系,它相对于绝对参考系以速度 $\boldsymbol{v}$ 运动,那么,由牛顿力学的相对性原理,光在运动参考系中的速度应为

$$\boldsymbol{c}' = \boldsymbol{c} - \boldsymbol{v} \tag{13.4}$$

其中 $\boldsymbol{c}$ 是光在以太这一绝对参考系中的速度,$\boldsymbol{c}'$ 为光在运动参考系中的速度.从上式可以看出,在运动参考系中,光的速度在各个方向是不同的.

如果能借助某种方法测出运动参考系相对于以太的速度,那么,作为绝对参考系的以太也就被确定了.为此,历史上曾有许多物理学家做过很多实验来寻找绝对参考系,但都得出了否定的结果.其中最著名的是 1887 年迈克耳孙和莫雷所设计的实验.实验的基本思路是:假如以太参考系真实存在,地球应该在以太中运动,那么这种运动应该影响光相对于地球的速度,并且产生一些可观察的光学效应,使我们能够确定地球相对于以太的

运动.

迈克耳孙—莫雷实验装置如图 13.3(a)所示.由光源 S 发出波长为 λ 的光,入射到半反半透镜 G 后,一部分光反射到平面镜 M_2 上,再由 M_2 反射回来透过半反半透镜 G 到达望远镜 T;另一部分光则透过半反半透 G 到达 M_1,再由 M_1 和 G 反射也到达望远镜 T.假定 G 到平面镜 M_1 和 M_2 的距离均为 l(l 称为有效臂长),且 M_1 和 M_2 不严格垂直,那么,在望远镜的目镜中将看到干涉条纹.

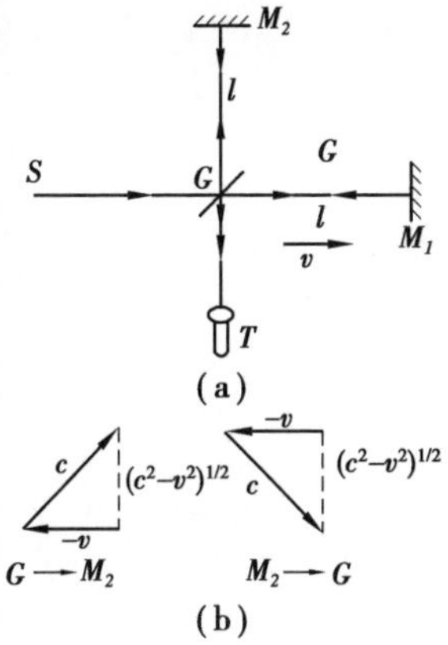

图 13.3　迈克耳孙—莫雷实验

把固定在地球上的整个实验装置作为运动参考系,假设它相对于绝对参考系(以太参考系)以速度 $\boldsymbol{v}$ 运动.而从运动参考系来看,以太则以 $-\boldsymbol{v}$ 的速度相对运动参考系运动,光在以太中不论沿哪个方向的速度均为 c.若取以太参考系为 S 系,运动参考系为 S' 系,那么根据式(13.4),从 S'系来看,光自 G 到 M_1 速度为 $c-v$,而光自 M_1 到 G 速度为 $c+v$,于是,从 S'系来看,光自 G 到 M_1,然后再由 M_1 回到 G 所需时间为

$$t_1 = \frac{l}{c-v} + \frac{l}{c+v} = \frac{2l}{c\left(1-\dfrac{v^2}{c^2}\right)} \tag{13.5}$$

另外,如图 13.3(b)所示,从 S'系来看,光自 G 到 M_2 和自 M_2 到 G 速度均为 $(c^2-v^2)^{\frac{1}{2}}$.所以,从 S'系来看,光自 G 到 M_2,然后再由 M_2 回到 G 所需时间为

$$t_2 = \frac{2l}{(c^2-v^2)^{\frac{1}{2}}} = \frac{2l}{c\left(1-\dfrac{v^2}{c^2}\right)^{\frac{1}{2}}} \tag{13.6}$$

由式(13.5)和式(13.6)可以看出从 S'系来看,G 点发出的两束光到达望远镜的时间差为

$$\begin{aligned}\Delta t = t_1 - t_2 &= \frac{2l}{c\left(1-\dfrac{v^2}{c^2}\right)} - \frac{2l}{c\left(1-\dfrac{v^2}{c^2}\right)^{\frac{1}{2}}} \\ &= \frac{2l}{c}\left[\left(1+\frac{v^2}{c^2}+\cdots\right) - \left(1+\frac{v^2}{2c^2}+\cdots\right)\right]\end{aligned} \tag{13.7}$$

由于 $v \ll c$,上式可写成

$$\Delta t = \frac{l}{c} \cdot \frac{v^2}{c^2} \tag{13.8}$$

于是,两光束汇合时的光程差为

$$\delta = c\Delta t \approx l\frac{v^2}{c^2} \tag{13.9}$$

若把整个仪器旋转90°,那么两束光汇合时的光程差将变为 $-\delta$,即前后两次测量中光程差的该变量为 2δ.因此,在转动过程中,望远镜内看到的干涉条纹将会移动,移动条数为

$$\Delta N = \frac{2\Delta}{\lambda} = \frac{2lv^2}{\lambda c^2} \tag{13.10}$$

式中 λ、c 和 l 均为已知,如能测出条纹移动的条数 ΔN,即可由式(13.10)算出地球相对于以太的绝对速度 v,从而就可以把以太作为绝对参考系了.

在迈克耳孙—莫雷实验中,若取干涉仪有效臂长 l 约为10 m,钠光波长 $\lambda = 500$ nm,v 取地球公转的速度(3×10^4 m/s),那么可由式(13.10)估算出干涉条纹移动的条数约为 0.4.但是,在实验中没有观察到这个预期的条纹移动.改变实验环境,进行了多次实验,始终没有得到预期的结果.

当时,许多科学家在不同的季节、不同的条件下重复迈克耳孙—莫雷实验,其结论是:无法测出地球相对于以太参考系的绝对速度.但是很少有人怀疑伽利略变换的正确性,因此他们都失败了.英国物理学家开尔文(L. Kelvin, 1824—1907)把这一疑惑说成是在物理学晴朗的天空中的"一朵乌云".迈克耳孙—莫雷实验的结果使我们看到,要解决力学相对性原理和电磁理论的矛盾,出路只有一条:必须放弃经典时空观,建立新的时空观. 1905 年,爱因斯坦另辟蹊径,通过对时空本性以及电磁理论的深刻考察,提出狭义相对论.根据爱因斯坦狭义相对论的基本假设,尤其是光速不变原理,很容易解释迈克耳孙—莫雷实验的结果.

13.2.2 狭义相对论的基本原理

电磁学与伽利略变换之间的矛盾主要是绝对时空观的错误,以太根本不存在.爱因斯坦抛弃了以太假说和绝对参考系的假设,建立了崭新的相对论时空观.他在 1905 年发表的论文《论运动物体的电动力学》中提出了两条基本假设,并在此基础上建立了狭义相对论.这两条假设经过实践的检验,被认为是正确的,所以称

为基本原理,其内容是:

(1)狭义相对论的相对性原理:物理规律在所有惯性参考系中都具有相同的形式.

这就是说,不论在哪一个惯性参考系中做实验都不能确定该惯性参考系的运动,对运动的描述只有相对意义,绝对静止的参考系是不存在的.

(2)狭义相对论的光速不变原理:在所有相对于光源静止或作匀速直线运动的惯性参考系中观察,真空中的光速都相同.

光速不变原理说明真空中的光速是恒量,它与惯性系的运动状态无关,这从根本上否定了伽利略变换.因为按照伽利略变换,光速应与观察者和光源之间的相对运动有关.

这两条原理十分简明,它们的意义非常深远,是狭义相对论的基础.狭义相对论和量子论是 20 世纪初物理学的两项最伟大最深刻的变革,它极大地促进了 20 世纪科学技术的发展,尤其是能源科学、材料科学、生命科学和信息科学的发展.

13.3 洛伦兹变换

13.3.1 坐标变换

基于爱因斯坦提出的狭义相对论理论,现需要寻找一组新的时空坐标变换关系,该变换关系应该满足两个条件:(1)满足光速不变原理和狭义相对论相对性原理这两条基本假设;(2)当运动质点速率远小于真空中的光速时,新的变换关系应能使伽利略变换重新成立.

设有两个惯性参考系 $S(Oxyz)$ 和 $S'(O'x'y'z')$,它们的对应坐标轴相互平行,如图 13.4 所示.假设 S'系相对 S 系以速度 $\boldsymbol{v}$ 沿 Ox 轴正方向匀速运动.开始时($t=t'=0$),两参考系完全重合.某时刻一质点 P 在 S 系中测量的空间坐标为(x,y,z),时间坐标为 t;在 S'系中测量的空间坐标为(x',y',z'),时间坐标为 t'.

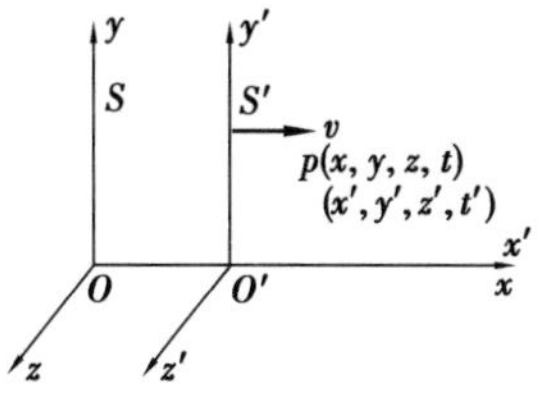

图 13.4　坐标变换

由狭义相对论时空观可以导出两个参考系的坐标变换式为:

$$\begin{cases} x' = \dfrac{x - vt}{\sqrt{1 - \beta^2}} = \gamma(x - vt) \\ y' = y \\ z' = z \\ t' = \dfrac{t - \dfrac{vx}{c^2}}{\sqrt{1 - \beta^2}} = \gamma\left(t - \dfrac{vx}{c^2}\right) \end{cases} \tag{13.11}$$

其中 $\beta = v/c$，$\gamma = 1/\sqrt{1-\beta^2}$，$c$ 为光速.若将式(13.11)中的 v 换成 $-v$，相应 x' 换成 x，y' 换成 y，z' 换成 z，可求得 x、y、z 和 t，即得逆变换为

$$\begin{cases} x = \dfrac{x' + vt'}{\sqrt{1 - \beta^2}} = \gamma(x' + vt') \\ y = y' \\ z = z' \\ t = \dfrac{t' + \dfrac{vx'}{c^2}}{\sqrt{1 - \beta^2}} = \gamma\left(t' + \dfrac{vx'}{c^2}\right) \end{cases} \tag{13.12}$$

式(13.11)和式(13.12)都是洛伦兹坐标变换式.

对于洛伦兹变换式的理解，应该注意以下几点：

(1)在式(13.11)中，时间坐标和空间坐标是密切相关的，即时间的测量和空间的测量密不可分；而在伽利略变换式中，时间和空间毫无关系.

(2)当 v 远小于光速 c 时，$\beta = v/c$ 很小，可以忽略，式(13.11)就变成了伽利略坐标变换式，说明伽利略坐标变换只是低速下洛伦兹坐标变换的近似.

(3)当 $t = 0$ 时，$x' = x/\sqrt{1-v^2/c^2}$，此时若 $v \geqslant c$，则$\sqrt{1-v^2/c^2}$ 为 0 或虚数，没有物理意义，因此两个参考系的相对运动速度不能等于或大于真空中的光速.也就是说，真空中的光速是一切实际物体的速度上限.现代物理实验中的大量事例说明，高能粒子的速率是以光速为上限的.

13.3.2 速度变换

利用洛伦兹坐标变换式可以得到洛伦兹速度变换式，以替代伽利略速度变换式.设质点 P 在参考系 S 中的速度为 $\boldsymbol{u}(u_x, u_y, u_z)$；在参考系 S' 中的速度为 $\boldsymbol{u}(u'_x, u'_y, u'_z)$.对式(13.11)两边求微

分,得洛伦兹速度变换式为

$$\begin{cases} u'_x = \dfrac{u_x - v}{1 - \dfrac{v}{c^2}u_x} \\ u'_y = \dfrac{u_y}{\gamma\left(1 - \dfrac{v}{c^2}u_x\right)} \\ u'_z = \dfrac{u_z}{\gamma\left(1 - \dfrac{v}{c^2}u_x\right)} \end{cases} \tag{13.13}$$

同样,可以写出上式的逆变换式

$$\begin{cases} u_x = \dfrac{u'_x + v}{1 + \dfrac{v}{c^2}u'_x} \\ u_y = \dfrac{u'_y}{\gamma\left(1 + \dfrac{v}{c^2}u'_x\right)} \\ u_z = \dfrac{u'_z}{\gamma\left(1 + \dfrac{v}{c^2}u'_x\right)} \end{cases} \tag{13.14}$$

现在,就式(13.14)做一些讨论:当 $v \ll c$ 时,式(13.14)就变成伽利略速度变换式.这再次说明经典绝对时空观只是相对论时空观在低速条件下的近似.还可以看到,虽然在垂直于运动方向上的长度是不变的,但速度是变化的,这是因为时间间隔在不同的参考系中不相同.

另外,比较一下光的传播速度在不同参考系中的取值.设一光束沿 x 轴正方向传播,速度为 c,即 $u_x = c, u_y = u_z = 0$,那么,根据洛伦兹速度变换式,光在参考系 S' 中的速度为

$$u'_x = \frac{u_x - v}{1 - \dfrac{u_x v}{c^2}} = \frac{c - v}{1 - \dfrac{cv}{c^2}} = c \tag{13.15}$$

这就是说,在参考系 S' 中,光的传播速度也是 c,不因参考系的变化而变化.这个结论显然与伽利略速度变换的结果不同.

13.4 狭义相对论的时空观

经典力学的时空观适用于理解日常生活中的许多问题,因为

日常生活中遇到的基本是宏观物体的低速运动.但在近代物理领域,许多涉及高速运动的问题只能运用相对论的时空观才能解决.下面,先介绍同时的相对性,再介绍长度的收缩和时间的膨胀.

13.4.1 同时的相对性

在牛顿力学中,时间是绝对的.而相对论完全抛弃了牛顿力学关于所有的惯性系共有一个时间的概念.在相对论中,"同时"是相对的,即在参考系 S' 中,不同地点同时发生的两个事件,在参考系 S 中不是同时.

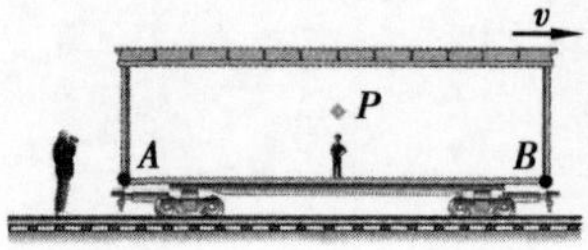

图 13.5 惯性系下车厢的运动

设想一车厢以匀速率 v 相对地面惯性系 S 沿 Ox 轴行驶,车厢两端分别安装两平面镜 A 和 B,如图 13.5 所示.若安装在车厢中间的灯 $P(PA=PB)$ 闪了一下后,则有光信号同时向车厢两端的平面镜 A 和 B 传去.现在考虑:在从地面惯性系 S 的观测者和随车厢一起运动的惯性系 S' 的观测者来看,这两个光信号到达 A 和 B 的时间间隔是否相等?先后次序是否相同?显然,对 S' 系观测者来说,光向 A 和 B 的传播速度是相同的,光信号应该同时到达 A 和 B.可是对 S 系来说情况就不一样了,A 是以速度 $\boldsymbol{v}$ 迎向光运动的,而 B 则以速度 $\boldsymbol{v}$ 背离光运动,所以光信号到达 A 比到达 B 要早一些.可见,从灯 P 发出的光信号到达点 A 和到达点 B 这两个事件所经历的时间,与所选择的惯性系有关.

在某一惯性系中同时发生的两个事件,在另一相对它运动的惯性系中并不一定同时发生,这一结论称为同时的相对性.在狭义相对论中,同时的相对性源于光速的有限性和不变性.

13.4.2 长度的收缩

在伽利略变换中,物体的长度不随惯性系的改变而改变.在洛伦兹变换中,情况又如何呢?

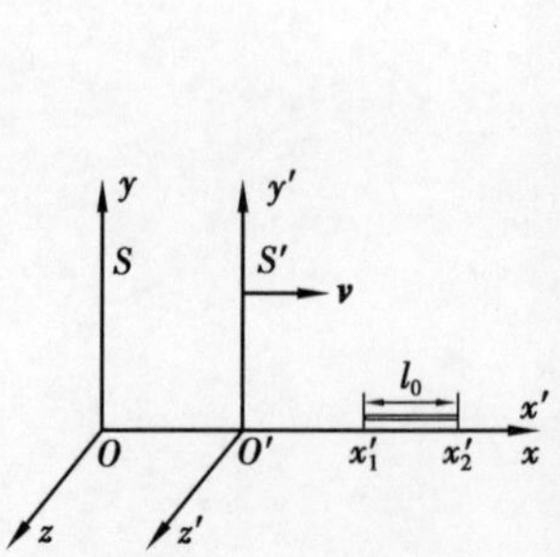

图 13.6 长度收缩

设有两个观察者分别静止于惯性参考系 S 和 S' 中,惯性参考系 S' 以相对 S 系速度 $\boldsymbol{v}$ 沿 Ox 轴正方向匀速运动.一细杆静止于 S' 参考系中并沿 Ox' 轴放置,如图 13.6 所示.

将观察者相对于杆静止时测得的长度 l_0 称为杆的固有长度.考虑到杆的长度应是在同一时刻测得的杆两端点的距离,因此,S' 参考系中观察者若同时测得杆两端点的坐标分别为 x_1' 和 x_2',则杆的长度为 $l'=x_2'-x_1'$,此时有 $l'=l_0$.而 S 参考系中的观察者则认为杆相对于 S 参考系以速度 v 运动,并同时测得其两端点的坐标分

别为 x_1 和 x_2，即 S 参考系中的观察者测得杆的长度为 $l=x_2-x_1$.利用洛伦兹变坐标换式(13.11)，有

$$x_1'=\frac{x_1-vt_1}{\sqrt{1-\beta^2}},\quad x_2'=\frac{x_2-vt_2}{\sqrt{1-\beta^2}} \tag{13.16}$$

式中 $t_1=t_2$，将上两式相减，得

$$x_2'-x_1'=\frac{x_2-x_1}{\sqrt{1-\beta^2}} \tag{13.17}$$

即

$$l=l'\sqrt{1-\beta^2}=l_0\sqrt{1-\beta^2} \tag{13.18}$$

由于$\sqrt{1-\beta^2}<1$，所以 $l<l'$. 这就是说，从 S 参考系测得运动细杆的长度为 l，要比从相对细杆静止的 S' 参考系中所测得长度 l' 缩短了$\sqrt{1-\beta^2}$倍. 物体的这种沿运动方向发生长度的收缩称为**长度收缩**. 可以证明，若杆静止于 S 参考系中，则从 S' 参考系测得杆的长度，是固有长度的$\sqrt{1-\beta^2}$倍.

在经典物理学中，杆的长度是绝对的，与惯性系的运动无关. 而在狭义相对论中，同一根杆在不同的惯性系中测量的长度是不同的. 物体相对于观察者静止时，其长度的测量值最大；而当它们相对于观察者以速度 $\boldsymbol{v}$ 运动时，在运动方向上物体的长度要缩短，其测量值只有固有长度的$\sqrt{1-\beta^2}$倍. 从表面上看，杆的相对收缩不符合日常经验，这是因为我们在日常生活和技术领域中所遇到的运动，都比光速要小得多，当 $\beta\ll 1$，式(13.18)可简化为

$$l'=l \tag{13.19}$$

这就是说，对于相对运动速度较小的惯性参考系来说，长度可以近似看作一绝对量. 在地球上，宏观物体运动所达到的最大速度与光速之比约为10^{-5}. 在这样的速度下，长度的相对收缩，其数量级约为10^{-10}，可以忽略不计.

例 13.1 设想有一光子火箭，相对地球以速率 $v=0.95c$ 做直线运动. 若以火箭为参考系测得火箭长为 15 m. 问以地球为参考系，此火箭的长度.

解 根据式(13.18)有

$$l=l_0\sqrt{1-\beta^2}\ \text{m}=4.68\ \text{m}$$

即从地球测得光子火箭的长度仅为 4.68 m.

例 13.2 如图 13.7 所示,一长为 1 m 的杆静止地放置于 $O'x'y'$平面内.在参考系 S'的观察者测得此杆与 $O'x'$轴成45°.试问从 S 参考系的观察者来看,此杆的长度及杆与 Ox 轴的夹角为多少?设想参考系 S'以 $v=\sqrt{3}c/2$ 沿 Ox 轴相对 S 系运动.

解 设一杆静止于 S'系,长度为 l',它与 $O'x'$轴得夹角为 θ'.此杆长在 $O'x'$和 $O'y'$轴上的分量分别为

$$l'_x = l' \cos \theta' \qquad l'_y = l' \sin \theta'$$

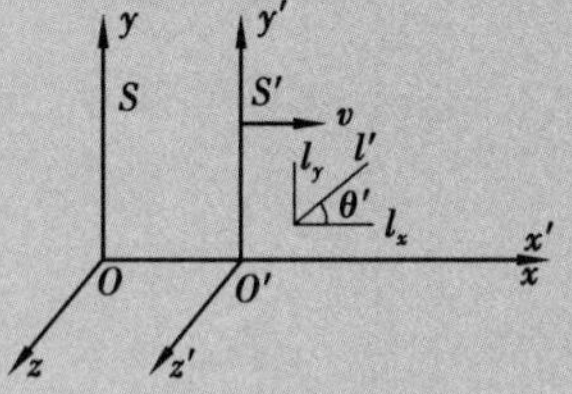

图 13.7

由于 S'系沿 Oy 轴相对 S 系的速度为零,故从 S 系的观察者来看,此杆在 Oy 轴上的分量 l_y 与 l'_y相等,保持不变,即

$$l_y = l'_y = l'\sin \theta'$$

而杆在 Ox 轴上的分量,由式(13.18),有

$$l_x = l'_x\sqrt{1-\beta^2} = l'\sqrt{1-\beta^2}\cos \theta'$$

因此,从 S 系中的观察者来看,杆的长度为

$$l = \sqrt{l_x^2 + l_y^2} = l'\sqrt{1-\beta^2\cos^2\theta'}$$

而杆与 Ox 轴的夹角 θ 由下式确定:

$$\tan \theta = \frac{l_y}{l_x} = \frac{l' \sin \theta'}{l'\sqrt{1-\beta^2}\cos \theta'} = \frac{\tan \theta'}{\sqrt{1-\beta^2}}$$

已知,$\theta'=45°$,$l'=1$ m,$v=\sqrt{3}c/2$,所以有

$$l = l'\sqrt{1-\beta^2\cos^2\theta'} = 0.79 \text{ m}$$

$$\tan \theta = \frac{\tan \theta'}{\sqrt{1-\beta^2}} = 2, \quad \theta = 63.43°$$

可见,从 S 系中的观察者来看,运动着的杆不仅长度要收缩,而且还要转向.

13.4.3 时间的延缓

在狭义相对论中,时间间隔也不是绝对的.设在 S'参考系中有一只相对参考系静止的时钟,有两个事件先后发生在同一地点 x',此钟记录这两个事件先后发生的时刻分别为 t'_1和 t'_2,所以在 S'参考系中时钟所记录两件事的时间间隔 $\Delta t'=t'_2-t'_1$,常称为固有时间 Δt_0.而在 S 参考系中的时钟记录两事件的时刻分别为 t_1 和 t_2,即时钟所记录的两事件的时间间隔为 $\Delta t=t_2-t_1$.若参考系 S'以速度 v 沿 xx'轴匀速运动,则根据洛伦兹变换式(13.11)可得

$$t_1 = \gamma\left(t'_1 + \frac{x'v}{c^2}\right) \tag{13.20}$$

$$t_2=\gamma\left(t_2'+\frac{x'v}{c^2}\right) \tag{13.21}$$

于是

$$\Delta t=t_2-t_1=\gamma(t_2'-t_1')=\gamma\Delta t' \tag{13.22}$$

或

$$\Delta t=\frac{\Delta t'}{\sqrt{1-\beta^2}}=\frac{\Delta t_0}{\sqrt{1-\beta^2}} \tag{13.23}$$

由式(13.23)可以看出,由于$\sqrt{1-\beta^2}<1$,故 $\Delta t>\Delta t'$.这就是说,在 S'系中所记录的某一地点发生的两个事件的时间间隔,小于由 S 系所记录该两事件的时间间隔.换句话说,S 系的时钟所记录的 S'系内某一地点发生的两个事件的时间间隔,比 S'系的时钟所记录该两事件的时间间隔要长些.由于 S'系是以速度 v 沿 xx'轴方向相对 S 系运动,因此可以说,运动着的时钟变慢了,这就是**时间延缓**效应.同样,从 S'系看 S 系中的时钟,也认为运动着的 S 系的时钟变慢了.

在经典物理学中,将发生两个事件的时间间隔看作量值不变的绝对量.与此不同,在狭义相对论中,发生两事件的时间间隔,在不同的惯性系中是不同的,这就是说,两事件之间的时间间隔是相对的概念,它与惯性系选择有关.只有在运动速度 $v\ll c$ 时,$\beta\ll 1$,根据式(13.23)才有 $\Delta t\approx\Delta t'$.也就是说,对低速运动的情形来说,两事件的时间间隔近似为一绝对量.

综上所述,狭义相对论指出了时间和空间的量度与惯性参考系的选择有关.时间与空间是相互联系的,并与物质有着不可分割的联系.不存在孤立的时间,也不存在孤立的空间.时间、空间与物质运动三者之间的紧密联系,深刻地反映了时空的性质,这是正确认识自然界所应持有的基本观点.

例 13.3　设想有一光子火箭,相对地球以速率 $v=0.95c$ 做直线运动.若火箭上宇航员的计时器记录他观察星云用去 10 min,则地球上的观察者测得此事件用去了多少时间?

解　由式(13.13)可得

$$\Delta t=\frac{\Delta t'}{\sqrt{1-\beta^2}}=32.01\ \text{min}$$

即地球上的计时器记录宇航员观察星云用去了 32.01 min.似乎是运动的时钟变慢了.

13.5 狭义相对论动力学基础

动量守恒定律和能量守恒定律是自然界各种过程遵循的普遍规律,在狭义相对论中它们仍然成立.经典力学中,动力学规律具有对于伽利略变换的不变性.在前面的讨论中已经知道,伽利略变换是洛伦兹变换在低速下的近似.因此,一个物理量的定义必须保证与之相关的物理规律在洛伦兹变换下的不变性.如果某一物理量不能满足这一点,就必须在洛伦兹变化下对它重新进行定义.

13.5.1 相对论力学的基本方程

在不同惯性系内,时空坐标遵守洛伦兹变换关系,所以要求物理规律符合相对性原理,即要求它们在洛伦兹变换下保持不变.牛顿运动方程对伽利略变换是不变式,对洛伦兹变换却不是不变式.但是,既然伽利略变换式是洛伦兹变换在速度 v 与光速 c 相比为很小时的近似结果,那么,牛顿运动方程只能是低速时的近似规律,应该找出一个新的方程,它对洛伦兹变换式不变,并且在 $\frac{v}{c} \to 0$ 的条件下可化为牛顿运动方程.

牛顿第二定律的数学表达式为

$$\boldsymbol{F} = \frac{\mathrm{d}}{\mathrm{d}t}(m\boldsymbol{v}) \tag{13.24}$$

在狭义相对论内,根据自然界的普遍规律之一的动量守恒定律,以及运用相对论速度变换的关系,从理论上可以证明物体的质量是随速度而改变的,两者关系如下:

$$m = \frac{m_0}{\sqrt{1 - \left(\frac{v}{c}\right)^2}} \tag{13.25}$$

式中 m_0 是物体在相对静止的惯性系中测出的质量,称为静止质量.m 是物体对观察者有相对速度 v 时的质量,称为相对论性质量,也称运动时的质量.显然,当 $\frac{v}{c} \to 0$ 时,m 趋近于 m_0.

于是,在相对论力学中,牛顿第二定律应写为

$$\boldsymbol{F} = \frac{\mathrm{d}}{\mathrm{d}t}(m\boldsymbol{v}) = \frac{\mathrm{d}}{\mathrm{d}t}\left(\frac{m_0\boldsymbol{v}}{\sqrt{1 - \beta^2}}\right) \tag{13.26}$$

上式为相对论力学的基本方程.在相对论中,质点系的动量的表达式是

$$\boldsymbol{p}=\sum \boldsymbol{p}_i=\sum m_i\boldsymbol{v}_i=\sum \frac{m_{0i}}{\sqrt{1-\left(\frac{v}{c}\right)^2}}\boldsymbol{v}_i \tag{13.27}$$

若作用在质点系上的合力为零,则系统的总动量应当不变,是一恒量.由相对论性动量的表达式可以得到系统的动量守恒定律为

$$\boldsymbol{p}=\sum \frac{m_{0i}}{(1-\beta^2)^{\frac{1}{2}}}\boldsymbol{v}_i=\text{常矢量} \tag{13.28}$$

当质点的运动速度远小于光速,即 $\beta=(v/c)\ll 1$ 时,式(13.26)可写成

$$\boldsymbol{F}=\frac{\mathrm{d}}{\mathrm{d}t}(m\boldsymbol{v})=m_0\frac{\mathrm{d}\boldsymbol{v}}{\mathrm{d}t}=m_0\boldsymbol{a} \tag{13.29}$$

这表明,在物体的速度远小于光速时,相对论性质量 m 和静止质量 m_0 一样可看作常量,牛顿第二定律的形式 $\boldsymbol{F}=m_0\boldsymbol{a}$ 是成立的.

总之,相对论性的动量概念、质量概念,以及相对论力学方程式(13.26)和动量守恒定律式(13.29)具有普遍意义,牛顿力学则只是相对论力学在物体低速运动条件下很好的近似.

13.5.2　质量与能量的关系

当外力作用在静止质量为 m_0 的自由质点上,质点在力的方向上发生位移 $\mathrm{d}\boldsymbol{r}$ 时,其动能的增量为

$$\mathrm{d}E_k=\boldsymbol{F}\cdot\mathrm{d}\boldsymbol{r}=F\mathrm{d}r \tag{13.30}$$

设外力作用于质点的时间为 $\mathrm{d}t$,则质点在外力冲量 $F\mathrm{d}t$ 的作用下,其动量的增量是

$$\mathrm{d}p=F\mathrm{d}t \tag{13.31}$$

将式(13.30)、式(13.31)两式相除,又因 $\boldsymbol{v}=\frac{\mathrm{d}\boldsymbol{r}}{\mathrm{d}t}$,即得质点的速度表达式为

$$v=\frac{\mathrm{d}E_\mathrm{k}}{\mathrm{d}p} \tag{13.32}$$

即

$$\mathrm{d}E_\mathrm{k}=v\mathrm{d}(mv)=v^2\mathrm{d}m+mv\mathrm{d}v \tag{13.33}$$

将 $m=\dfrac{m_0}{\sqrt{1-\left(\dfrac{v}{c}\right)^2}}$ 两边平方，得 $m^2(c^2-v^2)=m_0^2c^2$，对其微分求出

$$mv\mathrm{d}v=(c^2-v^2)\mathrm{d}m \tag{13.34}$$

将式(13.34)代入式(13.33)，得

$$\mathrm{d}E_\mathrm{k}=c^2\mathrm{d}m \tag{13.35}$$

此式说明，当质点的速度 v 增大时，其质量 m 和动能 E_k 都在增大，质量的增量 $\mathrm{d}m$ 和动能的增量 $\mathrm{d}E_k$ 之间始终保持上式所示量值上的正比关系. 当 $v=0$ 时，质量 $m=m_0$，动能 $E_\mathrm{k}=0$，所以将式(13.35)两边同时积分

$$\int_0^{E_\mathrm{k}}\mathrm{d}E_\mathrm{k}=\int_{m_0}^{m}c^2\mathrm{d}m \tag{13.36}$$

即得

$$E_\mathrm{k}=mc^2-m_0c^2 \tag{13.37}$$

上式称为狭义相对论的动能公式. 在 $v\ll c$ 时，根据二项式定理，有

$$\begin{aligned}E_\mathrm{k}&=\left(\frac{m_0}{\sqrt{1-v^2/c^2}}-m_0\right)c^2\\&=m_0\left(1+\frac{1}{2}\frac{v^2}{c^2}-1\right)c^2=\frac{1}{2}m_0v^2\end{aligned} \tag{13.38}$$

这正是我们非常熟悉的经典力学中的动能公式.

式(13.37)的右端两项 mc^2 和 m_0c^2 都具有能量的量纲. 爱因斯坦称 m_0c^2 为粒子的**静能**，用符号 E_0 表示，即

$$E_0=m_0c^2 \tag{13.39}$$

称 mc^2 为粒子运动时的能量，用符号 E 表示，即

$$E=mc^2=\frac{m_0c^2}{\sqrt{1-v^2/c^2}}=\gamma m_0c^2 \tag{13.40}$$

上式称为相对论**质能关系**. 它是狭义相对论的一个重要结论，具有重要意义. 式(13.40)指出，质量和能量这两个重要的物理量之间有着密切的联系. 如果一个物体或系统的能量有 ΔE 的变化，则无论能量的形式如何，其质量必有相应的改变，其值为 Δm. 它们之间的关系为

$$\Delta E=(\Delta m)c^2 \tag{13.41}$$

式(13.41)是质量和能量之间关系的另一种表达形式,它表明物体吸收和放出能量时,必伴随着质量的增加或减少.

最早对相对论质量和能量关系提供的实验证明之一是 1932 年由英国物理学家考克罗夫特(J. D. Cockcroft,1897—1967)和爱尔兰物理学家瓦尔顿(E. T. Walton,1903—1995)利用设计的质子加速器进行了人工核蜕变实验,他们因此实验于 1951 年获得诺贝尔物理学奖.在实验中,他们利用加速器加速质子并轰击锂靶.锂原子核俘获一个质子后形成不稳定的核后蜕变成两个 α 粒子,它们以高速沿相反方向运动.其核反应方程式为

$$^7_3\text{Li}+^1_1\text{H}\rightarrow^8_4\text{Be}\rightarrow^4_2\text{He}+^4_2\text{He} \tag{13.42}$$

经实验测得两个 α 粒子的总动能为 17.3 Mev(1 Mev = 1.60×10^{-13} J),由式(13.41),可知 α 粒子的质量比其静止质量增加了

$$\Delta m=\frac{E_k}{c^2}=\frac{17.3\times1.60\times10^{-13}}{(3.0\times10^8)^2}\ \text{kg}=3.08\times10^{-29}\ \text{kg}$$

合 0.018 55u.其中,u 为原子质量单位,1u 等于碳 12 元素原子质量的 1/12.

由质谱仪测得质子、锂原子核、氦原子核的静止质量分别为

$$m_{\text{H}}=1.007\ 83u,\quad m_{\text{Li}}=7.016\ 01u,\quad m_{\text{He}}=4.002\ 60u$$

那么,反应后两 α 粒子的增量为

$$\Delta m=(1.007\ 83u+7.016\ 01u)-2\times4.002\ 60u=0.018\ 64u$$

理论计算结果与实验结果是相符的(相对误差<0.5%).后来又有许多关于核反应方面的实验,都得出与理论相符合的结论,进一步验证了质量和能量关系的正确性.另外,原子弹和氢弹技术都是相对论质能关系的应用,它们的成功也成为狭义相对论正确的实证.

13.5.3 动量和能量的关系

由能量 $E=\dfrac{m_0c^2}{\sqrt{1-v^2/c^2}}$ 和动量 $\boldsymbol{p}=\dfrac{m_0\boldsymbol{v}}{\sqrt{1-v^2/c^2}}$ 可以得到:

$$m^2c^2=p^2+m_0^2c^2 \tag{13.43}$$

式(13.43)两边乘以 c^2,则有

$$E^2-p^2c^2=E_0^2 \tag{13.44}$$

此式称为相对论能量—动量关系式.

对于光子 $m_0=0$,由式(13.44)得 $p=E/c$.光子的能量为 $E=h\nu$,ν 为频率,于是

$$p=\frac{h\nu}{c}=\frac{h}{\lambda} \tag{13.45}$$

λ 为波长.德布罗意提出粒子具有波动性,正是应用 $E=h\nu$ 和 $p=h/\lambda$ 将粒子性和波动性联系在一起.

可以证明:当 $v\ll c$ 时,相对论的能量—动量关系式又回到经典力学的形式.因粒子的动能为 $E-E_0$,按式(13.44)得

$$E_k=E-E_0=\frac{c^2p^2}{E+E_0} \tag{13.46}$$

上式右边分子分母同除以 c^2,则有

$$E_k=\frac{p^2}{m+m_0} \tag{13.47}$$

因 $v\ll c$,故得

$$E_k=\frac{p^2}{2m_0} \tag{13.48}$$

式(13.48)为经典力学中的能量—动量关系式.

例 13.4 设一质子以速度 $v=0.8c$ 运动.求其总能量、动能和动量.(设质子的静能为 $E_0=m_0c^2=938\ \text{MeV}$)

解 质子的总能量为

$$E=mc^2=\frac{m_0c^2}{(1-v^2/c^2)}=1\ 563\ \text{MeV}$$

质子的动能为

$$E_k=E-m_0c^2=625\ \text{MeV}$$

质子的动量为

$$p=mv=\frac{m_0v}{(1-v^2/c^2)^{1/2}}=6.68\times10^{-19}\text{kg}\cdot\text{m}\cdot\text{s}^{-1}$$

质子的动量也可以这样求

$$cp=\sqrt{E^2-(m_0c^2)^2}=1\ 250\ \text{MeV}$$

$$p=1\ 250\ \text{MeV}/c$$

注意,在 MeV/c 中“c”是作为光速的符号而不是数值.在核物理中常用“MeV/c”作为动量的单位.

例 13.5　已知一个氚核(^3_1H)和一个氘核(^2_1H)可以聚变成一个氦核(^4_2He),并产生一个中子(^1_0n).试问这个核聚变过程中释放出的能量为多少.(设氘核的静能为 1 875.628 MeV,氚核的静能为 2 808.944 MeV,氦核的静能为 3 727.409 MeV,中子的静能为 939.573 MeV)

解　上述核反应式为

$$^2_1H + ^3_1H \to ^4_2He + ^1_0n$$

氘核和氚核的静能之和为

$$(1\ 875.628 + 2\ 808.944) = 4\ 684.572\ \text{MeV}$$

氦核和中子静能之和为

$$(3\ 727.409 + 939.573) = 4\ 666.982\ \text{MeV}$$

所以,这个核聚变过程中释放出的能量为

$$\Delta E = (4\ 684.572 - 4\ 666.982) = 17.59\ \text{MeV}$$

思考题

13.1　伽利略相对性原理与狭义相对论的相对性原理有何相同之处? 又有何不同之处?

13.2　假设光子在某个惯性系中的速率为 c,那么,是否存在这样一个惯性系,光子在这个惯性系中的速率不等于 c ?

13.3　同时性的相对性是什么意思? 为什么会有这种相对性? 如果光速是无限大,是否还会有同时性的相对性?

13.4　狭义相对论时钟延缓效应是相对效应.惯性系 Σ 上看到固定于另一惯性系 Σ' 上的时钟变慢;反过来,惯性系 Σ' 上看到固定于惯性系 Σ 上的时钟变快.这种说法正确吗?

13.5　在宇宙飞船上,有人拿着一个立方形物体.若飞船以接近光速的速度背离地球飞行,分别从地球上和飞船上观察此物体,他们观察到物体的形状是一样的吗?

13.6　一个粒子的动能等于它的静止能量时,它的速率是多少?

13.7　在什么条件下,$E=Pc$ 的关系才成立?

13.8　讨论下列物理量在经典力学和相对论力学中有何区别:长度、时间、质量、速度、动量、动能.

13.9　迈克耳孙—莫雷实验的结果说明什么问题?

习　题

13.1　设有两个参考系 S 和 S',它们的原点在 $t=0$ 和 $t'=0$ 时重合在一起.有一事件,在 S' 系中发生在 $t'=8.0\times10^{-8}$ s,$x'=60$ m,$y'=0$,$z'=0$ 处,若 S' 系相对于 S 系以速率 $v=0.6c$ 沿 xx' 轴运动,问该事件在 S 中的时空坐标为多少?

13.2　一列火车长 0.30 km(火车上的观察者测得),以 100 km/h 的速度行驶,地面上观察者发现有两个闪电同时击中火车前后两段.问火车上的观察者测得两闪电击中火车前后两端的时间间隔为多少?

13.3 设在正负电子对撞机中,电子和正电子以速度 $0.9c$ 相向飞行,它们之间的相对速度为多少?

13.4 一观察者测得运动着的米尺的长度为 0.5 m,问此米尺以多大的速率接近观察者?

13.5 一米尺 $l_0=1.0$ m 沿 Oy 轴方向放置,有三个观察者对尺长做了测量:(1)A 是沿着 Ox 轴的正方向以速率 $v=0.8c$ 运动的观察者;(2)B 是沿着 Oy 轴的负方向以速率 $v=0.8c$ 运动的观察者;(3)C 是沿着与 Ox 轴正方向成45°角的方向以速率 $v=0.8c$ 运动的观察者.对这三个观察者而言,他们各自测得的长度是多少?

13.6 若一个电子的总能量为 5.0 MeV,求该电子的静能、动能、动量和速率.

13.7 在电子偶的湮没过程中,一个电子和一个正电子相碰撞而消失,并产生电磁辐射.假设正负电子在湮没前均静止,由此估算辐射的总能量.

13.8 如果将电子由静止加速到速率为 $0.1c$,需对它做多少功?将电子由速率 $0.8c$ 加速到 $0.9c$,又需做多少功?

13.9 两个质子和两个中子组成一氦核 ${}_4^2\mathrm{He}$,实验测得它的质量为 $m_{\mathrm{He}}=4.001\ 50u$,试求形成一个氦核时释放出的能量.已知质子和中子的质量分别为 $m_{\mathrm{p}}=1.007\ 28u$、$m_{\mathrm{n}}=1.008\ 66u$、$1u=1.660\times10^{-27}$ kg.

第 14 章　量子论初步

19 世纪末到 20 世纪初，经典物理学取得了巨大的成就. 牛顿力学、热力学与统计物理学、电动力学已经建立起来. 一般的物理现象可以从相应的理论中得到解释. 大多数物理学家都认为物理学的基本规律已经发现，今后物理学家的任务只是使已有的规律更加完善，以及把发现的物理规律应用到具体问题的处理上，并依此来说明新的实验事实. 但另一方面，人们在实验中发现了一些新的现象，这些现象用经典物理理论无法解释. 如黑体辐射、光电效应、原子的光谱线系及固体在低温下的比热容等. 在解决这些实验现象与经典物理学矛盾的过程中，一些思想敏锐的物理学家重新思考了物理学中的基本概念. 1900 年，德国科学家普朗克在热辐射的理论中首先引入"能量子"的概念，标志着量子物理学的诞生. 1905 年，爱因斯坦基于光量子基础的光电效应能量方程的建立，进一步推动了量子论的发展. 1913 年，玻尔再次发展了量子理论，并把它运用到原子的内部，成功揭示了氢原子的结构.

*14.1 玻尔的氢原子理论

19 世纪末期，光谱学的研究得到了很大的发展，氢原子光谱规律的发现使人们意识到光谱的规律与原子的内部结构有关，促使人们进行原子结构的研究，玻尔的氢原子理论逐步建立起来，也使经典物理开始进入量子物理阶段，物理学的发展进入了一个崭新的领域.

14.1.1 卢瑟福散射

1884 年，瑞士中学教师巴尔末发现氢原子光谱在可见光区域的 4 条不同波长的谱线，这些谱线可以用一个简单的公式表示，

$$\lambda = B\frac{n^2}{n^2 - 4} \qquad (n = 3, 4, \cdots)$$

这个公式称为巴尔末公式，$B = 364.44\ \text{nm}$，n 为正整数. 1890 年，瑞典物理学家里德伯为了解释原子光谱的规律性，对原子结构进行

了广泛的研究,发现整个氢原子光谱的谱系可以表示为

$$\bar{\nu}=\frac{1}{\lambda}=R\left(\frac{1}{m^2}-\frac{1}{n^2}\right) \qquad n>m \tag{14.1}$$

式中,$\bar{\nu}$ 为波数;R 称为里德伯常数;n 和 m 都为正整数.原子的光谱规律与原子的结构有关.深入研究光谱产生的原因和规律,可以解释原子内部的结构规律.

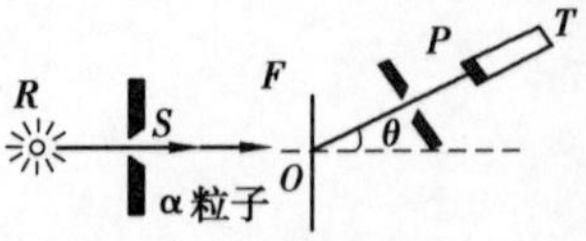

图 14.1 α 粒子散射实验

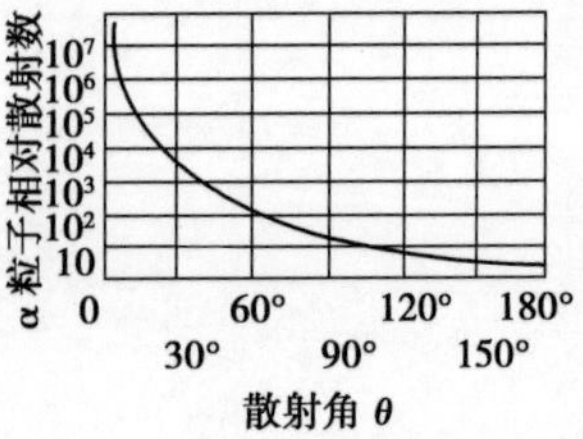

图 14.2 α 粒子散射数量随角度的变化

1897 年 J.J.汤姆孙发现电子之后,提出了原子的"葡萄干蛋糕"模型.该模型认为原子中正电荷以均匀的密度分布在整个原子小球中,电子则均匀地浸浮在这些正电荷中,这一理论可以解释一些实验事实.为了验证这一理论模型,1909 年英国物理学家卢瑟福进行了 α 粒子的散射实验.实验装置如图 14.1 所示,图中 R 是放射源镭,从中放出 α 粒子,粒子的质量为电子质量的 7 400 倍,带电量为+2e.粒子通过小孔 S 后照射在金箔 F 上,被 F 散射后向各个方向运动.探测器 P 可以在绕 O 点的平面内转动,从而可以测定在不同散射角 θ 上的 α 粒子数.

实验结果显示,绝大多数 α 粒子穿过金箔后沿着原来方向或沿着散射角很小(θ 只有 2~3°)的方向运动.但是有极少数的 α 粒子的散射角 θ 大于 90°,甚至有的 α 粒子的散射角接近 180°,如图 14.2 所示.这一实验结果与汤姆孙的原子模型不相符.为了解释实验结果,卢瑟福放弃了汤姆孙的模型,而提出了自己的理论.他认为只有原子的质量集中于中心,且带正电荷,才能使极少数 α 粒子发生大角度散射.卢瑟福于 1911 年提出了一种"核式结构模型",即原子的行星模型.该模型的主要观点是,原子的中心有一带正电的原子核,数值等于原子序数与基本电量之积,它几乎集中了原子的全部质量,电子围绕这个核旋转,核的体积与整个原子相比是很小的.

由于原子核很小,绝大多数 α 粒子穿过原子时,因受原子核的作用很小,故它们的散射角 θ 很小.只有少数 α 粒子进入距原子核很近的地方,这些 α 粒子受核的作用较大,所以它们的散射角较大.极少数 α 粒子正对原子核运动,它们的散射角接近 180°.散射角越大,α 粒子数越少.

按照原子核式模型,氢原子由原子核和一个核外电子组成.核外电子绕原子核作圆轨道运动.电子的电荷为 -e,原子核的电荷为 +e,原子核的质量约为电子质量的 1 837 倍.

14.1.2 玻尔的氢原子理论

卢瑟福的原子核式模型较好地解释了 α 粒子散射实验,但这个模型与经典物理却有深刻的矛盾.按照经典电磁学理论,核外电

子在库仑力作用下所做的匀速圆周运动是加速运动,会不断向外辐射电磁波.电磁波的频率等于电子绕核旋转的频率.由于原子不断向外辐射能量,其能量要逐渐减少,电子绕核旋转的频率就会连续变化,原子发光光谱应该是连续光谱.同时,随着能量降低,电子轨道半径会逐渐减小,逐渐接近原子核而最后和核相碰.以氢原子为例,开始时电子轨道为 10^{-10} m,经过计算,大约经过 10^{-10} s 的时间,电子就会落到原子核上.这样的原子结构是一种不稳定结构.但是,事实上氢原子是稳定的.氢原子发出的线光谱具有一定的规律性,不是连续光谱.为了解决这一矛盾,丹麦物理学家玻尔在卢瑟福核式模型的基础上于 1913 年提出了三条假设,即玻尔的氢原子理论.玻尔理论是氢原子构造的早期量子理论,三条假设为:

(1)稳定态假设.电子在原子中,只能在一些特定的圆轨道上运动而不辐射电磁波,这时原子处于稳定状态——定态,并具有一定的能量,稳定状态的能量是不连续的.

(2)轨道角动量量子化假设.电子以速度 v 在半径为 r 的圆周上绕核运动时,只有电子的角动量 L 等于 $h/2\pi$ 的整数倍的那些轨道才是稳定的,即

$$L = mvr = n\frac{h}{2\pi} \tag{14.2}$$

式中,h 为普朗克常数.$n=1,2,3,\cdots$称为主量子数.式(14.2)称为玻尔轨道量子化条件,也称为量子条件.

(3)跃迁假设.当原子从高能量的定态跃迁到低能量的定态,即电子从高能量 E_2 的轨道跃迁到低能量 E_1 的轨道上时,要发射频率为 v 的光子,且

$$h\nu = E_2 - E_1 \tag{14.3}$$

上式称为频率条件.

利用玻尔的三条假设可以推求氢原子的轨道半径和能级公式,并解释氢原子的光谱规律.氢原子中,设电子的质量为 m,电荷为 e,在半径为 r_n 的稳定轨道上以速率 v_n 做圆周运动.以库仑力为向心力,有

$$\frac{mv_n^2}{r_n} = \frac{e^2}{4\pi\varepsilon_0 r_n^2}$$

由轨道量子化条件得到

$$v_n = \frac{nh}{2\pi m r_n}$$

代入上式有

$$r_n = \frac{\varepsilon_0 h^2}{\pi m e^2} n^2 = a_0 n^2, \qquad n = 1,2,3,\cdots \tag{14.4}$$

式中,a_0 是玻尔半径,即电子的第一个轨道半径,$a_0 \approx 5.29\times10^{-11} m$,于是氢原子的电子绕核运动的可能轨道为 a_0、$4a_0$、$9a_0$、$\cdots$. n 越大,轨道半径越大,相邻轨道间的距离也就越大.

电子在第 n 个轨道上的总能量是动能和势能之和

$$E_n = \frac{1}{2} m v_n^2 - \frac{e^2}{4\pi\varepsilon_0 r_n} = -\frac{me^4}{8\varepsilon_0^2 h^2}\frac{1}{n^2} = \frac{E_1}{n^2} \tag{14.5}$$

式中,E_1 是电离能,即将电子从氢原子的第一玻尔轨道移到无穷远处所需的能量值,$E_1 \approx -13.6$ eV.

当 n 取 1、2、3、…时,相应的能量为 E_1、$E_1/4$、$E_1/9$、…,原子在稳定轨道的总能量与量子数 n 的平方成反比. 由于 n 是不连续的,氢原子中电子的能量也是不连续的,即量子化的.

原子在不同运动状态所具有的能量值称为能级. 在正常情况下,电子处于第一轨道上,氢原子的能量最低,这时的状态称为基态. 电子从外界吸收能量可以从基态跃迁到能量较高的能级上,这时的状态称为激发态.

处于激发态的电子从较高的能级 E_i 跃迁到较低能级 E_j 时,将多余的能量以光子的形式发射出来,光子的能量为

$$h\nu = E_i - E_j$$

ν 是辐射光子的频率.

$$\nu = \frac{E_i - E_j}{h} = \frac{me^4}{8\varepsilon_0^2 h^2}\left(\frac{1}{n_j^2} - \frac{1}{n_i^2}\right), \qquad n_i > n_j$$

原子辐射光的波数 $\bar{\nu}$ 为

$$\bar{\nu} = \frac{1}{\lambda} = \frac{\nu}{c} = \frac{me^4}{8\varepsilon_0^2 h^2 c}\left(\frac{1}{n_j^2} - \frac{1}{n_i^2}\right), \qquad n_i > n_j$$

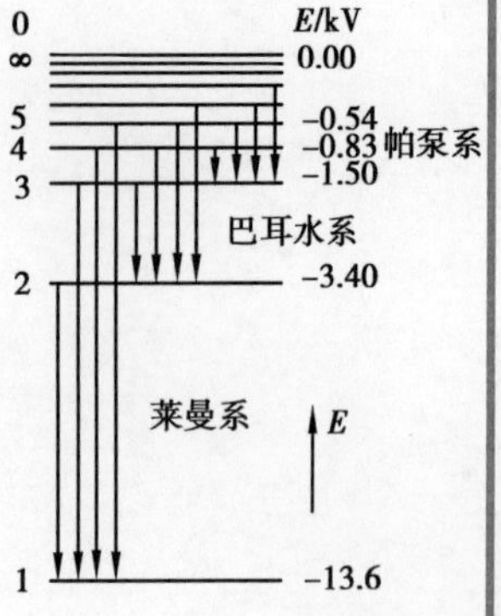

图 14.3 氢原子能级跃迁图

由氢原子理论得到的谱系与实验得出的谱系符合得很好,如图 14.3 所示,可以圆满地解释氢原子光谱的规律性,也能解释只有一个价电子的原子或离子的光谱规律,这说明玻尔的氢原子理论在解释氢光谱的产生和规律上获得了巨大的成功. 但是,对于多电子的原子光谱以及谱线宽度、强度等问题,即使只有两个电子的原子光谱,玻尔的理论则无能为力. 这些缺陷与其理论的建立基础有必然的联系. 一方面,玻尔赋予微观粒子经典理论不相容的量子化特征,即能量量子化、角动量量子化;另一方面,他认为微观粒子遵守经典力学规律,借助于牛顿力学处理电子轨道问题,这两方面的矛盾导致其理论缺陷的产生,增加了理论本身的局限性.

例 14.1 要使氢原子电离,可以用入射电子碰撞氢原子的方法,也可以采用光照射的方法.如果分别采用以上两种方法使氢原子电离,试求:

(1)入射电子的动能;

(2)入射光的波长.

解 (1)氢原子基态能级 $E_1 \approx -13.6\ \text{eV}$,要使电子电离,即使其从基态上升到能量为 0 的游离态,电离能为

$$\Delta E = -E_1 = 13.6\ \text{eV}$$

即入射电子的动能至少为 13.6 eV.

(2)由入射光子的能量至少是

$$E = h\nu = 13.6\ \text{eV}$$

得到入射光的最长波长为

$$\lambda_{\max} = \frac{c}{v} = \frac{ch}{E} = \frac{3 \times 10^{8} \times 6.63 \times 10^{-34}}{13.6 \times 1.6 \times 10^{-19}}\text{m} \approx 9.14 \times 10^{-8}\ \text{m} = 91.4\ \text{nm}$$

14.1.3 玻尔理论的实验验证

玻尔的氢原子理论圆满地解释了氢原子的光谱规律,提出了能级的概念.在能级理论提出的第二年,即 1914 年,弗兰克和赫兹利用实验验证了原子中存在分离的能级,从实验上证明了玻尔理论.实验装置如图 14.4 所示,玻璃管 B 中充满低压水银蒸气,电子从加热的灯丝 F 发射出来,在电压 U_0 的作用下加速,并向栅极 G 运动.在栅极 G 和板极 P 之间有一很小的反向电压 U_r,电子穿过 G 到达 P,于是在电路中观察到板极电流 I_P,图 14.5 给出了板极电流随加速电压变化的结果.可以看出,板极电流随着电压的增加而振荡变化,开始阶段,I_P 随着 U_0 的增加而增加.当 I_P 达到峰值后,随着 U_0 的增加 I_P 急剧下降;然后,I_P 又随着 U_0 增加而增加,出现第二个峰值.设汞原子的基态能量为 E_1,第一激发态能量为 E_2.电子在加速电压作用下获得动能为 E_k.当电子和汞原子碰撞时,若电子的动能小于汞原子第一激发态能量 E_2 与基态能量 E_1 的差,即 $E_k < E_2 - E_1$ 时,电子不能使原子激发,电子与原子之间发生完全弹性碰撞,能量没有损失,板极电流随着加速电压的增加而增加.当电子的动能 $E_k \geq E_2 - E_1$ 时,汞原子从基态跃迁到激发态,从电子的能量中吸收 $E_2 - E_1$ 的能量;电子的全部或大部分动能转移给了汞原子,故板极电流 I_P 急剧减小,出现了图中的第一个波谷.随着电子能量的增加,可以与两个汞原子连续发生非完全弹性碰撞,使两个汞原子由基态跃迁到激发态,出现第二个波谷.实验发现第一个波峰时对应的加速电压是 4.9 V,出现第二个波峰时

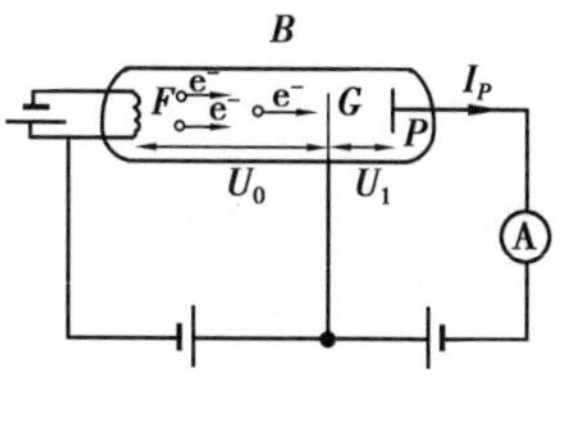

图 14.4 弗兰克—赫兹实验

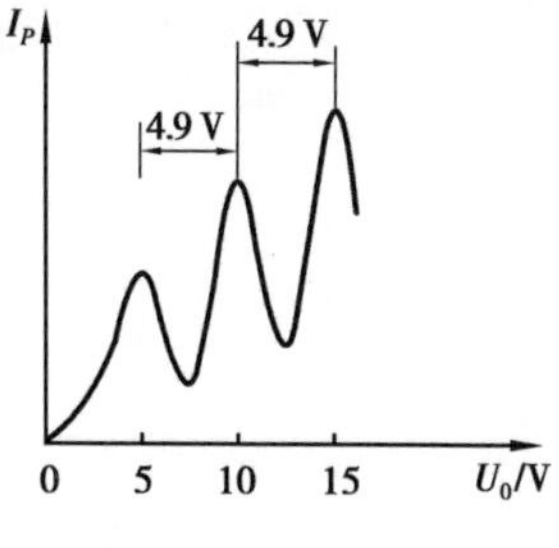

图 14.5 弗兰克—赫兹实验的板极电流与加速电压的关系

对应的电压是 9.8 V,因此,汞原子的第一激发电势是 4.9 V.

处于激发态的汞原子向基态跃迁时,要放出光子,光子的能量等于第一激发态与基态的能量差,即

$$h\nu = E_2 - E_1$$

$$\lambda = \frac{ch}{E_2 - E_1} \approx 2.54 \times 10^2 \text{ nm}$$

实验中,确实观察到一条波长为 253 nm 的谱线,实验值与计算值符合得很好.

弗兰克—赫兹实验表明原子能级确实存在,把原子激发到激发态需要一定的能量,这些能量是不连续的、量子化的.

由玻尔的氢原子理论可以看出,两个相邻能级之间的能量差为

$$\Delta E_n = E_{n+1} - E_n = \frac{me^4}{8\varepsilon_0^2 h^2}\left[\frac{1}{n^2} - \frac{1}{(n+1)^2}\right]$$

当 n 的数值较大时,ΔE 的差值减小;当 $n \to \infty$ 时,$\Delta E \to 0$,这时能量的量子化已不明显了,可以认为能量是连续的,即回到经典物理图像.玻尔在提出氢原子理论后指出,任何一个新理论的极限情况,必须与旧理论一致.人们称之为普遍的对应原理.经典物理可以看作量子物理在量子数 $n \to \infty$ 时的特殊情况;同样,当物体的运动速率 v 远小于光速 c 时,爱因斯坦的相对论力学过渡为牛顿经典力学,也是符合对应原理的.

任何原子,当它的一个最外层电子被激发到主量子数 n 很大($10^1 \sim 10^2$ 数量级)的能级,这样的状态称为里德伯态,处于里德伯态的原子称为里德伯原子.里德伯原子处于高激发态,已经观察到 n 为 650 的里德伯态.由于里德伯原子的 n 很大,具有很多独特的性质,不同于基态或低激发态的原子.里德伯原子的这些独特性质包括:原子的直径很大,其价电子距离原子实很远,能级结构类似于氢原子,根据玻尔的氢原子模型,原子的半径正比于 n^2,因此里德伯原子直径可以达到 10^{-5} m,相当于基态原子直径的 10^5 倍,也被称为巨原子或胖原子;寿命很长,可以达到 1 s,为普通原子在较低激发态寿命的 10^8 倍;结合能小,$n = 250$ 时,其结合能只有约 10^{-3} eV,小于室温下热运动平均动能,在 10^2 V/cm 的弱电场下能被电离.因此,里德伯原子很容易受到外加电磁场或其他原子分子的碰撞等影响而改变其性能.

两个里德伯原子相互作用时可以形成里德伯分子.美国俄克拉荷马大学物理学和天文学系的科学家在 2009 年发现了巨大的里德伯分子,分子键的大小与红细胞相当.

实验室中可以利用激光和同步辐射技术获得里德伯原子,研

究其性能.由于里德伯原子奇特的性质,其在探测量子气体、电磁场性质方面具有很高的灵敏度,对原子物理的基础研究和应用开发也具有重要的意义.

* 14.2 原子中的电子

14.2.1 电子的自旋

量子理论的发展使人们对原子光谱规律的认识进一步提高,同时,新的物理实验现象的产生又推动了理论的发展.普雷斯顿发现的反常塞曼效应,碱金属光谱精细结构的发现以及斯特恩—革拉赫实验等实验事实,促使乌伦贝克和高德斯密特于 1925 年提出了电子自旋的假设.从量子力学的角度来看,像质量、电荷一样,自旋也是电子自身的一种基本属性,不能简单地借助经典图像来解释.大多数的微观粒子如光子、质子、中子等都有自旋的属性.

假设认为:电子在自旋的过程中具有自旋角动量,自旋角动量以 S 表示.自旋角动量也是量子化的,其值为 $S=\sqrt{s(s+1)}\,h/(2\pi)$,其中 s 为自旋量子数,经过实验和理论计算,s 的值是 1/2,由此得到电子自旋角动量 S 的值为$(3/4)^{1/2}h/(2\pi)$.

电子在特定方向上的自旋也是量子化的.自旋角动量在 z 轴的分量为

$$S_z = m_s\frac{h}{2\pi} \tag{14.6}$$

式中,m_s为自旋角动量的磁量子数,可能取值为 $m_s=\pm\frac{1}{2}$,即自旋角动量在特定的方向只能有两个取值.

电子的自旋与宏观物体的自转有本质的区别,不能进行简单的类比.电子自旋是电子的内禀特性,电子状态由主量子数、角量子数、磁量子数、自旋量子数四个量子数来描述.自旋并不是电子所特有的,质子、中子和光子也都存在着自旋.

施特恩和格拉赫于 1921 年通过实验证明了类氢元素的电子具有自旋.实验装置如图 14.6 所示.其中 F 为锂原子源,D 为狭缝,N 和 S 为产生不均匀磁场的两个磁极,P 为接收屏.从 F 发出的锂原子经过狭缝,在磁场的作用下,分裂为上下对称的两条.实验表明,在外磁场的作用下,锂原子的自旋有两个取向,一个平行于磁场,一个与磁场相反.两个相反的自旋与外磁场作用,锂原子射线分裂为两条.

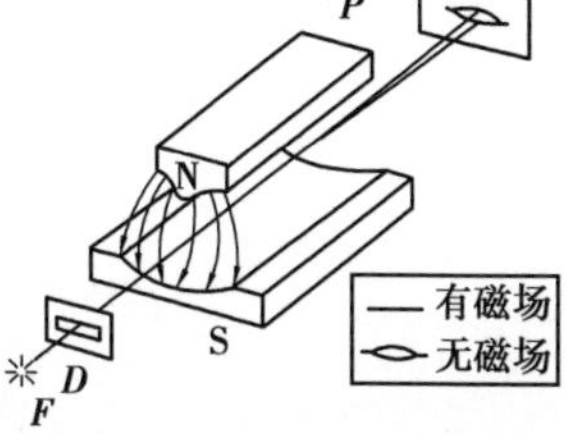

图 14.6 施特恩—格拉赫实验

14.2.2 泡利原理

自然界中存在着不同的粒子,如电子、质子、中子等.同一种粒子具有相同的质量、电荷、自旋等性质.将质量、电荷、自旋等性质完全相同的微观粒子称为全同粒子.所有的电子、质子、中子等都是全同粒子.

经典力学中的全同粒子虽然其性质完全相同,但由于每个粒子都有自己的运动轨道,可以通过观察不同的运动轨道,对不同的粒子进行区分.在微观结构里,只能用量子力学求解物体的运动问题.在量子力学中不存在物体的轨道概念,也就是无法用轨道对微观粒子的运动进行描述.按照量子力学的观点,微观粒子的位置和速度在任一时刻不能同时有确定值.当两个全同粒子的波函数重叠时,无法区分究竟是哪一个粒子,这称为全同粒子的不可分辨性.例如氦原子有两个电子,某一时刻测得一个电子时,由于电子属性不可分辨,所以无法确定这个电子是两个电子中的哪一个.

玻尔在提出氢原子理论后,曾试图解释多电子原子的光谱规律.在原子中,电子分为若干群,分别以不同的半径绕原子核旋转.每一群电子可以用量子数(n,l,m_l)描述.当原子处于基态时,所有电子为什么没有都处于最内层的轨道,却无法得到解释.泡利在分析了原子物理的实验和理论之间矛盾的基础上,提出要完全确定一个电子的状态需要四个量子数,并提出了不相容原理,即在原子中,每一个确定的电子态上,最多只能容纳一个电子;确定电子的一个状态需要有四个量子数,即任何两个电子,不可能有完全相同的一组量子数.后人称之为泡利不相容原理,简称为泡利原理.后来发现这四个量子数分别是主量子数n、角量子数l、轨道磁量子数m_l和电子自旋磁量子数m_s.当n给定时,l的可能取值是$0,1,2,\cdots,(n-1)$,共有n个值;当l给定时,m_l的取值为$-l,(-l+1),\cdots,0,\cdots,(l-1),l$,共有$2l+1$个可能值;当$n$、$l$、$m_l$都给定时,$m_s$可取$+1/2$或$-1/2$两个可能值.所以,能级$n$的量子态数为

$$z_n = \sum_{l=0}^{n-1} 2(2l+1) = 2n^2 \tag{14.7}$$

即能级n上允许的电子数最多只能有$2n^2$个.

泡利原理是在量子力学建立之前提出的.量子力学建立之后,利用量子力学的基本理论可以推出该原理.为此,泡利获得了1945年度的诺贝尔物理学奖.

14.2.3 原子的壳层结构

元素的物理性质和化学性质随着原子序数的周期性变化，可以由氢原子的玻尔理论和泡利原理得到较好的解释. 对原子的能态分析可以基于以下假设：在多电子体系中，每个电子都处于原子核和其他电子所形成的平均力场中运动；描述电子运动状态的量子数为 n、l、m，电子能级主要由主量子数 n 决定，n 越小，能级也越低，同时轨道角动量量子数 l 也影响电子能级. 同一 n 下，l 小的能级较低. 在一个能级 E_{nl} 上，可以容纳自旋相反的两个电子，共容纳 $2(2l+1)$ 个电子.

具有相同主量子数 n 的电子形成大的壳层，即主能级. 同一个主壳层之间的能量相差不大，不同壳层之间的能量相差很大. 每个壳层上能够容纳的电子数为 $2n^2$，电子按照泡利原理首先填充能量较低的能级，逐步向能量较高的能级填充. 当填满一个主壳层的所有能态时，形成一种稳定结构. 在原子系统处于正常状态时，每个电子趋向于占有最低的能级，这一原则称为能量最小原理. 离核最近的壳层由于具有更低的能级，所以一般首先被电子填满.

第一周期只有一条能级 1s，可以填充两个电子，H 和 He 分别有一个和两个电子. 第二周期的第二电子壳层有两条能级 2s、2p，可以填充 1~8 个电子，对应于第二周期的 8 个元素：Li、Be、B、C、N、O、F 及 Ne. 同样，第三周期的第三电子壳层有两条能级：3s、3p，分别对应于 8 个元素. 但电子不完全按照主壳层次序来填充，而是按照下列次序在各个分壳层上排列：1s，2s，2p，3s，3p，4s，3d，4p，5s，4d，5p，6s，4f，5d，6p，7s，6d.

元素性质的周期变化，是原子中电子具有壳层结构的反映. 同一族元素的性质很相似. 它们的价电子壳层中的电子组态很相似. 如碱金属元素，都是在满壳层之外有一个价电子处于 s 态，易于失掉价电子，显示出很强的金属性质. 而零族元素，具有满壳层结构，要将满壳层内的电子激发到上一级壳层上，需要很大的能量，所以这种原子的化学性质极不活泼，以单原子状态存在于自然界中，即惰性气体. 卤族元素的电子壳层结构都是比满壳层少一个电子，容易获得一个电子形成稳定的满壳层结构，具有很强的非金属性.

14.2.4 碱金属原子 交换对称性

碱金属元素,即元素周期表中的第 IA 族元素,包括 Li、Na、K、Rb、Cs 等.它们在满壳层之外有一个价电子处于 s 态,金属性很强,化学性质很活泼,易于失去价电子与非金属结合.碱金属原子的原子核及内层满壳电子形成一个原子实.原子实对价电子的作用,可以用一个屏蔽的库仑场 $V(\boldsymbol{r})$ 代替,在库仑场的作用下激发态能级分裂,在向基态跃迁的过程中,形成碱金属光谱中的双线结构.

在强外磁场中,原子光谱线发生分裂,一般分裂为 3 条,如图 14.7 所示,称为正常塞曼效应.没有外磁场时,碱金属价电子可以认为处于原子实的中心力场中,能量取值与量子数 n、l 有关,能级是 $(2l+1)$ 重简并的.在外磁场的作用下,电子的内禀磁矩与外磁场作用使能级产生分裂,能量与量子数 (n,l,m) 都有关了,原来的一条能级分裂为 $(2l+1)$ 条.由于能级分裂,相应的光谱线也发生分裂,原来的一条光谱线分裂为 3 条.计及电子的自旋后,考虑到光辐射跃迁选择定则,即 $\Delta m_s=0$,跃迁分别在 $m_s=+1/2$ 和 $m_s=-1/2$ 两组能级内部进行,因此电子自旋对光谱线的分裂没有影响.

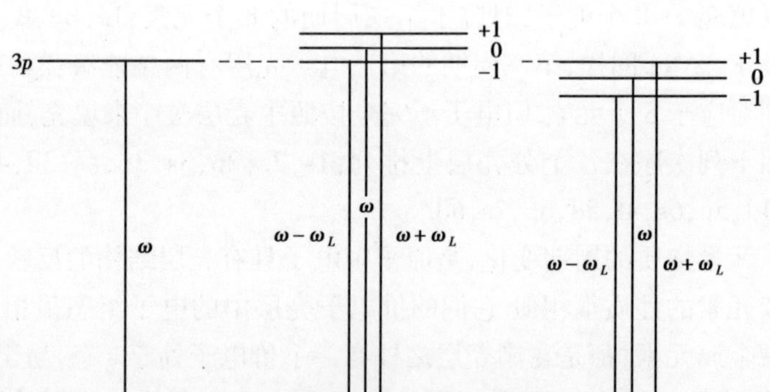

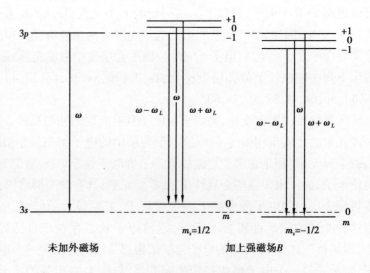

图 14.7 钠黄线的正常塞曼效应

外磁场很弱时,自旋轨道耦合也使能级发生分裂,每一条能级分裂为$(2j+1)$条,其中j为半整数,即光谱线分裂为偶数条,称为反常塞曼效应,如图 14.8 所示.

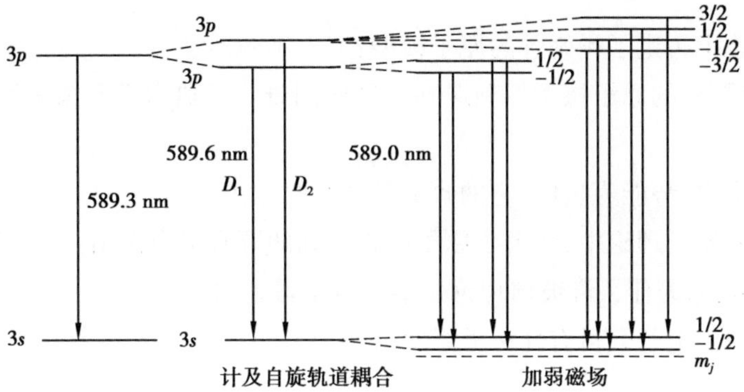

图 14.8　钠黄线的反常塞曼效应

自然界中存在各种不同的粒子,同一种粒子具有完全相同的内禀属性,如质量、电荷、自旋、磁矩、寿命等.存在着同类粒子组成的多粒子体系,如金属中的电子气,分子、原子中的电子系,原子核中的质子系、中子系等.它们具有一个基本特征,即哈密顿量对于任何两个粒子交换是不变的,即交换对称性.例如,对于氦原子有两个电子,当人们在某处观察到它的一个电子时,由于两个电子的属性完全相同,因此无法判断这个电子是两个电子中的哪一个,也没有必要区分.这两个电子交换位置,对其量子态没有任何影响.

对于每一类粒子,它们的多体波函数交换对称性是完全确定的,如对电子系统,交换两个电子是反对称的;对光子体系,两个电子是对称的.

实验表明,全同粒子的交换对称性与粒子的自旋有确定关系,自旋为$\hbar$($\hbar=h/2\pi$)整数倍的粒子,对于交换是对称的,它们遵循统计物理中的玻色统计规律,称为玻色子,如光子、π介子.而自旋为$\hbar$的半奇数倍的粒子,交换是反对称的,遵循费米统计规律,称为费米子,如电子、质子、中子等.由基本粒子组成的复杂粒子,如果由玻色子组成,仍然是玻色子.如果由奇数个费米子组成,仍为费米子,如果由偶数个费米子组成,则为玻色子.例如,${}_1^2H$和${}_2^4He$是玻色子,而${}_1^3H$和${}_2^3He$是费米子.

思考题

*14.1 卢瑟福如何从实验中否定了汤姆孙的原子模型?

*14.2 从经典力学看,卢瑟福的原子核型模型遇到了哪些困难? 经典力学看来氢原子光谱是线光谱还是连续光谱?

*14.3 氢原子的玻尔理论中,势能为负值,它的含义是什么?

*14.4 为什么在玻尔的氢原子理论中,略去了原子内粒子间的万有引力作用?

*14.5 说明玻尔理论的要点.为什么说玻尔理论是半经典半量子的?

*14.6 元素的周期排列与价电子数目有什么关系?

第 15 章　量子力学初步

在普朗克、爱因斯坦、玻尔等建立和发展了量子理论之后的几年间，众多卓越的科学家如海森伯、薛定谔等人经过艰苦的努力，最终完善了一种新的物理理论——量子力学，为现代物理的发展提供了基础.

15.1 不确定关系

在经典物理中，可以同时用粒子（质点）的位置和动量来精确描述它的运动.不但如此，如果知道了粒子的加速度，还可以知道它在以后任意时刻的位置和动量，从而描绘出它运动的轨迹.无数的实验事实已证明，在宏观世界里，经典力学对于大到天体、小到一粒灰尘行为的刻画都是非常成功的.然而，大量实验事实也说明了微观粒子具有波粒二象性，这是微观粒子与经典粒子根本不同的属性，因此，许多与微观粒子运动相关的物理现象，明显地表现出具有与经典概念所预期的完全不同的特点.

海森伯在德布罗意关于实物粒子具有波粒二象性这一思想的启发下，于 1927 年提出一个与玻尔存在明显不同的观点，他认为，微观粒子的运动并不像经典粒子那样有确定的轨道、坐标和动量，在微观领域中关于粒子具有完全确定的坐标和动量的概念必须抛弃；如果人们不顾微观粒子具有波粒二象性的量子特征这一客观事实，仍沿用经典粒子的概念来描述微观粒子的运动状态，那么这种描述在客观上必定要受到限制.海森伯通过一个非常简单的数学公式表达了这一限制，即

$$\Delta x \cdot \Delta p \geqslant \frac{h}{2\pi} \tag{15.1}$$

这就是著名的海森伯不确定关系，它是微观粒子具有波粒二象性的必然表现.这一关系表明，无论测量技术如何高明、精细，都不可能同时精确地测量微观粒子在同一方向上的坐标和动量.当一个粒子的位置完全确定后，即 $\Delta x=0$，则 $\Delta p \to \infty$，即粒子的速度为任意值，完全无法确定；同样，一个速度确定的粒子，其位置不确

定性为无穷大,即可以出现于空间任意位置.不确定关系最早是海森伯根据对一些假象的实验分析,并利用德布罗意关系式得出的.后来,玻恩根据波函数的统计解释,用量子力学的方法对其进行了严格证明.

15.2 波函数

物质波的提出,一方面将实物粒子与光的理论统一起来;另一方面,德布罗意将原子的定态与驻波相联系,得到了玻尔的量子化条件,从而更好地理解微观粒子能量的不连续性,克服了玻尔理论中量子化条件的人为假设.

物质粒子在经典物理中被看作经典粒子而略去其波动性,是由于 h 是一个很小的量,实物粒子的波长很小,在一般宏观条件下,波动性不会表现出来,这时用经典物理来处理是合适的.然而,对微观粒子则表现出明显的波动性,这些早已得到实验验证.

对实物粒子波的理解与人们的经典概念产生了矛盾,如电子究竟是波还是粒子?微观结构下,电子既不是经典粒子,也不是经典波,或者说,电子既是粒子,又是波,是粒子和波动二象性矛盾的统一.电子所表现出来的粒子性,只是经典粒子概念中的原子性或颗粒性,即表现出具有一定的质量、电荷等的客体,但不与粒子具有确定的轨道的概念有联系;电子表现的波动性,是与波动性中本质的概念——衍射和干涉相联系的,即波具有叠加性.

关于粒子和波的统一性,可以通过电子和光子的衍射实验来认识.在电子衍射实验中,如果入射电子流的强度很大,即单位时间内有许多电子穿过晶体,则照相底片上立即出现衍射图样,显示不出粒子性.如果减弱入射电子流的强度,以至于使电子一个一个依次通过狭缝,则照相底片上就出现一个一个的感光点.这些感光点在照相底片上的位置并不都重合在一起,开始时电子的去向是完全不确定的,但随着时间的延长、入射电子总数的增多,电子的堆积情况逐渐显示出了条纹,直至最后呈现明晰的衍射图样.同样,在光子衍射实验中,如果入射光子流的强度很大,则照相底片上立即出现光子衍射图样.如果减小入射光子流的强度,则照相底片上记录了无规则分布的感光点,但当照相底片受足够长时间的照射后,就会有完全相同的衍射图样出现.由此可见,每一个电子(或光子)被晶体衍射的现象和其他电子(或光子)无关.也就是说,衍射图样不是电子(或光子)之间的相互作用而形成的,而是电子(或光子)具有波动性的结果,这种波动性反映了电子(或光子)运动轨迹的不确定性.它表明,当考察每个电子(或光子)的运动时,电子(或光子)是没有确定轨迹的,它经过什么途径、出现在什么地方都是不确定的.然而当我们考察组成电子(或光子)束的全部电子(或光子)的运动时,电子(或光子)的运动就出现规律性,这种规律与用经典波动理论计算的结果相一致.

经过上述分析,可以用统计的观点将电子(或光子)的波动性与粒子性联系起来.在实验中,电子(或光子)的衍射表现为许多电子(或光子)在同一实验中的统计结果,或者表现为一个电子(或光子)在许多次相同实验中的统计结果.因此,从统计的观点来看,大量电子(或光子)被晶体衍射与它一个一个被晶体衍射之间的差别,仅在于前一实验是对空间的统计平均,而后一个实验是对时间的统计平均.在前一种情况下,如果说电子(或光子)从空间上看在某些地方出现得稠密些,那么在后一种情况下,就是电子(或光子)从时间上看在这些地方出现得频繁些.因此,可以从统计的观点把波粒二象性联系起来,从而得出以下结论:波在某一时刻,在空间某点的强度就是该时刻在该点找到粒子的概率.波的强度大的地方,电子(或光子)在这里出现的概率也大,因此在这里出现的电子(或光子)也多;波的强度很小的地方,电子(或光子)在这里出现的概率也很小,因此在这里出现的电子(或光子)很少;而波的强度等于零的地方,电子(或光子)在这里出现的概率也等于零,因此没有电子(或光子)出现在这里.在此基础上,玻恩提出了波函数的统计解释,即描述微观粒子的德布罗意波在空间中某一点的强度和在该点找到粒子的概率成比例,德布罗意波是概率波.

这种统计的观点,统一了粒子与波动的概念:一方面,光和实物粒子具有集中的能量、质量、动量,也就是具有微粒性;另一方面,它们以一定的概率在各处出现,由这个概率可以计算出它们在空间的分布,这种空间分布又与波动的概念是一致的.

在量子力学中,微观体系的状态用波函数描述,只要知道了体系的波函数,体系的其他量原则上都可以确定.任何一种波的强度都正比于波函数振幅的平方,由玻恩的统计解释可知,空间某处波函数 $\Psi(x,t)$ 模的平方 $|\Psi(x,t)|^2$,应与粒子在 t 时刻出现于该处的概率成正比,因此波函数又称为概率函数.考虑到粒子必定要出现在空间中的某一点,所以粒子在空间出现的概率和等于 1,即应满足

$$\int_{\infty} |\Psi(x,t)|^2 \mathrm{d}x = 1 \tag{15.2}$$

这就是波函数的归一化条件.

粒子在空间各点出现的概率只取决于波函数在空间各点的

相对强度,而不取决于强度的绝对大小.因此,将波函数乘上一个非零常数后,所描写的粒子状态并不变化,即 $\Psi(x,t)$ 和 $C\Psi(x,t)$(C 为非零常数)所描述的相对概率分布是完全相同的,描述的是同一个概率波.概率波的这种性质与经典波是不同的.此外,并非所有的函数都可以作为波函数,通常波函数在变量变化的区域内应满足三个条件:有限性、连续性和单值性,这是波函数的统计解释所要求的,被称为波函数的标准条件.

15.3 薛定谔方程

由前面的讨论可知,一个微观粒子的量子态用波函数 $\Psi(r,t)$ 来描述,可是波函数随时间和空间的变化规律是什么?在各种不同情况下,描述微观粒子运动的波函数的具体形式又是什么?这些都是量子力学要研究的问题.1926 年,薛定谔提出了一个波动方程,即薛定谔方程,成功解决了上述问题.下面对该方程的建立过程作一简要介绍.

动量为 p、能量为 E、沿着 x 轴运动的自由粒子的波函数为

$$\Psi(x,t)=\Psi_0 e^{-\frac{i}{\hbar}(Et-px)}$$

上式可以写成空间和时间两个函数的乘积

$$\Psi(x,t)=\Psi_0 e^{\frac{i}{\hbar}\cdot px}e^{-\frac{i}{\hbar}\cdot Et}=\Psi(x)e^{-\frac{i}{\hbar}Et}$$

其中

$$\Psi(x)=\Psi_0 e^{\frac{i}{\hbar}px} \tag{15.3}$$

仅为 x 的函数,称为振幅函数.分析可知,粒子在空间某处出现的概率密度为

$$|\Psi(x,t)|^2=|\Psi(x)|^2\,|e^{-\frac{i}{\hbar}Et}|^2=|\Psi(x)|^2$$

这种波函数的概率密度并不随时间改变,即波函数描述的是定态.在定态问题中,只需求出 $\Psi(x)$ 就可以求得微观粒子的概率分布,有时也把 $\Psi(x)$ 称为波函数.

对式(15.3)两边取导数,有

$$\frac{d^2\Psi(x)}{dx^2}=-\frac{p^2}{\hbar^2}\Psi(x)$$

对于自由粒子,因为

$$E_p(x)=0, E=E_k+E_p=\frac{p^2}{2m}$$

于是有

$$\frac{d^2\Psi(x)}{dx^2}+\frac{2m}{\hbar^2}E\Psi(x)=0$$

如果粒子处于势场中运动,因其具有势能,则

$$E = \frac{p^2}{2m} + E_p(x)$$

因而有

$$\frac{d^2\Psi(x)}{dx^2} + \frac{2m}{\hbar^2}[E - E_p(x)]\Psi(x) = 0 \tag{15.4}$$

这就是一维空间的定态薛定谔方程.

如果粒子在三维空间运动,则定态薛定谔方程改写为

$$\nabla^2\Psi + \frac{2m}{\hbar^2}(E - E_p)\Psi = 0$$

其中,∇^2是拉普拉斯算符,$\nabla^2 = \frac{\partial^2}{\partial x^2} + \frac{\partial^2}{\partial y^2} + \frac{\partial^2}{\partial z^2}$.

如果作用在粒子上的势场随时间变化,则粒子不再处于定态,不能利用定态薛定谔方程.在这种情况下,薛定谔方程的一般形式为

$$\left[-\frac{\hbar^2}{2m}\nabla^2 + E_p(r)\right]\Psi(\boldsymbol{r},t) = i\hbar\frac{\partial\Psi(\boldsymbol{r},t)}{\partial t} \tag{15.5}$$

薛定谔方程是量子力学的基本方程,它在量子力学中的地位相当于牛顿方程在经典力学中的地位.薛定谔方程是量子力学的一个基本假设,不能由其他任何原理推导出来,它的正确性只能由实验来检验.

15.4 薛定谔方程的应用举例

一般情况下,定态薛定谔方程是二阶偏微分方程,求解极为复杂.在最简单的情况下,如粒子沿直线运动,可以转化为常微分方程进行求解.本节介绍几种简单的例子.

15.4.1 一维无限深势阱

一个质量为 m 的粒子被局限在 $x=0$ 到 $x=a$ 的一个很小的空间范围内运动,势能函数为

$$E_p(x) = \begin{cases} 0 & (0 < x < a) \\ \infty & (x \leqslant 0 \text{ 或 } x \geqslant a) \end{cases}$$

势能函数的曲线如图 15.1 所示,这个势能曲线的形状与方阱相似,称为一维无限深势阱.如金属中的自由电子在略去电子间的相互碰撞及势能的周期性变化时,可以简化为无限深势阱.

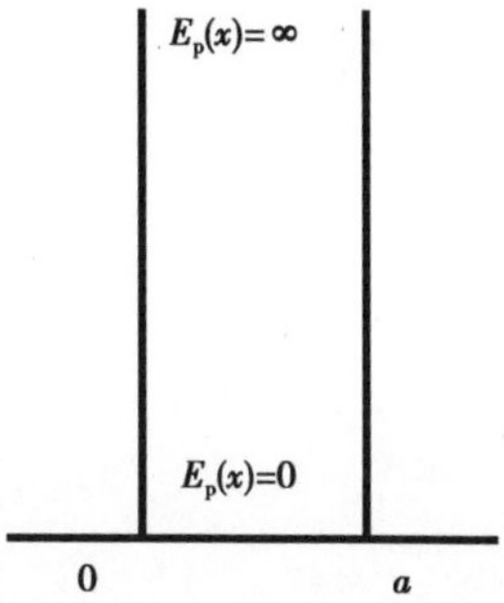

图 15.1　一维无限深势阱

按照经典力学观点,在势阱内,势能为零,粒子将作匀速直线运动,直到与势阱壁碰撞后改变方向,其速度可以取任意值,因此动能也可以取连续值.

按照量子力学观点,粒子的运动要遵守薛定谔方程.在 $0<x<a$ 范围内,有

$$\frac{d^2\Psi(x)}{dx^2}+\frac{2m}{\hbar^2}E\Psi(x)=0$$

在 $x\leqslant 0$ 和 $x\geqslant a$ 区域内,由于 $E_p(x)=\infty$,而粒子的能量 E 一般为有限值,粒子不可能穿过阱壁,粒子在阱壁外出现的概率为零.即

$$\Psi(x)=0 \quad (x\leqslant 0,x\geqslant a)$$

令

$$k^2=\frac{2mE}{\hbar^2} \tag{15.6}$$

得

$$\frac{d^2\Psi}{dx^2}+k^2\Psi=0$$

这是一个二阶常系数齐次线性微分方程式,其通解为

$$\Psi(x)=A\sin(kx+\delta)$$

式中,A、k、δ 为任意常数.在 $x=0$ 和 $x=a$ 处,波函数连续,有 $\Psi(0)=\Psi(a)=0$,故有 $A\sin\delta=0$,由于 $A\neq 0$,得到

$$\delta=0$$

$A\sin ka=0$,得到

$$ka=n\pi,\quad k=\frac{n\pi}{a}$$

将 k 值代入式(15.6)得

$$E=\frac{n^2\pi^2\hbar^2}{2ma^2}\quad n=1,2,3,\cdots$$

显然,粒子能量不能连续取值,即能量是量子化的.

波函数为

$$\Psi(x)=A\sin\left(\frac{n\pi}{a}x\right)\quad (0<x<a)$$

利用归一化条件,得

$$\int_0^a|\Psi(x)|^2dx=\int_0^a\left[A\sin\left(\frac{n\pi}{a}x\right)\right]^2dx=1$$

解得

$$A=\sqrt{\frac{2}{a}}$$

因此，波函数为

$$\Psi(x)=\begin{cases}\sqrt{\dfrac{2}{a}}\sin\dfrac{n\pi}{a}x & (0<x<a)\\ 0 & (x\leqslant 0 \text{ 或 } x\geqslant 0)\end{cases}$$

由以上分析可以看出，在一维无限深势阱中，粒子的能量是不连续的

$$E_n=\frac{n^2\pi^2\hbar^2}{2ma^2}\quad n=1,2,3,\cdots \tag{15.7}$$

其最低能量是 $n=1$ 时的能量. 这正是粒子波动性的体现，而经典力学中粒子能量的最小值是零.

粒子的相邻能级之差为

$$\Delta E=E_{n+1}-E_n=(2n+1)\frac{\pi^2\hbar^2}{2ma^2} \tag{15.8}$$

可见，能级差随 n 的增加而增加，且与质量 m 和势阱宽度 a 的平方成反比. 当 ma^2 与 $\hbar^2$ 相差不大时，能量量子化比较明显；对于经典粒子，ma^2 远大于 $\hbar^2$，相邻能级差趋于零. 将能级差 ΔE 与能级 E_n 相比

$$\frac{\Delta E}{E_n}=\frac{2n+1}{n^2}$$

可见，量子数 n 越大，比值$\dfrac{\Delta E}{E_n}$越小，当 n 很大时，可以视为 E 取连续值，量子效应不明显.

15.4.2 一维势垒

如果一个质量为 m 的粒子沿 x 轴运动时，其势能函数为

$$E_p(x)=\begin{cases}E_{p0} & (0<x<a)\\ 0 & (x\leqslant 0 \text{ 或 } x\geqslant a)\end{cases}$$

势能曲线如图 15.2 所示，这种形式的势能称为一维势垒，简称势垒. E_{p0}是势垒高度，a 为势垒宽度.

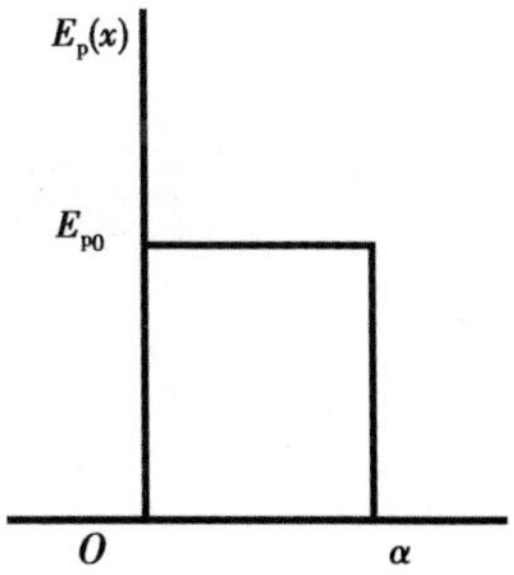

图 15.2 一维势垒

一个能量为 $E(E<E_{p0})$ 的粒子，自左侧入射到势垒上，按照经典力学的观点，由于粒子能量小于势垒，无法克服势垒对粒子的阻力，因此粒子不能进入势垒，更不能穿过势垒到达势垒的右侧，只能被弹回左侧. 按照量子力学的观点，能量小于势垒高度的粒子，有一定的概率穿过势垒而到达势垒右侧，这种现象称为隧道效应. 势垒两侧和势垒中的波函数如图 15.3 所示. 实验发现，粒子能够穿过势垒到达右侧空间.

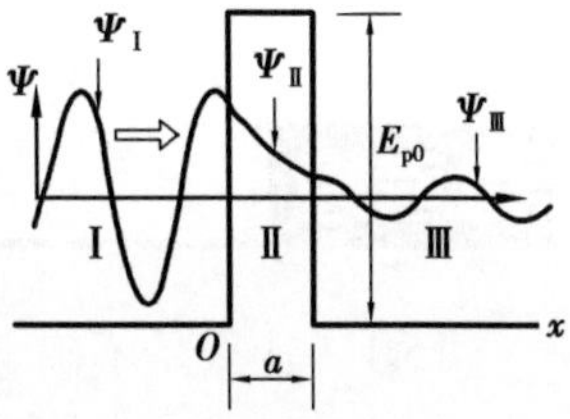

图 15.3 波函数穿过势垒

量子力学的隧道效应来源于微观粒子的波粒二象性,1981 年宾宁和罗勒利用电子的隧道效应制成了扫描隧道显微镜(STM),他俩和电子显微镜的发明者鲁斯卡一起获得了 1986 年度的诺贝尔物理学奖.1986 年,宾宁又在 STM 的基础上研制出了原子力显微镜(AFM),这些都是在量子力学理论指导下的产物.

15.4.3 一维谐振子

经典力学中,在线性恢复力 $f=-kx$ 作用下物体做简谐运动.以平衡位置为势能零点,则系统的势能可以表示为

$$E_p = \frac{1}{2}kx^2 = \frac{1}{2}m\omega^2x^2 \tag{15.9}$$

其中 k 是谐振子的劲度系数,m 为谐振子的质量,$\omega=\sqrt{\dfrac{k}{m}}$ 是振动的角频率.

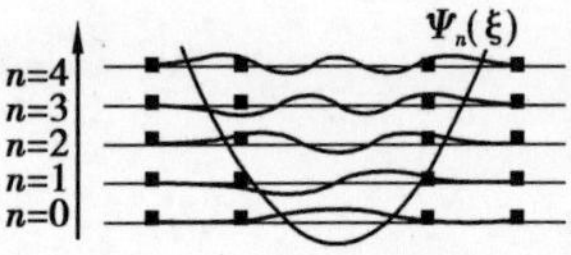

图 15.4 一维谐振子

在量子力学中,一维谐振子是一个重要的物理模型.原子分子的振动、黑体辐射、晶格振动等问题都可以用谐振子模型处理.微观粒子被束缚在如图 15.4 所示的势阱内,粒子的运动规律由定态薛定谔方程得到.

将一维谐振子的势能形式式(15.9)代入定态薛定谔方程式(15.4)中,可得

$$\left[-\frac{\hbar^2}{2m}\frac{d^2}{dx^2}+\frac{1}{2}m\omega^2x^2\right]\Psi(x)=E\Psi(x) \tag{15.10}$$

令

$$\alpha=\sqrt{\frac{m\omega}{\hbar}},\ \lambda=\frac{2E}{\hbar\omega}$$

将变量 x 变换为

$$\xi=\alpha x$$

则可得一维谐振子的定态薛定谔方程为

$$\frac{d^2\Psi(\xi)}{d\xi^2}+(\lambda-\xi^2)\Psi(\xi)=0 \tag{15.11}$$

思考题

15.1 什么是不确定关系?为什么说不确定关系指出了经典力学的适用范围?

15.2 经典力学认为,如果已知粒子在某一时刻的位置和速度,就可以预言粒子未来的运动状态,在量子力学看来是否可能?试解释.

15.3　在一维无限深势阱中,如减少势阱宽度,其能级将怎样变化?如增加势阱宽度,其能级又如何变化?

15.4　微观粒子的波动性用什么来描述?其随时间变化的规律遵守什么方程?

习　题

15.1　关于不确定关系,有以下几种理解:

(1)粒子的动量不可能确定,但坐标可以被确定;

(2)粒子的坐标不可能被确定,但动量可以被确定;

(3)粒子的动量和坐标不可能同时被确定;

(4)不确定关系不仅适用于电子和光子,也适用于其他粒子,其中正确的有(　　　).

15.2　已知粒子在一维矩形无限深势阱中运动,其波函数为

$$\Psi(x)=\sqrt{\frac{2}{a}}\sin\frac{3\pi}{a}x \qquad (0\leqslant x\leqslant a)$$

那么,该粒子在 $x=a/6$ 处出现的概率密度是多少?

*15.3　在玻尔氢原子理论中,当电子由量子数 $n_i=5$ 的轨道跃迁到 $n_j=2$ 的轨道上时,对外辐射光的波长是多少?若将该电子从 $n_j=2$ 的轨道跃迁到游离状态,外界需要提供多少能量?

15.4　电子位置的不确定量为 5.0×10^{-2} nm,其速率的不确定量是多少?

15.5　一质量为 40 g 的子弹以 1.0×10^{3} m/s 的速率飞行,求其德布罗意波长.若测量子弹位置的不确定量为 0.10 mm,求其速率的不确定量.

15.6　有一电子在宽为 0.2 nm 的一维无限深的方势阱中,计算电子在最低能级的能量.当电子处于第一激发态时,在势阱何处出现的概率最小,其值是多少?

15.7　一个电子被限制在宽度为 1.0×10^{-10} m 的一维无限深势阱中运动,要使电子从基态跃迁到第一激发态需给它多少能量?在基态时,电子处于 $x_1=0.090\times10^{-10}$ m 与 $x_2=0.110\times10^{-10}$ m 之间的概率为多少?在第一激发态时,电子处于 $x_1=0$ 与 $x_2=0.25\times10^{-10}$ m 之间的概率为多少?

15.8　设粒子在一维空间运动,其状态可用下面的波函数描述

$$\Psi(x,t)=\begin{cases}0 & x\leqslant-\dfrac{b}{2},x\geqslant\dfrac{b}{2}\\ A\cos\left(\dfrac{\pi x}{b}\right)\mathrm{e}^{-(iEt)/\hbar} & -\dfrac{b}{2}\leqslant x\leqslant\dfrac{b}{2}\end{cases}$$

其中 A 为归一化常数,E 和 b 均为确定的常数.试求:

(1)归一化常数 A;

(2)概率密度.

15.9　一细胞的线度为10^{-5} m,其中一个粒子的质量 $m=10^{-14}$ g,若按一维无限深势阱计算,该粒子在 $n_1=100$ 和 $n_2=101$ 这两个能级的能量及两能级之间的能量差各为多少?